TAILINGS DAM SAFETY

SÉCURITÉ DES BARRAGES DE STÉRILES

The ICOLD Tailings Subcommittee has produced this Bulletin to assist the international community to further develop and adopt safe practices for tailings dam planning, design, construction, operation, and closure with a focus on the technical aspects that are mentioned but not fully developed in other recent National and Industry Guidelines and Standards. Governance and human aspects have also been touched on with appropriate references where other guidance documents are considered more comprehensive.

The Bulletin consolidates key information from these Guidelines and Standards together with information from various previous ICOLD Bulletins that address specific aspects of the topic to provide a comprehensive overview of "what makes a tailings dam safe." Comprehensive references are provided to assist users to access more detailed information where relevant.

In preparing this bulletin, ICOLD has strived to consolidate "leading international practice" for tailings dams, with a focus on technical guidance.

Le sous-comité de la CIGB sur les stériles a préparé le présent bulletin pour aider la communauté internationale à améliorer les pratiques en matière de sécurité lors des phases de planification, de conception, de construction, d'exploitation et de fermeture des installations, en détaillant en particulier les aspects techniques qui ont été mentionnés, sans avoir été complètement développés, dans d'autres ouvrages directeurs et normatifs récemment publiés par des organismes gouvernementaux et industriels. Les aspects liés à la gouvernance et aux personnes ont également été abordés en offrant les références appropriées lorsque d'autres documents directeurs ont été jugés plus complets sur le sujet.

Le présent bulletin rassemble les principaux renseignements issus de ces lignes directrices et de ces normes ainsi que l'information provenant des divers bulletins antérieurs de la CIGB qui traitent d'aspects spécifiques du sujet afin de parvenir à une description complète de « ce qui assure la sécurité d'un barrage de stériles ». Des articles approfondis sont par ailleurs cités en référence pour aider le lecteur à accéder, le cas échéant, à des renseignements plus détaillés.

En préparant ce bulletin, la CIGB s'est efforcée de faire la synthèse des « meilleures pratiques internationales » mises en œuvre pour les barrages de stériles, et privilégiant les recommandations techniques.

INTERNATIONAL COMMISSION ON LARGE DAMS
COMMISSION INTERNATIONALE DES GRANDS BARRAGES
6 quai Wattier – 78500 Chatou (France)
Telephone : + 33 6 60 53 07 31
http://www.icold-cigb.org./

Cover illustration: L-L Tailings Dam at Highland Valley Copper, Teck Resources Limited, Canada

Couverture: Barrage de résidus à Highland Valley Copper, Teck Resources Limited, Canada

CRC Press/Balkema is an imprint of the Taylor & Francis Group, an informa business

Typeset by codeMantra

Published by: CRC Press/Balkema
4 Park Square, Milton Park, Abingdon, Oxon, OX14 4RN, UK
2385 NW Executive Center Drive, Suite 320, Boca Raton FL 33431, USA

Original text in English
Layout by Nathalie Schauner

Texte original en anglais
Traduction en français par Michel Poupart
Mise en page par Nathalie Schauner

ISBN: 978-1-032-87155-4 (Pbk)
ISBN: 978-1-003-54406-7 (eBook)

LIST OF MEMBERS / LISTE DES MEMBRES

Bulletin Working Group / Groupe de travail sur le Bulletin

Chairman / Président – Canada	H.N. MCLEOD (1)
Vice Chairperson / Vice Président – Sweden / Suède	A. BJELKEVIK
Australia / Australie	D. BRETT
Brazil / Brésil	J. PIMENTA DE AVILA
Canada	A. SMALL (2)
Czech Republic / Rep. Tchèque	J. HERZA
South Africa / Afrique du Sud	D. GRANT-STUART
United Kingdom / Royaume Uni	R. MONROY
United States / États-Unis	P.W. RIDLEN (3)
	T. ALEXEVIA (4)
Co-opted Member - Industry Representative / Membre coopté – Représentant l'industrie	I. GILLANI

Additional Committee Members / Membres supplémentaires

Chile /Chili	J. TRONCOSO
China / Chine	H. ZHOU
Democratic Rep. of Congo / Rép. Dém. du Congo	H. K. WA KITAMBO
Finland / Finlande	H. NURMI
France	F. BROUSSET
Iran	M. ASKARI
Norway / Norvège	Ø. TOGERSRUD
Romania / Roumanie	C. PRISCU
Russia / Russie	A. VAKULENKO
Slovakia / Slovaquie	M. BAKES
Spain / Espagne	F. SÁNCHO CARO
United Kingdom / Royaume Uni	R. MONROY
Zambia / Zambie	P. KAMPENGELE

(1) Chairman until / Président jusqu'en 2021

(2) Chairman since / Président depuis 2021

(3) Member since / membre depuis 2019

(4) Member until / Membre jusqu'à 2019

SOMMAIRE	CONTENTS
TABLEAUX & FIGURES	TABLES & FIGURES
ANNEXES	APPENDICES
AVANT-PROPOS	FOREWORD
PRÉFACE	PREFACE
ACRONYMES	ACRONYMNS
1. INTRODUCTION	1. INTRODUCTION
2. GOUVERNANCE DES INSTALLATIONS DE STOCKAGE DES RESIDUS	2. TAILINGS STORAGE FACILITY GOVERNANCE
3. FERMETURE	3. CLOSURE
4. CLASSEMENT DES BARRAGES EN FONCTION DES CONSEQUENCES D'UNE DEFAILLANCE	4. DAM CONSEQUENCE CLASSIFICATION
5. CARACTÉRISATION DU SITE	5. SITE CHARACTERIZATION
6. CARACTÉRISATION DES RÉSIDUS	6. TAILINGS CHARACTERIZATION
7. CONCEPTION	7. DESIGN
8. GESTION DES RISQUES	8. RISK MANAGEMENT
9. ANALYSE DES DÉFAILLANCES ET DES RUPTURES DE BARRAGE	9. DAM FAILURE / BREACH ANALYSIS
10. PRÉPARATION AUX SITUATIONS D'URGENCE ET PLANIFICATION DES INTERVENTIONS	10. EMERGENCY PREPAREDNESS AND RESPONSE PLANNING
11. CONSTRUCTION	11. CONSTRUCTION
12. DÉFINITIONS	12. OPERATIONS
13. REFERENCES	13. REFERENCES
14. DÉFINITIONS	14. DEFINITIONS
	15. APPENDIX A: SHEAR STRENGTH AND DEFORMATION BEHAVIOUR
	APPENDIX B: STABILITY ANALYSIS FRAMEWORK FOR TAILINGS DAMS WITH CONTRACTIVE SOILS

TABLE DES MATIERES

TABLE OF CONTENTS

TABLEAUX & FIGURES

TABLEAUX

FIGURES

TABLES & FIGURES

TABLES

FIGURES

APPENDICES

AVANT-PROPOS

Le premier bulletin détaillé sur la conception des barrages de stériles, préparé par le Comité sur les barrages de stériles de la CIGB, a été publié en 1996 sous le titre « Guide des barrages et retenues de stériles » (Bulletin 106). La CIGB a depuis préparé plusieurs autres bulletins importants sur le sujet, notamment :

- Bulletin 139 : Améliorer la sécurité des barrages de stériles miniers – Aspects critiques de leur gestion, conception, exploitation et fermeture, 2011.
- Bulletin 153 : Conception durable et performances après-fermeture des barrages de stériles, 2013.
- Bulletin 181 : Conception des Barrages de Stériles – Mise à jour des technologies, 2021.

Plusieurs avancées ont depuis été réalisées au niveau de la prise de conscience des questions de sécurité liées aux barrages de stériles ainsi que des pratiques professionnelles qui sous-tendent la conception, l'exploitation et la fermeture sécuritaires des installations de stockage des stériles.

Le présent bulletin vient compléter les bulletins précédemment cités et fait la synthèse des principaux aspects qui caractérisent une bonne conception et une bonne gouvernance des installations de stockage des stériles. Cet ouvrage constitue donc un guide précieux tant pour les concepteurs de ces installations que pour leurs exploitants, leurs gestionnaires et le personnel chargé de la réglementation.

Les membres du groupe de travail de la CIGB ont offert leur temps et de nombreuses et précieuses contributions techniques pour la rédaction du présent bulletin et ils méritent des remerciements particuliers. Chaque pays membre a également contribué de manière très utile au cours des diverses réunions du comité et lors de la révision de ce document. Nous tenons également à remercier les experts des comités nationaux et de l'industrie. La traduction de ce bulletin a été assurée par Klohn Crippen Berger Ltd.

HARVEY MCLEOD

PRÉSIDENT (2011 - 2021)

COMITÉ SUR LES BARRAGES ET DÉPÔTS DE STÉRILES

FOREWORD

The first comprehensive bulletin relating to tailings dam design prepared by the ICOLD Tailings Dam Committee was ICOLD Bulletin 106, Guide to Tailings Dams and Impoundments, which was published in 1996. Since that time ICOLD has prepared several key bulletins that contribute to tailings dam design, which include:

- Bulletin 139 - Improving Tailings Dam Safety - Critical Aspects of Management, Design, Operation and Closure, 2011.
- Bulletin 153 - Sustainable Design and Post-Closure Performance of Tailings Dams, 2013.
- Bulletin 181 - Tailings Dam Design - Technology Update, 2021

There continue to be quantum changes and advances in the awareness of tailings dam safety and the professional practices that support safe design, operation, and closure of tailings facilities.

This Bulletin complements the above bulletins and consolidates the key aspects related to good design and good governance of tailings facilities and is a valuable guide for designers of tailings facilities, as well as operators, managers, and regulatory personnel.

The ICOLD Working Group members provided valuable time and technical input into this bulletin and deserve special thanks. All member countries also provided valuable input during Committee meetings and through review of this document. We also wish to thank reviewers from the National Committees and from industry subject matter experts. Acknowledgement is given to Klohn Crippen Berger Ltd. for French translation of the bulletin.

HARVEY MCLEOD

CHAIRMAN (2011 - 2021)

COMMITTEE ON TAILINGS DAMS AND WASTE LAGOONS

PRÉFACE

La CIGB est un organisme international non gouvernemental qui offre une plateforme pour l'échange des connaissances et des expériences relatives à l'ingénierie des barrages. Cette Commission guide le secteur dans la mise en place de normes et de directives pour faire en sorte que les barrages soient construits et exploités de manière sécuritaire, efficace, économique, écologique et socialement équitable.

Le sous-comité de la CIGB sur les stériles a préparé le présent bulletin pour aider la communauté internationale à améliorer les pratiques en matière de sécurité lors des phases de planification, de conception, de construction, d'exploitation et de fermeture des installations, en détaillant en particulier les aspects techniques qui ont été mentionnés, sans avoir été complètement développés, dans d'autres ouvrages directeurs et normatifs récemment publiés par des organismes gouvernementaux et industriels. Les aspects liés à la gouvernance et aux personnes ont également été abordés en offrant les références appropriées lorsque d'autres documents directeurs ont été jugés plus complets sur le sujet.

Le présent bulletin rassemble les principaux renseignements issus de ces lignes directrices et de ces normes ainsi que l'information provenant des divers bulletins antérieurs de la CIGB qui traitent d'aspects spécifiques du sujet afin de parvenir à une description complète de « ce qui assure la sécurité d'un barrage de stériles ». Des articles approfondis sont par ailleurs cités en référence pour aider le lecteur à accéder, le cas échéant, à des renseignements plus détaillés.

En préparant ce bulletin, la CIGB s'est efforcée de faire la synthèse des « meilleures pratiques internationales » mises en œuvre pour les barrages de stériles, et privilégiant les recommandations techniques.

PREFACE

ICOLD is a non-governmental international organization which provides a form for exchange of knowledge and experience in dam engineering. ICOLD lead the profession in setting standards and guidelines to ensure dams are built and operated safety, efficiently, economically, and are environmentally sustainable and socially equitable.

The ICOLD Tailings Subcommittee has produced this Bulletin to assist the international community to further develop and adopt safe practices for tailings dam planning, design, construction, operation, and closure with a focus on the technical aspects that are mentioned but not fully developed in other recent National and Industry Guidelines and Standards. Governance and human aspects have also been touched on with appropriate references where other guidance documents are considered more comprehensive.

The Bulletin consolidates key information from these Guidelines and Standards together with information from various previous ICOLD Bulletins that address specific aspects of the topic to provide a comprehensive overview of "what makes a tailings dam safe." Comprehensive references are provided to assist users to access more detailed information where relevant.

In preparing this bulletin, ICOLD has strived to consolidate "leading international practice" for tailings dams, with a focus on technical guidance.

ACRONYMES

ACB	Association canadienne des barrages
ALARP	Acronyme anglais pour As Low as Reasonably Practicable : aussi faible que possible dans la pratique
AMDE	Analyse des modes de défaillance et de leurs effets
ANCOLD	Australian National Committee on Large Dams
AQ/CQ	Assurance de la qualité/contrôle de la qualité
CMP	Crue maximal probable
CPE	Crue de projet environnementale
CPT	Essais de pénétration au cône
CPTu	CPT avec mesure de la pression interstitielle
CSR	Cadre supérieur responsable
DAM	Drainage acide et métallifère
DSHA	Acronyme anglais pour Deterministic Seismic Hazard Analysis : analyse déterministe de l'aléa sismique
EMS	Exploitation, maintenance et surveillance
EPMS	Equations de prévision des mouvements du sol
GISTM	Acronyme anglais pour Global Industry Standard for Tailings Management : Norme industrielle mondiale pour la gestion des résidus miniers
ID	Ingénieur désigné
LiDAR	Acronyme anglais pour Light Detection and Ranging : détection et estimation de la distance par la lumière
MCG	Modèle de conception géotechnique
MDF	Méthode des différences finies
MEF	Méthode des éléments finis
MGS	Modèle géologique du site
MTD	Meilleure technologie disponible
PMP	Pluie maximale probable
PPSU	Plan de préparation et de réponse aux situations d'urgence
PSHA	Acronyme anglais pour Probabilistic Seismic Hazard Analysis : analyse probabiliste de l'aléa sismique
RASCI	Acronyme anglais pour Responsible, Accountable, Supporting, Consulted, Informed : responsabilité, soutien, consultation et information
RDSB	Revue détaillée de la sécurité du barrage
SCPT	Essais de pénétration au cône sismique
SGRM	Système de gestion des résidus miniers
SMC	Séisme maximum crédible
SPT	Essais de pénétration standard
SSR	Acronyme anglais pour Shear Strength Reduction : réduction de la résistance au cisaillement

ACRONYMNS

AE	Accountable Executive
AEP	Annual Exceedance Probability
ALARP	As Low as Reasonably Practicable
AMD	Acid and Metalliferous Drainage
ANCOLD	Australian National Committee on Large Dams
BAT	Best Available Technology
CDA	Canadian Dam Association
CPT	Cone Penetration Test, also CPTu, with u indicating the measure of pore pressure is included
CSL	Critical State Locus
CSSM	Critical State Soil Mechanics
DBA	Dam Breach Analysis
DBD	Design Basis Document
DBR	Design Basis Report
DSHA	Deterministic Seismic Hazard Analysis
DSR	Dam Safety Review
EDF	Environmental Design Flood
EOR	Engineer of Record
EPRP	Emergency Preparedness and Response Plan
FDM	Finite Difference Method
FEM	Finite Element Method
FMEA	Failure Mode Effects Analysis
FOS	Factor of Safety
GDM	Geotechnical Design Model
GISTM	Global Industry Standard for Tailings Management
GMPE	Ground Motion Prediction Equation
GMM	Ground Motion Model
IDF	Inflow Design Flood
ITRB	Independent Tailings Review Board, or Independent Technical Review Board
L-E	Limit Equilibrium
LiDAR	Light Detection and Ranging
MCE	Maximum Credible Earthquake
MOWL	Maximum Operating Level
NDA	Non-linear Deformation Analysis
NOWL	Normal Operating Water Level
OMS	Operations, Maintenance, Surveillance manual

PAR	Population At Risk
PBRISD	Performance Based Risk Informed Safe Design
PLL	Potential Lives Lost
PMF	Probable Maximum Flood
PMP	Probable Maximum Precipitation
PSHA	Probabilistic Seismic Hazard Analysis
QA/QC	Quality Assurance/Quality Control
RASCI	Responsible, Accountable, Supporting, Consulted, Informed
RSP	Responsible Site Person
RTFE	Responsible Tailings Facility Engineer
SFAIRP	So Far As Is Reasonably Practicable
SCPT	Seismic Cone Penetration Test
SGM	Site Geological Model
SPT	Standard Penetration Test
SSR	Shear Strength Reduction
TARPs	Trigger Action Response Plans
TMS	Tailings Management System
TSM	Towards Sustainable Mining

1. INTRODUCTION

Le présent bulletin a été préparé par la CIGB dans le but de documenter les pratiques techniques recommandées pour la planification, la conception, la construction, l'exploitation et la fermeture des barrages de stériles, dans l'optique principale de promouvoir la sécurité de ces structures. Ce bulletin est le fruit de l'expérience et des connaissances techniques des membres du Comité technique de la CIGB sur les barrages et dépôts de stériles. Les auteurs se réfèrent par ailleurs à plusieurs bulletins antérieurs publiés par la CIGB et aux lignes directrices préparées par des pays membres tels que l'Australie (Australian National Committee on Large Dams - ANCOLD) et le Canada (Association canadienne des barrages - ACB) ainsi qu'à d'autres documents élaborés par divers groupes industriels tels que l'Association minière du Canada (AMC) et le Conseil international des mines et métaux (CIMM). Les auteurs ont également repris les pratiques et les principes décrits dans l'ouvrage intitulé « Norme industrielle mondiale pour la gestion des résidus miniers » (GISTM, Global Tailings Review, 2020) et le présent bulletin soutient ces approches. D'autres ouvrages de référence notables, tels que les Lignes directrices en matière de sécurité et règles de bonnes pratiques concernant les installations de gestion des résidus, publiées en 2014 par la Commission économique des Nations Unies pour l'Europe (CEE-ONU), participent également à la promotion de bonnes réglementations et pratiques professionnelles axées sur la sécurité des barrages.

Le présent bulletin se concentre principalement sur la sécurité des barrages de stériles, qui constituent la composante la plus importante de la plupart des installations de stockage des résidus (ISR). Le présent document offre néanmoins, le cas échéant, des recommandations plus générales sur le stockage des résidus et les renseignements présentés peuvent aussi être applicables à certaines ISR qui ne répondent pas strictement à la définition adoptée pour un barrage (comme les verses de résidus filtrés). Les principes techniques et les principes de bonne gouvernance décrits dans le présent bulletin doivent être respectés d'un bout à l'autre du cycle de vie d'un barrage de stériles, de sa conception à la période faisant suite à sa fermeture.

Son objet principal est centré sur les aspects techniques des barrages de stériles, mais il offre également une synthèse des aspects clés de la gouvernance en offrant des recommandations visant à guider les compagnies minières, les ingénieurs chargés de la gestion des résidus, le personnel des organismes de réglementation et autres professionnels de la gestion des résidus.

La CIGB reconnaît que le cadre réglementaire, notamment les organes juridiques et institutionnels propres à chaque administration, constitue la base qui permet d'assurer efficacement la sécurité des barrages. De nombreux pays disposent déjà de lignes directrices et de normes nationales rigoureuses qui servent de base à la réglementation de leurs installations de stockage des stériles et des résidus et qui, dans certains cas, peuvent différer des recommandations exposées dans le présent document. Lorsque c'est le cas, l'objectif n'est pas d'aller à l'encontre de normes existantes, mais de fournir une référence à partir de laquelle les pays concernés pourront le cas échéant évaluer ou compléter leurs propres normes. La CIGB a pour intention de contribuer à l'élaboration commune d'une approche internationale permettant d'assurer sur le long terme la sécurité des installations de stockage des résidus.

Le présent bulletin s'articule comme suit:

- Chapitre 2: Gouvernance des installations de stockage des résidus
- Chapitre 3: Fermeture
- Chapitre 4: Classement des barrages en fonction du niveau des conséquences d'une rupture
- Chapitre 5: Caractérisation des sites

1. INTRODUCTION

This Bulletin has been prepared by ICOLD to document recommended technical practices for the planning, design, construction, operation, and closure of tailings dams, with the overarching goal of promoting the safety of these structures. The Bulletin draws on the experience and technical knowledge of the members of the ICOLD Technical Committee on Tailings Dams and Waste Lagoons, with reference to existing Bulletins produced by ICOLD, for example, guidelines produced by member countries, including Australia (Australian National Committee on Large Dams – ANCOLD) and Canada (Canadian Dam Association – CDA), and other documents developed by industry groups such as the Mining Association of Canada (MAC) and the International Council on Mining and Metals (ICMM).This Bulletin also considers and supports the principles and practices outlined in the Global Industry Standard for Tailings Management (GISTM, Global Tailings Review, 2020). Other valuable guidance, such as the United Nations Economic Commission for Europe (UNECE) Safety Guidelines and Good Practices for tailings management facilities, 2014, also continue to promote good regulatory and professional practices for safe dams.

The focus of the Bulletin is on the safety of tailings dams, which form the most significant component of most tailings storage facilities (TSFs). Nevertheless, the Bulletin provides guidance on the overall TSF when appropriate and may also be relevant to certain TSFs that do not include a structure that meets the accepted definition of a dam (such as filtered tailings "stacks"). The technical and governance principles described in this Bulletin are to be applied throughout the life phases of a tailings dam, from concept to post-closure.

This Bulletin focuses on the technical aspects of tailings dam safety, but it also summarizes key aspects of governance, providing guidance to support mining companies, tailings engineers, regulatory personnel, and other professionals who are involved in tailings management.

ICOLD recognizes that the regulatory framework, including legal and institutional elements of a jurisdiction, are the foundation for effective dam safety assurance. Many countries have strong national guidelines and standards already in place to regulate tailings and mine waste storage facilities, which in some cases may differ from the proposals outlined in this Bulletin. In this case, the intention is not to contradict existing standards, but to provide a benchmark against which countries may review or complement their standards. ICOLD's intention is to assist in developing a common international approach to ensuring the safety of tailings storage facilities into the future.

The Bulletin is structured as follows:

- Section 2: Tailings storage facility governance
- Section 3: Closure
- Section 4: Dam consequence classification
- Section 5: Site characterization

- Chapitre 6: Caractérisation des résidus
- Chapitre 7: Conception
- Chapitre 8: Gestion des risques
- Chapitre 9: Analyse des défaillances et des ruptures de barrage
- Chapitre 10: Préparation aux mesures d'urgence et planification des interventions
- Chapitre 11: Construction
- Chapitre 12: Exploitation

Le recours à des annexes facilite l'inclusion de notes techniques supplémentaires ou la mise à jour d'une ou plusieurs d'entre elles lorsque des données ou des références plus récentes ou de meilleure qualité deviennent disponibles.

Le présent bulletin s'inspire de nombreux documents, mais les auteurs reconnaissent que les pratiques et les technologies liées à la sécurité des barrages ne cessent d'évoluer et que certaines des références utilisées lors de son élaboration seront un jour caduques. Il sera donc possible de se limiter à la mise à jour de la liste des références clés lorsque des documents susceptibles de constituer des références clés seront publiés ultérieurement, au lieu de mettre à jour le bulletin dans son entier.

Le lecteur trouvera dans les deux annexes du présent document des analyses techniques plus avancées que celles figurant habituellement dans les bulletins de la CIGB. L'annexe A offre ainsi une explication détaillée qui permettra de comprendre et d'appliquer les concepts cruciaux de la résistance au cisaillement et du comportement en déformation des résidus et d'autres matériaux granulaires. Les aspects faisant toujours l'objet d'études sont mentionnés. La CIGB estime qu'un manque de compréhension des certains principes de base de la mécanique des sols a contribué, au cours des dernières années, à de nombreuses défaillances de barrages de stériles parmi les plus notoires. C'est pourquoi la Commission s'est efforcée de combler ces lacunes et d'orienter le cas échéant le lecteur vers d'autres sources d'information lorsqu'elles permettent d'approfondir le sujet. L'annexe B expose une approche logique permettant d'identifier et d'analyser diverses situations mettant en jeu des sols susceptibles de se contracter sous l'effet d'une contrainte de cisaillement à l'intérieur d'une zone structurale de l'installation. C'est un problème auquel doivent faire face de nombreuses compagnies minières qui ont hérité d'anciennes installations conçues, construites et exploitées à une époque où les principes exposés dans l'annexe A n'étaient pas encore bien compris. Plusieurs bulletins antérieurs de la CIGB offrent un contexte utile et des recommandations techniques liés à la conception des barrages de stériles. On peut notamment citer:

- Bulletin 104 – Auscultation des barrages de stériles – Synthèse et recommandations, 1996
- Bulletin 106 – Guide des barrages et retenues de résidus - Conception, construction, exploitation et réhabilitation, 1996
- Bulletin 148 – Choix des paramètres sismiques pour grands barrages – Recommandations (révision du Bulletin 72), 2016
- Bulletin 153 – Conception durable et performances après-fermeture des barrages de stériles, 2013
- Bulletin 154 – Gestion de la sécurité des barrages en exploitation, 2017
- Bulletin 155 – Du bon usage des modèles numériques dans l'ingénierie des barrages, 2013

- Section 6: Tailings characterization
- Section 7: Design
- Section 8: Risk management
- Section 9: Dam failure / breach analysis
- Section 10: Emergency preparedness and response planning
- Section 11: Construction
- Section 12: Operations

The use of the Appendices allows for ready inclusion of additional technical notes or updating the technical notes as new or improved information and references becomes available.

This Bulletin draws on many documents, but it is also recognized that the dam safety practices and technologies are evolving and some of the references used to prepare this Bulletin may be superseded. Although a list of key references is included, it can be expected that as future documents are produced that would constitute key references, it is possible to update the List of References rather than the entire Bulletin.

Two appendices are included that contain more advanced technical content than usually included within a Bulletin. Appendix A provides focused guidance on understanding and applying the critical concepts of shear strength and deformation behavior of tailings and other particulate materials, including a recognition of where the science is still developing. ICOLD believes that an apparent lack of understanding of certain basic principles of soil mechanics has contributed to many of the notable tailings dam failures in recent years and has attempted to fill that gap and point to other sources of knowledge where additional understanding can be gained. Appendix B provides a logical approach to recognizing, analyzing, and mitigating various cases of soils expected to exhibit "contractive shearing behavior" within the structural zones of an existing facility, a problem faced by many mining companies who may have inherited old facilities that were designed, constructed, and operated without the benefit of understanding the principles in Appendix A. Several previous ICOLD bulletins provide useful background and technical guidance relevant to tailings dam design. These include the following:

- Bulletin 104 – Monitoring of Tailings Dams – Review and Recommendations 1996
- Bulletin 106 – A Guide to Tailings Dams and Impoundments - Design, Construction, Use and Rehabilitation 1996
- Bulletin 148 – Selecting Seismic Parameters for Large Dams -Guidelines (Revision of Bulletin 72) 2016
- Bulletin 153 – Sustainable Design and Post-Closure Performance of Tailings Dams 2013
- Bulletin 154 – Dam Safety Management: Operational Phase of the Dam Life Cycle 2017
- Bulletin 155 – Guidelines for Use of Numerical Models in Dam Engineering 2013

- Bulletin 157 – Petits Barrages: Conception, Surveillance et Réhabilitation, 2016
- Bulletin 168 – Recommendations pour l'exploitation, la maintenance et la réhabilitation des barrages, 2017
- Bulletin 169 – Global Climate Change, Dams, Reservoirs, and related Water Resources (Changements climatiques, Barrages, Réservoirs et Ressources hydriques connexes)
- Bulletin 170 – L'estimation des crues et la sécurité des barrages, 2022
- Bulletin 180 – *Dam Surveillance – Lessons Learnt from Case Histories* (Surveillance des barrages: leçons apprises des cas antérieurs) (prépublication)
- Bulletin 181 – Conception des Barrages de Stériles – Mise à jour des technologies, 2021
- Bulletin 187 – *Flood evaluation, Hazard Determination, and Risk Management* (Évaluation des inondations, Détermination des dangers et Gestion des risques) (prépublication)
- Bulletin 189 – *Current State-of-the-Practice in Risk Informed Decision-Making for the Safety of Dams and Levees* (Pratiques actuelles en matière de processus décisionnel tenant compte du risque pour la sécurité des barrages et des digues) (prépublication)

Les bulletins de la CIGB sont disponibles en ligne à https://www.icold-cigb.org/FR/publications/bulletins.asp. Ils sont gratuits pour les membres des divers comités nationaux et payants pour les non-membres.

- Bulletin 157, Small Dams – Design, Surveillance and Rehabilitation, 2016
- Bulletin 168, Recommendations for Operation, Maintenance and Rehabilitation, 2017
- Bulletin 169 – Global Climate Change, Dams, Reservoirs, and related Water Resources
- Bulletin 170 – Flood Evaluation and Dam Safety 2022
- Bulletin 180 – Dam Surveillance – Lessons Learnt from Case Histories (Preprint)
- Bulletin 181 – Tailings Dam Design – Technology Update 2021
- Bulletin 187 – Flood evaluation, Hazard Determination, and Risk Management (Preprint)
- Bulletin 189 – Current State-of-the-Practice in Risk Informed Decision-Making for the Safety of Dams and Levees (Preprint)

ICOLD's bulletins are available online at (https://www.icold-cigb.org/GB/publications/bulletins.asp). They are free to members of the various national committees and are available for purchase for non-members.

2. GOUVERNANCE DES INSTALLATIONS DE STOCKAGE DES RESIDUS

2.1. INTRODUCTION

Le bulletin 139 de la CIGB, « Améliorer la sécurité des barrages de stériles miniers » (CIGB, 2011) a mis en lumière le rôle important que jouent l'industrie et les dirigeants d'entreprise pour fixer les normes qui permettent de bénéficier d'ISR sécuritaires et a également fait ressortir que les compagnies qui participent activement à l'amélioration des pratiques partagent trois points communs:

- Elles sont animées par un leadership très performant.
- Elles s'appuient sur une stratégie organisationnelle basée sur des systèmes de gestion de bonne qualité et la participation d'employés dévoués.
- Elles nourrissent le talent interne grâce à des programmes de développement et de formation.

Ce thème a été développé plus avant par diverses organisations nationales et internationales qui s'efforcent d'aider les intervenants du secteur à développer leurs pratiques autour des caractéristiques susmentionnées. L'ICMM, un groupe de l'industrie minière, a par exemple publié le document intitulé *Position statement on preventing catastrophic failure of tailings storage facilities* (ICMM, 2016), dans lequel sont cités les éléments clés suivants pour le cadre de gouvernance d'une ISR:

1. Obligation de rendre compte, responsabilité et compétence
2. Planification et allocation des ressources
3. Gestion des risques
4. Gestion des changements
5. Préparation aux situations d'urgence et intervention en cas d'urgence
6. Examen et assurance de la qualité

Ces six éléments clés ont été développés par l'AMC dans son « Guide de gestion des parcs à résidus miniers » (AMC, 2021) afin de servir de fondation à la gestion des installations de stockage des résidus et d'aider leurs propriétaires à développer des systèmes de gestion efficaces pour ces résidus. L'ICMM a également publié le *Tailings Management Good Practice Guide* (ICMM, 2021), dans lequel est décrit, de manière plus détaillée, en quoi doit consister une gouvernance et une gestion efficaces des installations de stockage des résidus.

La CIGB approuve les recommandations préparées par l'ICMM (Conseil International des Mines et Métaux) et l'AMC (Association minière du Canada), par exemple dans le cadre du programme « Vers le développement minier durable », qui vise une gestion responsable des installations de stockage des résidus à l'échelle de la planète, mais reconnaît que certaines compagnies minières ne souscrivent actuellement pas aux principes adoptés par l'ICMM et l'AMC et que d'autres lignes directrices pourront dans l'avenir être préparées et appliquées par d'autres organisations. Les sections qui suivent décrivent les éléments centraux sur lesquels doit être basé tout cadre de gestion efficace et qui, selon la CIGB, devraient être adoptés pour assurer aujourd'hui et dans l'avenir la sécurité des installations de stockage des résidus lors de leur construction, de leur exploitation et de leur fermeture ou démantèlement.

2. TAILINGS STORAGE FACILITY GOVERNANCE

2.1. INTRODUCTION

ICOLD Bulletin 139 "Improving Tailings Dam Safety" (ICOLD, 2011) highlighted the importance of the Corporate and Management role in setting the standards for achieving safe TSFs and noted that companies actively improving the state of practice have three factors in common:

- high performance leadership;
- organization-building through good management systems and dedicated employee participation; and
- talent creation by means of development programs and training.

This theme has been further developed by various national and international organizations attempting to assist industry to develop around the above listed factors. For example, ICMM, a mining industry group, released their "Position statement on preventing catastrophic failure of tailings storage facilities" (ICMM, 2016), which listed the following key elements of a TSF governance framework:

1. Accountability, Responsibility and Competency
2. Planning and Resourcing
3. Risk Management
4. Change Management
5. Emergency Preparedness and Response
6. Review and Assurance

These six key elements were further developed by the MAC in their Guide to the Management of Tailings Facilities (MAC, 2021), with the objective of providing a framework for the management of tailings facilities and helping Owners of tailings facilities develop effective tailings management systems. ICMM has also developed the "Tailings Management Good Practice Guide" (ICMM, 2021), which further elaborates the expectations for effective governance and management of tailings facilities.

ICOLD endorses the guidance developed by ICMM and by MAC (e.g., the Towards Sustainable Mining (TSM) program) for the responsible management of tailings facilities worldwide but recognizes that not all mining companies currently ascribe to the ICMM/MAC principles, and that other guidance documents may be developed and implemented by other organizations in the future. The following sections outline the core elements of a successful management framework that ICOLD believes should be followed to safely design, construct, operate and close/decommission tailings now and in the future.

Ce chapitre sur la gouvernance des ISR ne prétend pas se substituer aux recommandations de l'ACM dans le cadre du programme « Vers le développement minier durable », ni aux lignes directrices de l'ICMM ou de la norme GISTM, tous ces documents étant en fait complémentaires et visant des objectifs similaires. Ce chapitre vise plutôt à souligner les efforts déployés par ces groupes et à souligner les éléments essentiels d'une bonne gouvernance dans le but de faire en sorte que les installations de stockage des résidus soient conçues, construites, exploitées et fermées de manière sécuritaire et durable.

La gouvernance d'une ISR incombe à son propriétaire qui est responsable de faire en sorte que tous les aspects de la conception, de la construction, de l'exploitation et de la fermeture de l'installation contribuent à minimiser les risques pour le public et l'environnent. La mise en place d'un cadre de gestion approprié doté d'un personnel compétent est cruciale pour assurer la sécurité des barrages de stériles.

2.2. RESPONSABILITÉS ET RÔLES AFFÉRENTS AUX BARRAGES

Les rôles des différentes personnes responsables de la gouvernance des ISR doivent être détaillés afin de déterminer leurs obligations de rendre compte et leurs responsabilités et faire en sorte que les principales activités associées à ces installations soient effectuées et gérées de manière appropriée. Les obligations de rendre compte et les responsabilités doivent être attribuées à des postes appropriés à l'intérieur de l'organisation. Les responsabilités associées à ces rôles et aux rôles de soutien connexes doivent être communiquées à l'ensemble de l'organisation. On recommande vivement l'utilisation de la matrice d'attribution des responsabilités « RASCI » (responsabilité, approbation, soutien, consultation, information) pour expliquer et communiquer efficacement en quoi consistent les rôles et les responsabilités de chacun dans les systèmes complexes. Le Bulletin 154 (CIGB, 2013) offre des conseils concernant l'utilisation de la matrice RASCI. Le guide de l'ICMM *Tailings Management, Good Practice Guide* (Guide des bonnes pratiques pour la gestion des résidus miniers) donne des explications détaillées concernant les rôles principaux décrits dans le présent document.

Les autorités compétentes et les gouvernements ont également une responsabilité dans la gouvernance sécuritaire des installations de stockage de résidus miniers.

Les structures de gestion et leur capacité varient d'une installation à l'autre, mais elles doivent au minimum s'appuyer sur les postes décrits dans les paragraphes suivants.

2.2.1. Cadre Supérieur Responsable (CSR)

Un cadre supérieur responsable (CSR) doit être affecté à chaque ISR et doit faire partie de l'équipe de gestion du propriétaire de la mine. Le CSR est nommé par la direction supérieure, en tenant compte des risques, de leur complexité et de leurs conséquences pour l'installation considérée. Le CSR doit être tenu informé par l'équipe de soutien, avoir le pouvoir de prendre des décisions et l'autorité sur tout ce qui touche à la sécurité des barrages liés à l'ISR.

2.2.2. Responsable de Site (RS)

Un responsable de site doit être nommé pour l'ISR et se voir affecté des responsabilités déléguées précises concernant tous les aspects de la construction, de l'exploitation, de la surveillance, de la préparation aux interventions en cas d'urgence et de la fermeture du site. Le responsable de site peut déléguer certaines tâches, mais pas son obligation de rendre compte. Il travaille avec l'équipe de gestion de l'ISR et le personnel qualifié approprié. Le responsable de site devra de préférence être un ingénieur qualifié possédant une expertise dans le domaine de la sécurité des barrages, auquel cas le poste devient équivalent à celui de l'ingénieur responsable d'une installation de stockage des résidus défini dans la norme GISTM. Il ne sera cependant pas toujours nécessaire ou possible que le responsable de site soit un ingénieur. Le responsable de site doit avoir suivi une formation

This section on TSF Governance is not an alternative framework to the MAC-TSM guidance, the ICMM guidance, and/or the GISTM, all of which are complementary with similar objectives and purpose. Rather, this section is intended to highlight the efforts of those groups and reinforce the essential elements of good governance for the purpose of ensuring all tailings storage facilities are designed, constructed, operated, and closed in a safe and sustainable manner.

TSF governance is directed by the Owner of the TSF, who is ultimately accountable for all aspects of design, construction, operation, and closure to minimize risks to people and the environment. Having an adequate management framework with appropriate personnel in place is crucial to tailings dam safety.

2.2. DAM SAFETY ROLES AND RESPONSIBILITIES

The roles of the responsible persons involved in the governance of the TSF should be developed to establish accountability, responsibility and provide assurance that key activities associated with the TSF are appropriately carried out and managed. The accountabilities and responsibilities should be matched with appropriate authority within the organization. The responsibilities of these key roles, as well as supporting roles, should be communicated throughout the organization. The use of a RASCI (Responsible, Accountable, Supporting, Consulted, Informed) matrix is highly recommended to clarify and effectively communicate roles and responsibilities in complex systems. Further guidance on the application of the RASCI matrix can be found in ICOLD Bulletin 154 (ICOLD, 2013). Further guidance on the key roles described herein is provided in ICMM Tailings Management, Good Practice Guide, (2021).

Competent authorities and governments also have a responsibility in the safe governance of tailings facilities.

While management structures and capacity vary at different facilities, at a minimum, key roles should include the following:

2.2.1. Accountable Executive (AE)

An Accountable Executive (AE), who is a part of the Mine Owner's Management Team, should be appointed for each TSF. The AE is appointed by senior management, taking into consideration the consequence rating, complexity, and risk of the facility. The AE must be kept informed by the supporting team and must have decision-making ability and authority in all matters of dam safety related to the TSF.

2.2.2. Responsible Site Person (RSP)

A Responsible Site Person (RSP) should be appointed for the TSF with clearly defined, delegated responsibility for all aspects of construction, operations, surveillance, emergency response preparation and closure. The RSP may delegate specific tasks, but not accountability, and work with the TSF management team and other qualified personnel. The RSP should preferably be a qualified engineer with dam safety expertise, in which case this role would be equivalent to the Responsible Tailings Facility Engineer (RTFE) defined in the GISTM. However, it may not always be necessary (or practical) for the RSP to be an engineer. The RSP must be suitably trained and deemed competent

appropriée et doit être réputé capable de reconnaître les dangers qui menacent l'installation pour que ceux-ci puissent être pris en compte et minimisés dans un délai convenable. Dans tous les cas, le responsable de site doit bien comprendre les principes de conception d'une ISR et les conditions de son exploitation. Il doit rester en tout temps en relation étroite avec l'ingénieur désigné (ID; voir plus bas).

Le responsable de site est habituellement supervisé directement par la Direction du site et il doit bénéficier du soutien et des pouvoirs qui lui permettront d'assumer convenablement ses responsabilités. Le responsable de site doit travailler de près avec l'ID et les autres parties prenantes sur tous les aspects techniques liés à la conception, la construction et l'exploitation de l'ISR tout en informant régulièrement l'ID des performances de l'installation et de toute modification touchant la construction ou les performances et susceptibles d'entraîner une déviation par rapport aux objectifs de conception. Il devra être informé et consulté sur toutes les questions liées à l'ISR et il devra faire en sorte que les étapes clés telles que la conception, la documentation, le dépôt des plans, la surveillance et la construction soient mises en œuvre efficacement.

2.2.3. Ingénieur Désigné (ID)

Un ingénieur expérimenté possédant les compétences techniques nécessaires doit être nommé pour vérifier que les objectifs de conception sont respectés à tout égard et tout au long de chaque phase du cycle de vie de l'ISR. Ce poste porte l'intitulé d'« ingénieur désigné » (ID) dans la norme GISTM, dans les documents relatifs au programme « Vers le développement minier durable » publiés par l'ACM et dans le guide des bonnes pratiques de l'ICMM. Ce terme a donc été adopté par la CIGB, mais une terminologie différente peut être utilisée dans d'autres pays et le recrutement ainsi que l'attribution des responsabilités afférentes peuvent également différer suivant la situation. Le rôle de l'ID est de faire en sorte que les décisions commerciales et opérationnelles du propriétaire du site minier tiennent compte de l'avis d'un ingénieur qualifié qui connaît les principes de conception et les limites techniques de l'ISR ainsi que l'impact que des modifications ou des déviations par rapport à la conception initiale pourraient avoir sur la sécurité et les performances de l'installation.

Il incombe à l'ID de démontrer au propriétaire et aux autres parties prenantes que l'ISR a été conçue en tenant convenablement compte des risques sanitaires, sécuritaires et environnementaux, conformément aux pratiques en vigueur et aux règlements, lois, lignes directrices, codes et normes applicables. L'ID offre également un soutien durant l'exploitation afin d'informer le propriétaire du degré de conformité des performances de l'installation par rapport aux objectifs de conception et aux pratiques recommandées. Dans le cas d'installations de stockage nouvelles ou modifiées, toute tentative visant à soustraire l'ID du processus de conception et à lui retirer les responsabilités afférentes va à l'encontre des objectifs et des pratiques prescrites par la norme GISTM et d'autres lignes directrices internationales, et devrait donc être évitée. Pour les installations existantes, lorsqu'un ID en vient à assumer les responsabilités de la conception, il devra en acquérir une connaissance détaillée grâce à l'examen des documents pertinents et, le cas échéant, à des enquêtes et à des analyses supplémentaires.

L'ID doit être un ingénieur professionnel, de préférence agréé dans le pays où est exploitée l'installation ou par un organisme international reconnu, possédant les qualifications requises et ayant l'expérience de la conception, de la construction et de l'exploitation de barrages de dimension et de complexité proches de celles de l'ISR à laquelle il a été affecté. L'ID est soutenu par une équipe d'experts et d'autres membres du personnel technique. Dans certains cas, l'ID pourra être un consultant externe et son travail pourra être effectué dans le cadre d'un contrat établi entre le propriétaire et une société de conseils en ingénierie (la « compagnie de l'ID ») et dans lequel l'ID sera clairement désigné.

L'ID pourra être un employé du propriétaire de la mine, mais dans ce cas, il faut veiller à ce qu'il reste suffisamment indépendant et qu'il dispose des pouvoirs nécessaires pour prendre des décisions techniques appropriées sans être soumis à des pressions qui tendraient à compromettre la sécurité du site pour réduire les coûts.

to recognize potential hazards associated with the facility such that they can be addressed and corrected in a timely manner. In all cases, the RSP must have a good understanding of the design of the TSF and the operating requirements and should maintain a close relationship with the Engineer of Record (EOR).

The RSP usually reports directly to site management and must have support resources and authority to comply with their responsibility. The RSP should work closely with the EOR and other stakeholders regarding technical matters related to design, construction, and operation of the TSF and must keep the EOR updated on the performance of the TSF and any changes to the TSF construction and/or performance that deviate from the design intent. The RSP should be informed and consulted on all matters related to the TSF and should ensure that key elements, such as design, documentation, deposition plans, surveillance, and construction are effectively implemented.

2.2.3. Engineer of Record (EOR)

An experienced, technically qualified, and competent engineer should be appointed to verify that the design intent is met through all aspects and life phases of the TSF. This role is defined as the Engineer of Record (EOR) in the GISTM, MAC-TSM, and ICMM Good Practice Guide and ICOLD have adopted this term, understanding that different terminology may be used in different countries and various models for the appointment and responsibilities of the EOR in different situations may exist. The purpose of the EOR role is to ensure that business and operational decisions made by the Mine Owner are informed by a qualified engineer who understands the design intent, design principles, and technical limitations of the TSF and the impact of potential changes or deviations from the design basis on its safety and performance.

The EOR is responsible for providing assurance to the Owner and regulatory authorities that the TSF is designed, constructed, and performing in alignment with the current state of practice and in accordance with applicable regulations, statutes, guidelines, codes and standards. The EOR provides support during operation to advise the Owner whether the operation and performance of the facility is consistent with the design intent and according to recommended practice. For greenfield TSFs and TSFs that are being modified, attempts to separate the EOR from the design process and design responsibility are not consistent with the goals and practices of the GISTM and other international guidelines and should be avoided. For legacy facilities, where an EOR may be assuming design responsibility over time, the EOR needs to gain a thorough understanding of the design through reviews, investigations, and analyses as appropriate.

The EOR should be a professional engineer, ideally registered either in the country or jurisdiction of the facility of operation or in an internationally recognized jurisdiction, suitably qualified and with experience in design, construction, and operation of TSFs similar scale and complexity to the TSF that they are working on. The EOR is an individual, supported by a team of Subject-Matter Experts and other technical personnel. In some cases, the EOR may be an external consultant and from a contractual perspective, the contract can be between an Owner and an Engineering consulting firm (which may be referred to as the EOR Company) with the nominated EOR clearly defined.

The EOR may be an employee of the Owner, but in such cases, caution must be employed to ensure the EOR is provided an appropriate degree of independence and is empowered to make sound technical decisions without pressure to compromise safety for cost reductions.

L'ID doit participer à un niveau approprié à la construction et à l'exploitation de l'ISR suivant un processus robuste de supervision et d'approbation et il doit informer le CSR de tous les aspects relatifs à la sécurité du barrage tout comme il le fait avec le responsable de site.

Il est très utile, pour la sécurité de l'ISR, de conserver les connaissances de base acquises par l'ID. Dans cette optique, le rôle de l'ID doit s'envisager dans le maintien d'une continuité aussi parfaite que possible, en particulier durant les différentes phases de développement du projet. Cette approche a été validée et approuvée par la CIGB depuis le Bulletin 72 (CIGB, 1989), voire avant. Tout changement d'ID doit être planifié avec soin de manière à éviter la perte d'informations techniques critiques susceptibles d'affecter la sécurité de l'ISR. Un plan de succession propre au poste de l'ID doit être élaboré afin d'assurer une transition sans accrocs en cas de renouvellement du personnel. Il est également souhaitable de transférer les connaissances en question à plusieurs personnes afin d'assurer une certaine flexibilité et un certain degré de redondance.

2.2.4. Examinateur technique indépendant

L'examen technique indépendant de toutes les phases du cycle de vie de l'ISR est crucial pour la sécurité de l'installation. Cet examen peut être réalisé différemment suivant la juridiction concernée, mais des examinateurs indépendants doivent être systématiquement nommés pour mener à bien l'exercice pour chaque ISR. La rigueur de cet examen indépendant et le nombre d'experts qui y participeront devront être à la mesure de la complexité de l'installation et du niveau de risque qui lui a été attribué. Les examinateurs doivent être reconnus dans le secteur comme possédant l'expertise et l'expérience nécessaires et plusieurs personnes pourront être requises pour couvrir les différents domaines techniques.

Lorsqu'une ISR est classée comme présentant des risques de défaillance dont la gravité des conséquences est jugée « très élevée » ou « extrême » (Table 4.1), un comité d'examen technique indépendant (CETI), parfois aussi baptisé « comité d'examen indépendant des résidus » ou autre, doit être mis sur pied. Les membres du CETI doivent posséder les compétences adéquates, ne pas être membre de la compagnie du propriétaire ni de celle de l'ID, ou être manifestement indépendants, et posséder une expérience pertinente dans les disciplines clés associées à l'ISR. Il incombe au CETI, sous la supervision du CSR, de juger de l'adéquation de l'ISR aux pratiques recommandées en cours pour ce qui est de sa conception, de son exploitation et de sa gouvernance.

2.3. SYSTÈME DE GESTION DES RÉSIDUS MINIERS (SGRM)

2.3.1. Survol

L'objectif premier du système de gestion des résidus miniers (SGRM) est de gérer et minimiser les risques associés à l'ISR (voir la section 8.2). Un SGRM efficace comprend les éléments essentiels suivants:

- Des objectifs clairement explicités et énoncés sous la forme d'une politique (ou un ensemble de politiques) et d'engagements spécifiques.
- Un cadre de gestion permettant d'atteindre ces objectifs.
- Une structure organisationnelle basée sur des rôles, des responsabilités et des pouvoirs permettant de respecter les engagements pris.
- Des ressources adéquates pour atteindre les objectifs fixés.
- Des programmes de formation visant à faire en sorte que le personnel, à tous les niveaux de l'organisation, comprend les objectifs et connaît les procédés corrects à mettre en œuvre.

The EOR should have an appropriate level of involvement during construction and operation of the TSF through oversight and an approval process and should have a reporting responsibility to the AE on dam safety related aspects, in addition to the RSP.

The retention of the background knowledge of the EOR is a significant benefit to the safety of the TSF, and the role is envisaged as on-going, with the intention of maintaining as much continuity as possible during the different phases of project development, a principle that has been endorsed by ICOLD since at least Bulletin 72 (ICOLD, 1989). Any change of EOR should be carefully planned to avoid loss of critical technical information affecting TSF safety. A succession plan for the EOR should be developed to provide a smooth transition in the event of a change in personnel. It is also good practice to transfer the knowledge between several persons to provide flexibility and redundancy.

2.2.4. Independent Technical Reviewer

Independent technical review of all aspects of a TSF life phase is a critical aspect to ensure TSF safety. This can take different forms in some jurisdictions, but typically independent Reviewers should be appointed for all TSFs. The rigour of the independent technical review and the number of members should be commensurate with the complexity and risk rating of the facility. The Reviewer(s) must be recognised in the industry as having the expert knowledge and experience and multiple reviewers may be needed to cover the different technical areas.

Where a TSF has a classification of at least Very High or Extreme (reference Table 4.1) an Independent Technical Review Board (ITRB), sometimes referred to as an Independent Tailings Review Board or using other similar names, must be appointed. The ITRB members should be appropriately skilled and external to the Owner's company and the EOR company, or demonstrably independent, with relevant experience in key disciplines associated with the TSF. The ITRB should report to the AE and is responsible for judging the adequacy of the design, and operations and governance of the TSF against current leading practice.

2.3. TAILINGS MANAGEMENT SYSTEM (TMS)

2.3.1. Overview

The primary objective of a TMS is to manage and minimize the risks associated with the TSF (Refer to Section 8.2). An effective TMS includes the following essential components:

- Clearly stated objectives, communicated through a policy (or set of policies) and specific commitments.
- A management framework that allows achievement of the objectives.
- An organizational structure with defined roles, responsibilities, and authority to implement the commitments.
- Adequate resources to achieve the objectives.
- Training programs to ensure all levels of the organization understand the objectives and know the correct processes.

- Des rétroactions sur les performances (audits, enquêtes et examens) permettant de faciliter l'amélioration continue de la gestion.

Un système de gestion des résidus est présenté sur la Fig. 2.1.

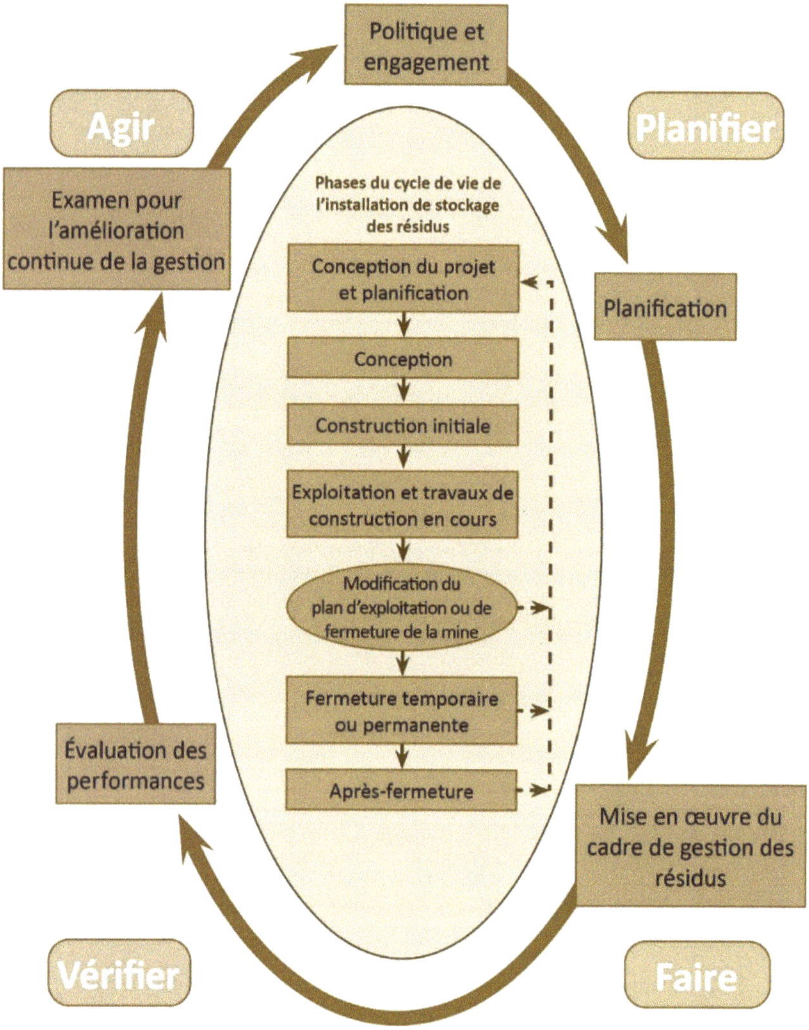

Fig 2.1
Organigramme d'un système de gestion des résidus miniers (d'après MAC, 2021)

Le cadre de travail et les éléments essentiels du SGRM doivent être mis en place au cours des toutes premières phases du développement du projet. Au fur et à mesure que le projet avance, le SGRM doit gagner en détail avec le passage de la planification à la mise en œuvre.

La Fig. 2.2 présente un organigramme détaillé des composantes qui interviennent typiquement dans un projet de barrage de stériles. On y voit comment chacune de ces composantes peut être liée aux phases de planification, de mise en œuvre, de vérification, d'examen des performances et d'amélioration continue prévues par le SGRM. Les paragraphes suivants détaillent les éléments apparaissant sur la Fig. 2.2.

- Performance feedback (i.e., audits, investigations, and reviews) to facilitate continuous improvement.

A framework for a Tailings Management System is represented on Figure 2.1.

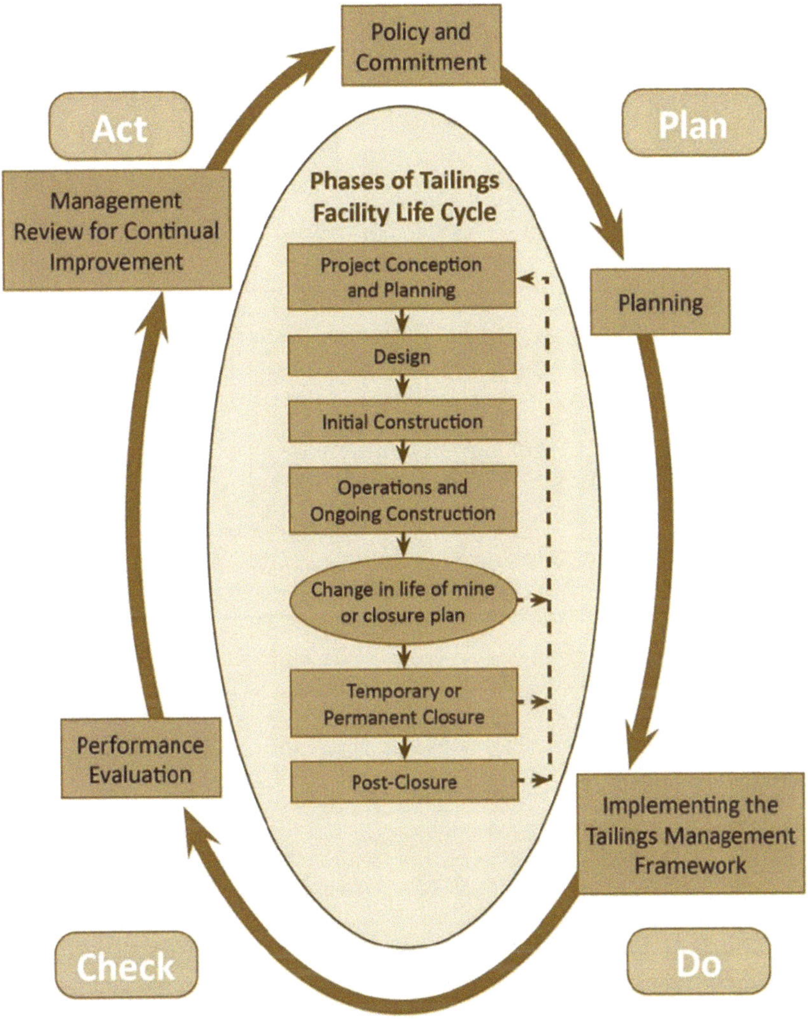

Fig 2.1
Framework for a Tailings Management System (after MAC 2021)

The framework and essential elements of the TMS should be established in the early phases of project development. As a project develops, the TMS should be expanded in its level of detail as the TSF moves from planning to the implementation phase.

Figure 2.2 presents a flow chart of the detailed components typically involved in a tailings dam project and how these components can be linked to the planning, implementation, verification, performance review, and continual improvement phases of the TMS. The following sub-sections elaborate on the headings on Figure 2.2.

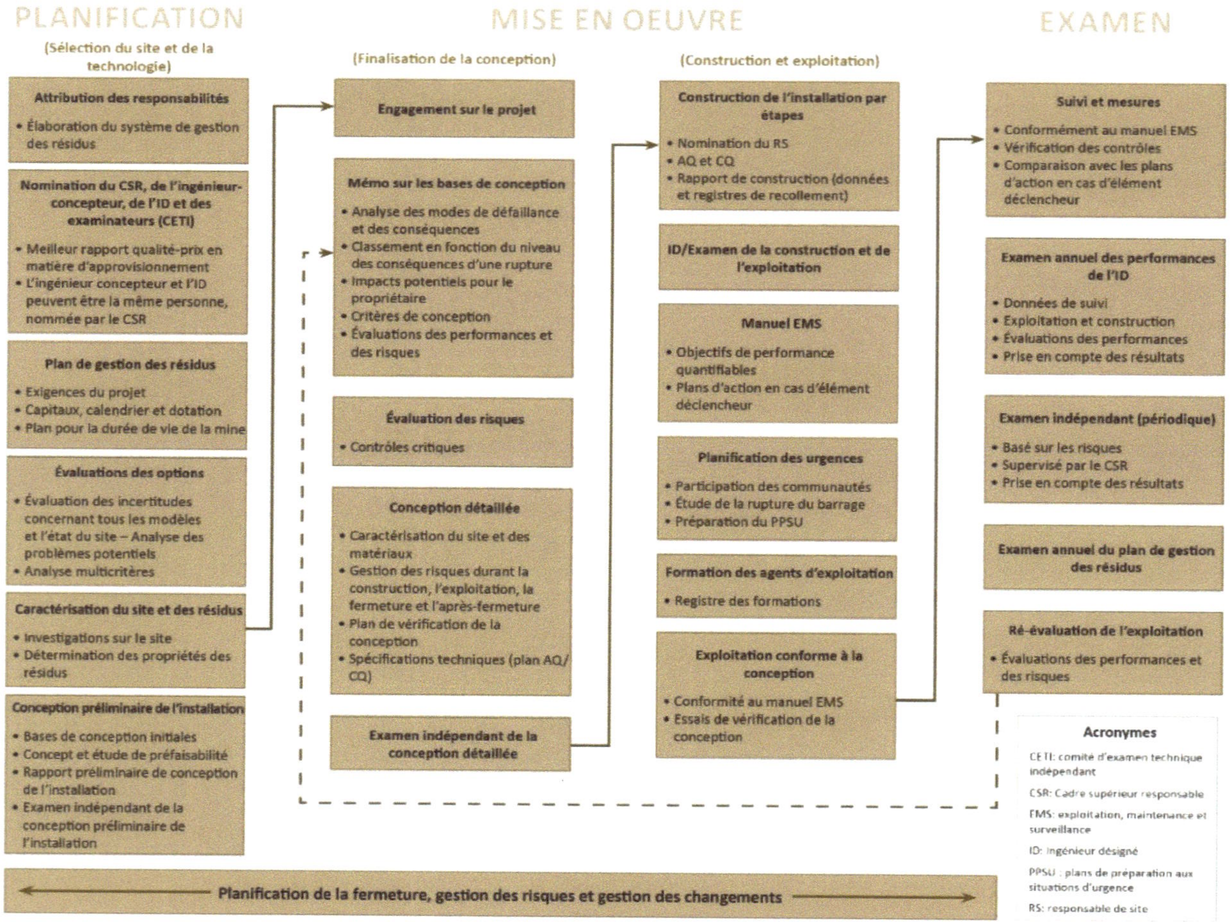

Fig 2.2
Organigramme d'un projet typique de stockage des résidus dans le cadre d'un SGRM

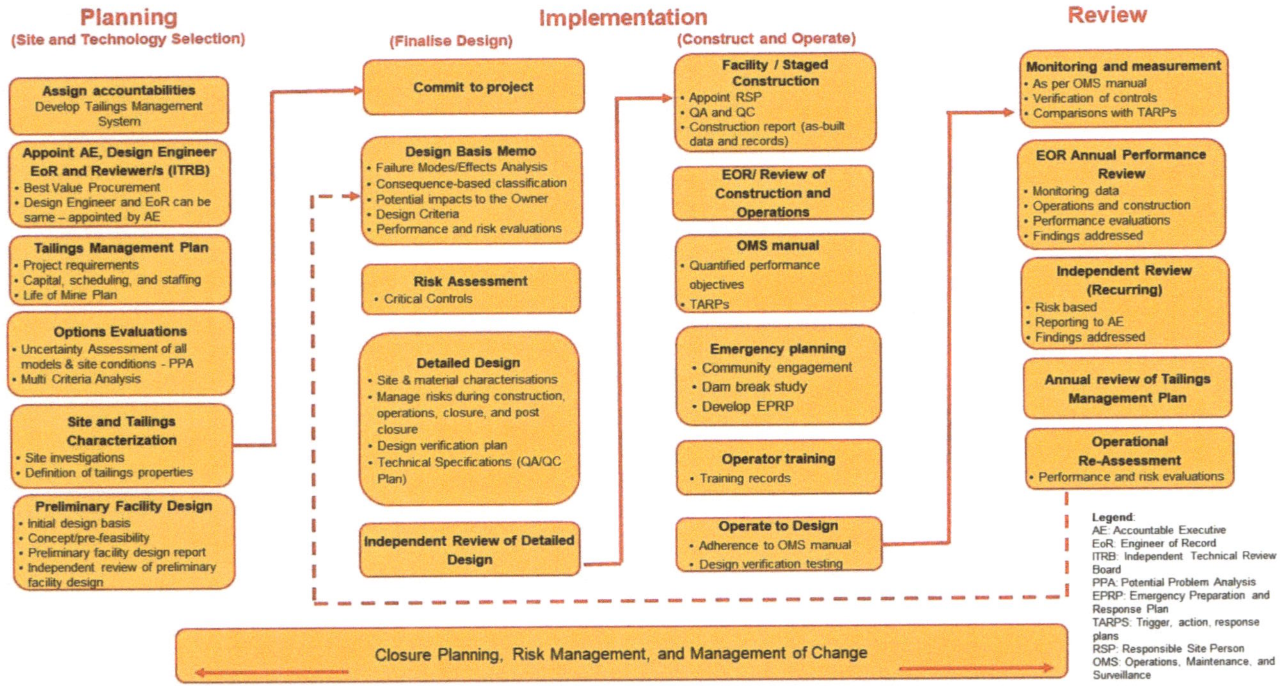

Fig. 2.2
Flow chart of a typical tailings project within a TMS

2.3.2. *Planification*

La planification a pour objectif de permettre la gestion des risques durant chacune des phases du cycle de vie d'une ISR, de l'élaboration de sa conception à la période post-fermeture en passant par sa construction, son exploitation, la préparation aux situations d'urgence, sa mise hors service, la réhabilitation du site, la surveillance continue et la gestion de la longue phase suivant la fermeture.

La planification doit intégrer tous les processus, les systèmes, les procédures et les autres activités nécessaires à la sécurité de l'ISR. Elle doit prévoir l'affectation des responsabilités afférentes au SGRM, la nomination d'un ID et d'examinateurs techniques indépendants, l'élaboration d'un plan de gestion des résidus incluant l'évaluation de différentes options, la définition des critères de conception et la réalisation d'études de conception préalables pour l'ISR.

La planification doit aussi tenir compte de toutes les activités qui pourront survenir sur le site durant l'existence de l'ISR. Il s'agit des activités minières initiales, mais aussi des activités liées à une extension possible du programme d'extraction ou à une modification de la production ou des propriétés des résidus susceptibles d'affecter la conception, l'exploitation et ultimement les procédures de fermeture du site. La planification doit également tenir compte des changements qui pourront survenir à l'extérieur du site minier lui-même et qui pourraient affecter les risques et la sécurité du site. Il est important d'intégrer à la planification générale du projet (plan de vie de la mine) les exigences et les conditions requises pour la construction, l'exploitation et la fermeture de l'ISR dans des conditions sécuritaires, et ce dès le début de l'élaboration du projet et tout au long de son évolution.

Le SGRM doit inclure des procédures, des techniques et des méthodologies opérationnelles qui sont réputées, au vu de leur application passée, permettre une gestion fiable des risques et l'atteinte des objectifs de performances de manière économique et techniquement correcte. Le SGRM doit se prêter à l'amélioration continue et viser systématiquement l'excellence opérationnelle durant chaque phase du cycle de vie de l'installation.

Les éléments suivants doivent également être pris en considération lors de la planification:

- Participation et alignement des intervenants externes.
- Propriété foncière et utilisation des terres actuelles et futures.
- Établissement des bases de conception conformément à des normes, des méthodes et des marges de sécurité déclarées afin de maîtriser les risques et les modes de défaillances identifiés.
- Intégration de la gestion des résidus miniers à l'optimisation continue des technologies, à la co-élimination des déchets, aux travaux d'expansion du site minier, etc.
- Examens continus du plan de fermeture qui devra tenir compte du paysage, de l'utilisation des terres et de l'eau, de la propriété foncière et de la protection de l'environnement envisagés dans la phase finale.
- Prise en compte de possibles développements au-delà de l'exploitation économique immédiate de la mine. La planification doit offrir suffisamment de flexibilité pour faciliter d'éventuelles retombées stratégiques et économiques importantes dans l'avenir pour un investissement minimal dans le présent, notamment la possibilité de réduire les émissions de CO2 et de s'adapter aux effets des changements climatiques.
- Envisager la possibilité que les performances du barrage de stériles soient affectées par d'autres opérations minières telles que le dynamitage, l'assèchement, la recharge de la nappe phréatique, le détournement des eaux de surface, le développement de puits miniers, etc.

2.3.2. *Planning*

The objective of planning is to manage risk during all TSF life phases, including concept development, design, construction, operation, emergency preparedness, decommissioning, rehabilitation, ongoing monitoring, and the extended post-closure period.

Planning should integrate all the processes, systems, procedures, and other activities required for a safe TSF. Planning includes assigning accountabilities and responsibilities in support of the TMS, appointing an EOR and Independent Technical Reviewer(s), developing a tailings management plan that includes an options evaluation, defining design criteria, and performing up-front design studies for the TSF.

Planning should consider the potential activities that will take place throughout the life of the TSF. This will include the initial "mine life" but also should consider potential extension of mining or changes in production and tailings properties that might affect the design, operation, and ultimately, closure. Planning should also consider potential changes external to the mine itself, which could affect risks and dam safety considerations. It is important that the requirements and conditions necessary for the safe construction, operation, and closure of the TSF are integrated in the wider project plan (Life-of-Mine plan) in both the early stage of the project development and throughout the life of mine.

The TMS should include operational procedures, techniques, and methodologies that, through experience and demonstrated application, are proven to reliably manage risk and achieve performance objectives in a technically sound and economically efficient manner. The TMS should embrace continual improvement and operational excellence consistently throughout the TSF life phases.

Additional considerations for planning include:

- External stakeholder engagement and alignment.
- Land ownership and land use, both existing and future potential.
- Establishing basis for design to nominated standards, methods, and safety margins to address identified risks and failure modes.
- Integrating mine waste management with ongoing optimization of technologies, co-disposal, mine expansions, etc.
- Ongoing reviews of a closure plan considering the potential final landscape, land/ water use, land ownership, and environmental safety.
- Consideration of possible developments beyond the immediate economic mine life. Planning should provide a degree of flexibility that might allow significant strategic and economic benefits to be achieved in the future with minimal cost in the present, including potential for CO_2 reductions and effects of climate change.
- Considering the performance of the tailings dam being potentially affected by other mining operations including blasting, dewatering, groundwater recharging, surface water redirection, mine pits development, etc.

2.3.3. *Mise en œuvre*

La mise en œuvre consiste à finaliser les plans élaborés lors de la planification, dans le cadre de l'étude de faisabilité, afin d'obtenir des plans détaillés utilisables pour la construction puis à lancer les activités de construction et d'exploitation du barrage de stériles et de l'ISR dans son entier, comme décrit dans les sections 7.2 et 7.3. L'ID doit superviser toutes les phases de la planification et de la conception en organisant la mise en œuvre des examens indépendants appropriés.

Au cours de la construction et de l'exploitation, les activités suivantes doivent être menées à bien: surveillance, revues de la conception, préparation ou mise à jour du manuel d'exploitation, de maintenance et de surveillance (manuel EMS) (se référer à la section 12.2) ainsi que des plans de préparation aux situations d'urgence (PPSU) (se référer au chapitre 10). La formation des opérateurs et la mise en œuvre des opérations de dépôt des résidus permettant de satisfaire aux exigences et aux objectifs de conception sont des éléments clés.

2.3.4. *Gestion des risques*

La gestion des risques est une composante fondamentale du SGRM qui sous-tend la conception et la gestion sécuritaires des barrages de stériles dès les premières étapes de planification et tout au long du cycle de vie de l'installation. Elle doit faire partie intégrante du système de gestion des résidus miniers. Un plan de gestion des risques et un registre des risques doivent être préparés durant la phase de planification. Ces documents doivent inventorier les risques et être mis à jour régulièrement au fur et à mesure de l'avancement du projet, tout au long de chaque phase de son cycle de vie. La gestion des risques est discutée plus en détail au chapitre 8.

2.3.5. *Gestion des changements et signalement des incidents*

La construction des ISR s'étale typiquement sur de longues périodes. Des modifications portant sur la conception, la construction et l'exploitation des installations sont souvent proposées à la suite de changements concernant le fonctionnement de l'usine, les exigences réglementaires, l'obtention de nouvelles données, un constat en temps réel ou a posteriori de modifications concernant l'état du site, etc. Il est donc important que ces modifications soient prises en compte et documentées. Des changements concernant la propriété foncière, le personnel de la mine ou les conseillers et les entrepreneurs peuvent également introduire de nouveaux risques pour le barrage. Un système de gestion des changements qui s'appuie sur l'évaluation, l'approbation et la documentation de tout changement doit être inclus dans le SGRM et mis en œuvre. Le signalement des incidents est aussi un exercice important. Il permet de documenter les événements survenant sur le site l'ISR qui pourraient affecter la sécurité du barrage, tels que l'apparition de fissures, des infiltrations inhabituelles, une perte de revanche, etc. Les leçons apprises dans le cadre de ces incidents constituent un volet important du processus d'amélioration continue et de réduction des risques.

Les rapports finaux de conception et de construction, le manuel EMS, les PPSU et autres documents élaborés lors de la phase de planification doivent être suffisamment détaillés pour préserver la « mémoire de l'entreprise » et ne pas être affectés par les mouvements de personnel.

2.3.6. *Audits, vérifications et révisions*

Les révisions successives de la conception, de la construction et de l'exploitation de l'ISR permettent d'obtenir une importante rétroaction pour le SGRM et la conception. En plus des vérifications internes et externes du SGRM, les vérifications techniques et les examens de conception clés à effectuer sont décrits dans les paragraphes qui suivent.

2.3.3. *Implementation*

Implementation includes advancing the feasibility-level designs from the planning phase to preparation of the final design (detailed design to support construction) and the construction and operation of the tailings dam and the entire TSF as described in Section 7.2 and Section 7.3. The EOR should oversee all phases of planning and design with appropriate independent reviews.

During construction/operation, there should be ongoing monitoring, design reviews, preparation or updates to the Operations, Maintenance, and Surveillance (OMS) Manual (refer to Section 12.2) and the Emergency Preparedness and Response Plans (EPRP) (refer to Section 10). Ongoing training of operators, and implementation of tailings disposal operations to meet the design requirements and intent are key elements.

2.3.4. *Risk Management*

Risk management is an integral component of the TMS that underlies safe tailings dam design and management from the early stages of planning throughout the life cycle of the facility and should be inherently built into the tailings management system. A risk management plan and risk register should be prepared at the planning phase that identifies the potential risks and should be updated regularly as the project progresses through the TSF life phases. Risk management is further discussed in Section 8.

2.3.5. *Management of Change and Incident Reporting*

TSFs are typically built over extensive periods of time. Changes to the design, construction and operation of the facilities are often proposed due to changes in plant operation; regulatory requirements; availability of new data; changes in, or awareness of, new site conditions; etc. As a result, it is important that these changes are recognized and documented. Additionally, changes in ownership, personnel, consultants, or contractors can introduce dam safety risks. A change management system that includes evaluation, review approval and documentation of all changes should be included in the TMS and implemented. Incident reporting is important — it documents occurrences at the TSF with respect to potential dam safety aspects such as cracks, unusual seepage, loss of freeboard, etc. The lessons learned from incidents is an important element of continual improvement and reduction of risk.

The final design reports, as-constructed reports, OMS Manual and EPRP documents, and other planning phase documents should be comprehensive to preserve the "corporate memory" in the event of personnel changes.

2.3.6. *Audits, Verifications and Reviews*

Ongoing review of the design, construction, and operation of the TSF provides an important feed-back loop to the TMS and design. In addition to internal and external audits of the TMS, the following sections outline the key engineering-related verification and design reviews.

Examen des performances du barrage: L'ID effectue un examen des performances du barrage, habituellement une fois par an ou selon les besoins, en fonction de la phase du cycle de vie de l'ISR. L'examen comprend une évaluation de la stabilité et tient compte de tout changement survenu au niveau de la construction, de l'exploitation, de la surveillance et du suivi. Les recommandations concernant les exigences de sécurité pour le barrage et « l'amélioration des pratiques » doivent être documentées. Le rapport de l'ID est indépendant des autres inspections du barrage pouvant être menées durant l'année.

Un examinateur indépendant ou une équipe d'examen indépendante doit effectuer une « revue détaillée de la sécurité du barrage » (RDSB) en suivant les lignes directrices internationales reconnues (par exemple, ACB, 2016; ANCOLD, 2003) avec une périodicité qui dépendra de la classe du barrage, de sa complexité et des éventuelles modifications qui lui seront apportées. Les recommandations concernant les exigences de sécurité pour le barrage et l'« amélioration des pratiques » doivent être documentées. Au minimum, des plans d'action doivent être élaborés pour que les recommandations concernant la sécurité du barrage puissent être appliquées dans un délai convenable.

Des *CETI* doivent être mis sur pied pour les barrages classés « élevée » ou « extrêmes » en termes de conséquences d'une rupture (voir section 4.1) et ces comités doivent effectuer des examens au moins une fois par an. La fréquence des examens effectués par le CETI dépendra de la complexité de l'ISR et de la rapidité des changements. L'examen technique indépendant des barrages qui présentent des risques dont les conséquences sont peu graves doit être effectué en tenant compte de la complexité de l'ISR et des modifications qui pourraient être en cours.

Des « audits du propriétaire » doivent être menés pour vérifier d'une part que l'installation de stockage des résidus est construite et gérée de manière à satisfaire aux exigences et d'autre part que le CETI, l'ID et le RS travaillent efficacement pour faire en sorte que les objectifs de sécurité du barrage soient atteints.

2.4. DOCUMENTATION ET DOSSIERS

Il est nécessaire de documenter en détail chacune des étapes de la mise en œuvre du SGRM. Ces documents enregistrent l'historique et les données de base qui permettent d'assurer une exploitation sécuritaire de l'installation. Il faut conjointement mettre en place un système d'enregistrement logique et accessible qui permettra de consulter ces documents et les données afférentes afin de faciliter les prises de décision par l'équipe de gestion et de démontrer la conformité de l'installation aux règlements et aux exigences administratives du propriétaire. Il est important de mettre en œuvre une gestion méticuleuse de l'important volume de documents habituellement rassemblés pour ce type de projet. Cette gestion doit permettre la mise en place d'une base de connaissances rassemblant les informations disponibles sur toutes les phases du cycle de vie de l'ISR.

La documentation concernant le SGRM doit inclure:

- Un énoncé clair des politiques et des engagements spécifiques pris pour le SGRM proposé, notamment une description du cadre de gestion qui permettra d'atteindre les objectifs du système.
- Une documentation décrivant la structure organisationnelle proposée pour l'équipe de gestion des résidus, avec les rôles, les responsabilités et les niveaux hiérarchiques qui permettront de respecter les engagements pris.
- Une description des programmes de formation prévus pour chaque niveau de personnel amené à intervenir dans le cadre des activités de gestion des résidus.
- La description du système proposé pour la rétroaction sur les performances.

Dam Performance Review: Dam performance reviews are carried out by the EOR typically annually or as appropriate for the life phase of the TSF. The review includes assessment of the stability and considers any changes with construction, operations, surveillance, and monitoring. Recommendations for dam safety requirements and "improvement of practices" should be documented. The EOR report is independent of other dam inspections that may be carried out during the year.

Comprehensive Dam Safety Reviews (DSRs) should be carried out by an independent reviewer or independent review team, using leading international practice guidelines (for example CDA, 2016; ANCOLD, 2003) at a frequency determined by the classification of the dam, the complexity of the dam, and potential changes to the dam. Recommendations for dam safety requirements and recommendations for "improvement of practices" should be documented. As a minimum, Action Plans should be developed to address dam safety recommendations in a timely manner.

ITRBs should be established for dams with Very High and Extreme consequence classifications (see Section 4.1), and reviews should be carried out at least annually. The frequency of ITRB reviews will depend on the complexity of the TSF and how quickly changes may be occurring. Independent technical review of dams with lower consequence classifications should be carried out considering the complexity of the TSF and the changes that may be occurring.

Owner Audits should be carried out to verify that the tailings facility is managed and constructed to meet requirements and that the ITRB, the EOR and the RSP are effective in meeting the objectives of a safe dam.

2.4. DOCUMENTATION AND RECORDS

Careful and thorough documentation is required of all the steps undertaken through the implementation of the TMS. This documentation establishes the history and benchmarks for the ongoing safe operation of the facility. A logical and accessible recording system needs to be established to allow reference to documentation and data necessary for decision-making by the management team and for demonstration of compliance with regulatory and owner organization requirements. It is important to ensure that sufficient effort is put in to manage the normally extensive amount of documentation in a structured way. The documentation/information management should be structured to maintain a life of mine knowledge base for all information relevant to the TSF.

Documentation related to the TMS should include:

- Clearly stated policies and specific commitments to the proposed TMS, including description of the management framework to achieve the TMS objectives.
- Documentation of the organizational structure proposed for the tailings management team with roles, responsibilities, and authority to allow implementation of the commitments being defined.
- Definition of training programs for all levels of personnel involved in the tailings management activities.
- Definition of a performance feedback system.

Les documents préparés lors des phases de planification, d'investigation, de conception, de construction et de fermeture doivent au minimum inclure les écrits suivants:

- Rapport d'évaluation des différentes options de sites et de technologies. Ce rapport doit expliquer ce qui a motivé la sélection du site retenu et décrire les technologies parmi lesquelles a été sélectionnée la plus appropriée pour le site en question. Toutes les options envisagées doivent être décrites ainsi que la méthodologie mise en œuvre pour choisir la plus appropriée. Cette méthodologie peut s'appuyer sur une analyse multicritère ou une analyse des compromis possibles à l'aide d'un système de classement pondéré permettant de comparer dans quelle mesure chacune des options satisfait les objectifs désirables ou requis pour l'ISR.

- Rapport de caractérisation du site. Ce rapport devra décrire les caractéristiques techniques du site choisi pour le barrage de stériles, notamment sa topographie, sa géologie, ses propriétés géotechniques, la situation de la nappe phréatique et l'hydrologie de surface, sa sismicité, sa végétation, sa faune et les aspects liés à la communauté locale. Ce rapport permettra d'établir l'état initial du site et de répertorier les éléments dont la conception de l'ISR devra tenir compte.

- Document énonçant les fondements de la conception. Ce document (rapport ou mémorandum) devra expliciter les fondements de la conception, notamment les normes ou les lignes directrices adoptées, les paramètres géométriques, les charges nominales envisagées, les facteurs de sécurité à viser lors des analyses, les paramètres opérationnels et les résultats attendus après la fermeture. Ce document sera probablement un document évolutif qui sera mis à jour au fur et à mesure que s'élaborera la conception et que seront évaluées les données d'exploitation et de performances du barrage durant les différentes étapes du cycle de vie du stockage.

- Registre des risques. Un registre des risques répertoriés, des responsables chargés de la gestion de chaque risque et des mesures d'atténuation proposées ou d'ores et déjà mises en œuvre. Le registre des risques doit guider l'élaboration de mesures appropriées visant à les réduire. Il doit être révisé au fur et à mesure que la conception évolue et de manière régulière durant les différents cycles d'exploitation du barrage de stériles.

- Rapport de conception. Un rapport décrivant le processus de conception et les résultats des analyses effectuées pour décider de la conception finale. Ce rapport doit offrir suffisamment de détails pour que les examinateurs du projet puissent comprendre clairement les méthodes et les calculs utilisés et évaluer la validité de la conception adoptée. Il doit rassembler une documentation détaillée du processus de conception pour que les ingénieurs chargés des futurs rehaussements du barrage ou de sa fermeture puissent accéder aux données de conception.

- Rapport de construction. Un rapport visant à documenter en détail la construction du barrage. Il comprend notamment un journal de construction, des photographies, les données de contrôle et d'assurance de la qualité, les caractéristiques de l'instrumentation utilisée et les lignes de base obtenues ainsi que d'autres données et documents liés à la construction, tels que les manuels d'utilisation des divers équipements. Le rapport de construction doit inclure une déclaration de l'ID stipulant que l'objectif de conception a été atteint. PHToute déviation par rapport à la conception initialement prévue doit être identifiée et accompagnée des autorisations traçables concernant les modifications effectuées (ce processus est parfois documenté dans un rapport distinct rendant compte des déviations par rapport à la conception initiale).

Le calendrier et la portée de ces rapports doivent être définis de manière à ce que les données opérationnelles appropriées soient enregistrées, examinées et convenablement archivées.

Specific documentation through the planning, investigation, design, construction, and closure phases should, at a minimum, include the following:

- Site and Technology Alternative Selection report – A report explaining the site selection and consideration of alternative technologies considered to determine the Best Appropriate Technology (BAT) to be implemented at the site. The alternatives considered should be described together with the methodology used to select the BAT. This could include a Multi-Criteria Analysis (MCA) or trade-off study using a weighted rating system to compare how various options meet desirable or required objectives of the TMS.

- Site Characterization report – A report describing technical characteristics of the tailings dam site including topography, geology, geotechnical conditions, groundwater and surface water hydrology, seismicity, vegetation, fauna, and community aspects. The site characterization report will establish the original condition of the site and identify aspects to be considered in the design.

- Design Basis Document (DBD) – A document (report or memorandum) setting out the basis for design, including design standards or guidelines, geometric parameters, design loadings to be considered, factors of safety to be achieved in analysis, operational parameters, and expected closure outcomes. The DBD is likely to be a "living document" to be updated as design develops, and operating experience and dam performance is evaluated during the stages of the life cycle of the storage.

- Risk Register – A register of identified risks, the risk "owner" and proposed or initiated mitigation measures. The risk register should be used to guide the design of appropriate risk reduction measures. The risk register should be reviewed as design progresses, and regularly through the operating cycles of the tailings dam.

- Design Record Report – A report describing the design process and outcomes of analyses undertaken to define the final design. The design record report should contain enough detail to allow peer reviewers to clearly understand the methods and calculations, and to assess the validity of the design. The design report should be a comprehensive documentation of the design process to allow design data to be retrieved by designers of future raises or closure works.

- As-Constructed report or Record of Construction report – a report to comprehensively document the construction process, including a diary of construction, photographic record, presentation of QA/QC data, instrumentation specification and base readings, and other information and documentation describing the construction, such as equipment manuals. The as-constructed report should include a definitive statement by the EOR that the design intent was achieved. Any deviation from the initial design should be identified together with clear and traceable authorization of design changes (this process is sometimes documented in a distinct Deviance Accountability report).

The schedule and scope of these reports should be defined to ensure that appropriate operational data is recorded, reviewed, and properly stored.

3. FERMETURE

3.1. PRINCIPES RÉGISSANT LE PLAN DE FERMETURE

La fermeture des barrages de stériles est une opération délicate qui peut être l'un des aspects les plus difficiles de la fermeture générale d'un site minier. L'importance d'envisager et de planifier correctement cette opération est soulignée depuis de nombreuses années et encore récemment dans la norme GISTM (Global Tailings Review, 2020) qui met l'accent sur concept de « concevoir en vue de la fermeture ». L'intégration des mesures de fermeture dans la conception intervient dès les premières étapes de la planification initiale du projet et du processus d'évaluation des différentes technologies envisageables pour le stockage des résidus. La prise en compte de la fermeture dans la conception du barrage aura en effet une influence sur le choix du site et de la technologie choisie ainsi que sur les options envisageables pour la phase d'exploitation. Dans le cas des ISR en exploitation pour lesquelles la phase de fermeture n'a pas été prise en compte adéquatement lors de la conception initiale, la fermeture doit être examinée prioritairement et incorporée dans les phases d'exploitation ultérieures.

La fermeture peut s'avérer beaucoup plus difficile à mettre en œuvre si elle n'est pensée qu'à la fin de la phase d'exploitation d'une installation, lorsque les décisions opérationnelles antérieures ont déjà contribué à limiter les options ou l'efficacité financière qui auraient pu être intégrées à la conception initiale. La planification de la fermeture au tout début du développement de la mine permet de réduire les risques tout au long du cycle de vie de l'exploitation (ICMM, 2018). C'est pourquoi le principe de concevoir l'ISR en vue de sa fermeture est introduit tôt dans le présent bulletin.

La fermeture d'une ISR (CIGB, 2013) est définie comme étant « la fin planifiée de l'entreposage des résidus dans le barrage de stériles et la modification ou reconfiguration de celui-ci dans l'objectif d'assurer sa stabilité physique, chimique, écologique et sociale à *long* terme ainsi qu'une utilisation durable et écologiquement appropriée du site après sa fermeture ». Cette étape consiste notamment à faire passer le barrage de stériles de la phase d'exploitation à sa fermeture et finalement à la phase de post-fermeture qui doit assurer sur le long terme des conditions durables présentant des risques minimaux et des exigences de maintenance minimales. Attribuer une nouvelle utilisation à l'ISR après la fermeture du site minier est une manière de faire en sorte qu'une maintenance adéquate aura plus de chance d'être mise en œuvre.

Le plan de fermeture envisagé en début de planification doit être préparé en incorporant les conseils de divers spécialistes, notamment des planificateurs des mines et des résidus, des ingénieurs en géotechnique et en géologie, des hydrologistes et des ingénieurs spécialistes des eaux de surface et des eaux souterraines, des géochimistes, des biologistes, des planificateurs sociaux, des planificateurs des relations avec les communautés, des architectes paysagistes et autres spécialistes. À l'heure actuelle, la fermeture est souvent planifiée dans le cadre d'un processus séparé ou parallèle aux activités de conception et d'exploitation de la mine, l'équipe de conception et l'équipe d'exploitation travaillant indépendamment de l'équipe charger de planifier la fermeture. Il est cependant préférable d'adopter une approche globale intégrant ces divers aspects pour la conception, la maintenance et la gérance tout au long du cycle de vie de la mine et au-delà. Le plan de fermeture murit durant l'exploitation grâce aux différents avis émis par les spécialistes qui permettent de le préciser et de l'optimiser au fur et à mesure.

Les risques liés à la fermeture doivent être pris en considération lors de la sélection d'une option de stockage, de traitement et de dépôt des résidus. Ils doivent être pris en compte sous la forme d'un critère auquel est attribué un coefficient de pondération réaliste lors de toute analyse multicritère ou de toute analyse de compromis. Il incombe au propriétaire d'assurer une communication efficace avec les communautés locales et de leur garantir la sécurité du site et ces activités doivent se poursuivre à toutes les phases du cycle de vie de l'ISR. Par « communication efficace », on entend un dialogue équilibré entre le propriétaire et la communauté, qui permettra à

3. CLOSURE

3.1. CLOSURE DESIGN PRINCIPLES

Closure of tailings dams is challenging and can be one of the more difficult aspects of overall mine site closure. The importance of properly considering and planning closure has been promoted for many years now and was further highlighted by the GISTM (Global Tailings Review, 2020), which reinforces the concept of "design-for-closure". Design for closure is required in the early stages of the assessment process for tailings technology options and initial project planning. Designing for closure will influence site and technology selection and design alternatives considered for the operational phase. For existing TSFs where closure was not adequately considered in the original design, closure should be addressed as a priority and incorporated into the remaining operating phases.

Successful closure may be much more difficult to achieve as a response at the end of a facility's operational phase when, potentially, operational decisions have limited the options and/or the financial efficiencies that could have been built into the design. Planning for closure from the very start of mine concept development will result in reduced risk throughout the TSF life cycle (ICMM, 2018), hence, the closure philosophy of designing for closure from the beginning of the TSF design is introduced early in this Bulletin.

Closure of a TSF (ICOLD, 2013) is defined as "the planned final cessation of tailings disposal and the modification/engineering of the tailings dam with the objective of achieving long-term physical, chemical, ecological and social stability and a sustainable, environmentally appropriate after-use". This includes transferring the tailings dam from the operating phase to closure and ultimately through post-closure into the long-term phase that is sustainable and with minimal risks and requirements for maintenance. Transferring the TSF into a new use after mining is a way to ensure that required maintenance is likely to be addressed.

Closure design at the start of the planning process should include input from a broad range of specialists which could include: mine and tailings planners, geotechnical and geological engineers, surface and groundwater hydrologists/engineers, geochemists, biologists, social planners, community relations planners, landscape architects, and others. In current practice, closure is often planned in a separate, or parallel, process to the design and operation of a mine, with the design and operational team working separately from the closure team. However, it is preferable that a fully integrated approach provides design, support, and stewardship throughout the life of the mine and beyond. As the closure plan matures during operations, specialist inputs should be used to continue to optimize and refine the closure design.

Closure risks should be considered when determining options for tailings storage, process selection and tailings technology, and applied as a criterion with realistic weighting during any Multi Criteria Analysis (MCA) or trade-off study. Meaningful community engagement and the assurance of safety are the Owner's responsibilities and should continue as an ongoing process throughout all life phases of the TSF. Meaningful engagement means aiming for a two-way dialog between the Owner and the community in order to ensure that the concerns of local communities are heard and considered. True collaboration, (i.e., a two-way dialogue) rather than just consultation, is important

celle-ci d'exprimer ses préoccupations et au propriétaire de les prendre en compte. Un tel dialogue, qui permet d'établir une véritable collaboration plutôt que de réaliser une simple consultation, est un élément important à chaque phase du cycle de vie de l'ISR et plus particulièrement pour la réussite de la fermeture du site. Pour y parvenir, des critères de fermeture appropriés doivent être définis. Ces critères seront élaborés conjointement et révisés périodiquement. Il est souhaitable de développer des critères et un dialogue spécifiques avec les communautés pour chaque activité en fonction des conditions rencontrées. Au départ, ce type de collaboration sera probablement inhabituel et inusité pour chacune des parties prenantes et l'équipe chargée de planifier la fermeture devra donc, le cas échéant, prévoir la participation de spécialistes en communication.

L'objectif de la fermeture est de définir l'utilisation finale des terres libérées et d'incorporer l'ISR fermée dans un paysage sur lequel toutes les parties se seront accordées. Cette approche présente un avantage important du point de vue de la durabilité: si la communauté soutient l'utilisation prévue des terres et de l'eau après fermeture, il sera plus probable que le barrage de stériles démantelé s'intègre à un paysage utile et durable et que la communauté (ou la juridiction locale) récupère une bonne partie de la valeur du terrain. Une fois l'option ou le concept de fermeture sélectionné, les bases du plan de fermeture seront donc de préférence approuvées par le propriétaire, la communauté locale, les organismes de réglementation et les autres parties prenantes.

L'objectif final de la fermeture est de créer un paysage durable pour lequel les modes de défaillance catastrophique ont été éliminés ou pour lequel les risques associés à la structure sont jugés suffisamment faibles pour que la communauté les accepte. Un paysage durable comprend à la fois des terres et de l'eau. Une fermeture comprenant une restauration par inondation peut être jugée souhaitable pour des raisons environnementales, par exemple lorsque les résidus sont potentiellement acidogènes.

Les systèmes de gestion des résidus miniers (SGRM) s'appliquent aussi bien à la phase de fermeture qu'à la phase d'exploitation; voir section 2.3.

De nombreux documents traitent de la fermeture des sites miniers et plus particulièrement des ISR. Une sélection est présentée dans l'annexe rassemblant les principales références utilisées dans ce bulletin.

3.2. PHASES DE FERMETURE

Les projets miniers et les ISR traversent plusieurs phases différentes tout au long de leur cycle de vie, comme illustré sur la Fig. 3.1. La fermeture intervient à toutes les phases, de la conception initiale lors de la sélection du site et des méthodes de fermeture et de conception aux phases de construction et d'exploitation jusqu'à la transition vers la fermeture finale qui inclut une maintenance passive et active.

Le passage de la cessation des activités minières, ou de la fermeture de l'ISR, à la phase finale de fermeture peut s'étaler sur une longue période. C'est durant les trois dernières phases (transition, maintenance active et maintenance passive) que les mesures de fermeture sont habituellement mises en œuvre, vérifiées et contrôlées. Ces trois phases s'articulent comme suit:

1. Transition vers la fermeture: Après l'arrêt des activités minières, la fin d'une ISR ou durant l'exploitation lorsqu'une fermeture progressive est réalisable, les travaux de fermeture sont mis en œuvre et la surveillance de leurs performances débute. Les travaux de fermeture peuvent comprendre les activités suivantes:

    - Travaux de terrassement visant à remodeler le profil de l'installation afin d'obtenir la forme envisagée dans le plan de fermeture. Il peut s'agir par exemple de structures de drainage pour la gestion de l'eau de surface et de l'érosion ou d'une revanche donnée sur une couverture humide pour tenir compte des tassements futurs.

during all life phases of the TSF and key for successful closure. For this to succeed, appropriate closure criteria are required and need to be jointly developed and periodically reviewed. Criteria and community dialogue should be developed specifically for each operation based on current conditions. Most likely, the collaboration will initially be somewhat unusual and unfamiliar to all parties, and the closure team may need to include communication specialists.

The goal of closure is to determine the end land use and incorporate the closed TSF into an agreed-upon landscape. An important sustainable benefit of this approach is that if the community supports the land and water use after closure, there is an increased likelihood that the closed TSF will achieve a useful, sustainable landscape and that the value of the land can revert to the community (or State). The closure design basis should therefore preferably be agreed upon by the Owner, the community, regulators, and stakeholders once a conceptual design or alternative is selected.

The ultimate closure goal is to create a sustainable landscape where catastrophic failure modes have been eliminated and/or where the risks associated with the structure are judged to be low enough for community acceptance. A sustainable landscape includes both land and water. Water cover closure may be deemed desirable for environmental reasons, for example for potentially acid forming tailings.

Tailings Management Systems (TMS) apply similarly to closure as to operations, compare Section 2.3.

Many existing documents already deal with the subject of closing mine operations and specifically, TSFs; these are presented in the Key Reference appendix of this Bulletin.

3.2. CLOSURE PHASES

A mining project and/or a TMF goes through different phases during its lifetime as illustrated in Figure 3.1. Closure goes through all the phases from early planning (when site, closure method and design method are selected), through construction and operation, to transition, and into final closure, which includes active and passive care.

The progression from cessation of mining, or closure of the TSF, to the final closure phase can occur over a long time. The last three phases (transition, active and passive care) are typically where closure measures are taken, verified, and controlled. These three phases involve:

1. Transition to closure: Following cessation of mining, end of a TSF or during operations where progressive closure is feasible, closure works are implemented and monitoring of the performance of the closure works commences. Closure works could include:

   - Earthworks for reshaping the facility to provide desired shape for closure design, which may include for example, drainage to manage surface water and erosion as well as for water cover closure freeboard with consideration of settlement.

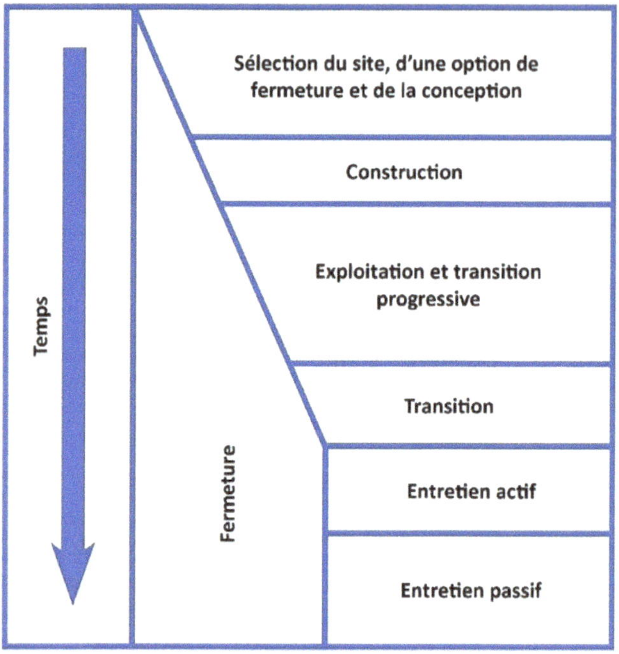

Fig 3.1
Phases du cycle de vie d'une IGR

- Mise en place d'un déversoir ou d'un canal pérenne en sortie du système de drainage pour la gestion des écoulements.

- Officialisation de la superficie inondée qui restera en surface de l'ISR dans le cadre d'une fermeture par couverture humide, avec arrangements appropriés pour une gestion à long terme si l'ISR reste en place sous la forme d'un « barrage ».

- Couverture des résidus exposés pour contrôler les poussières et offrir un milieu de croissance pour la revégétalisation, et réduire l'infiltration et la pénétration d'oxygène (afin de réduire le risque de drainage acide et métallifère).

- Aménagement d'un contrefort ou aplanissement de la pente des versants pour améliorer la stabilité de l'installation.

- Transfert des résidus sur un autre site plus adéquat en termes d'impact environnemental. Par exemple, remblayage d'une mine à ciel ouvert qui permettrait de conserver les résidus dans un état stable et saturé.

- Dans le cas d'une fermeture avec couverture sèche, il est préférable de démolir le barrage afin d'éliminer le risque associé à la présence de résidus potentiellement liquéfiables dans la retenue.

2. Entretien actif: Durant toute cette période, l'ISR reste sous surveillance et continue de faire l'objet d'un entretien actif. Les capacités d'intervention en cas de situation anormale ou de situation d'urgence sont également maintenues. La surveillance doit inclure la vérification des hypothèses formulées lors de la conception. La maintenance peut par exemple inclure:

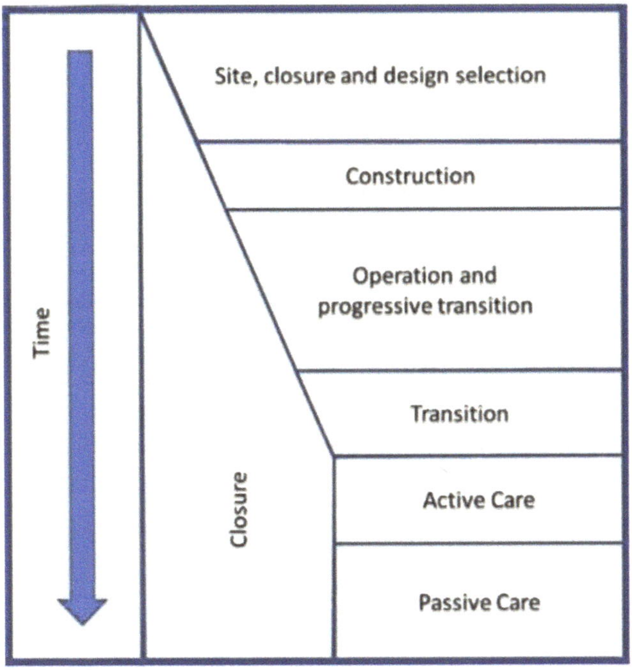

Fig 3.1
Phases of a TMF during its lifetime

- Provision of a stable drainage outlet spillway, or channel to manage water.
- Formalizing the extent of ponded water to remain on the TSF surface water cover closure, with appropriate arrangements for long-term management if the TSF remains as a "dam".
- Capping of exposed tailings to provide dust control, a vegetation medium, and reduction of infiltration and oxygen ingress (to reduce Acid Metalliferous Drainage (AMD) risk).
- Buttressing and/or flattening the out slope to improve stability.
- Relocation of tailings to a more desirable location to control environmental aspects. For example, backfilling an open-cut pit where tailings could be maintained in a stable, saturated condition.
- For dry cover closure, breaching and/or removal of dams are preferred to remove the risk associated with water and potentially flowable tailings retained in storage.

2. Active care: During this period, the TSF is being monitored and actively maintained and there is an ability to respond to unusual or emergency conditions. Monitoring should include verifying design assumptions. Maintenance could include:

- Une restauration de la végétation
- La remise en état des zones érodées
- Le traitement continu de l'eau
- Le développement de l'utilisation des terres

3. Entretien passif: À ce stade, les exigences en termes de maintenance seront réduites au niveau minimal nécessaire à l'utilisation finale des terres choisie sur le long terme. L'installation, une fois fermée, pourra encore comporter des barrages qui devront être inspectés, mais moins fréquemment. Les sites faisant l'objet d'un entretien passif peuvent être transférés à un autre propriétaire et leur bail de location annulé. À ce stade, la topographie de l'ISR peut être assimilée à un élément du relief possédant des caractéristiques semblables à celles d'autres éléments naturels, comme des zones recouvertes d'eau lorsque celles-ci font partie du plan de fermeture approuvé.

3.3. ASPECTS D'UN PLAN DE FERMETURE DURABLE

Les solutions retenues pour l'obtention d'une installation ou d'un élément du relief sécuritaire et stable doivent présenter une stabilité physique (stabilité géotechnique, stabilité vis-à-vis de l'érosion et du tassement), chimique, environnementale et sociale. Tous ces aspects doivent être pris en compte durant les premières étapes de la conception, lors de la sélection du site, du mode de gestion des résidus et de la méthode de dépôt. Des premiers plans conceptuels de l'exploitation minière à la transition vers la fermeture de l'ISR, les questions suivantes doivent continuellement être reposées:

1. Quelles sont les possibilités offertes par les activités minières ? Que peuvent créer les opérations minières? Comment les activités minières peuvent-elles contribuer à la société après la fermeture du site?
2. Quelle sera la forme finale des surfaces supérieures et externes de l'ISR à la fin de la phase de dépôt actif des résidus ?
3. Quels sont les facteurs qui peuvent nuire à la stabilité physique, chimique et écologique générale de l'ISR sur le long terme?
4. Quels sont les facteurs concernant la fermeture et les conditions à long terme que l'évaluation des risques permet de mettre en lumière? Comment prendre en compte ces facteurs durant la phase de conception?
5. Comment les barrages doivent-ils être conçus pour assurer leur stabilité géotechnique et chimique sur le long terme?
6. Comment faut-il concevoir les barrages pour assurer leur stabilité hydraulique à long terme, en particulier pour ce qui est de la gestion des évènements extrêmes et du changement climatique?
7. Comment faut-il concevoir les barrages pour assurer la stabilité écologique à long terme des surfaces finales et de la topographie environnante?
8. Comment parviendra-t-on à la forme désirée à la fin de l'exploitation et comment cette forme se maintiendra-t-elle sur le long terme?
9. Quels seront les cas de charge lors de la fermeture et sur le long terme, et comment ces conditions vont-elles évoluer avec le temps?
10. Comment incorporer de possibles conditions futures finales dans la conception initiale?

- Vegetation restoration
- Erosion repair
- Ongoing water treatment
- Land use development

3. Passive care: At this stage the maintenance requirements are reduced to a minimum level consistent with the designated long-term land use. The closed facility may still have dams which have to be inspected, although this should be on a less frequent basis. Sites in passive care can be eligible for transfer of ownership and the leasehold relinquished. At this stage, the topography of the TFS could be described as a 'land-form' with similar characteristics as other natural features, including water-covered storages where the water cover forms part of the agreed closure plan.

3.3. ASPECTS OF SUSTAINABLE CLOSURE DESIGN

The solutions for establishing a safe and stable facility and/or landform include physical (geotechnical stability, erosion, and settlement), chemical, environmental, and social stability. All these aspects should be addressed in the early design when site location, tailings management structure, and deposition method is decided. From the first concept of a mining operation, through all phases of the TSF operation up to transition into closure, the following questions should repeatedly be considered:

1. What opportunities are given by the mining operations? What can be created by the mining operations? How can the mining operations contribute to society after closure?
2. What will be the final form of the top and outer surfaces of the TSF at the end of the active tailings deposition phase?
3. What factors can affect the long-term overall physical, chemical, and ecological stability of the TSF?
4. What possible factors regarding closure and long-term condition are revealed in a risk assessment? How must these be addressed at design stage?
5. How must dam(s) be designed to ensure long-term geotechnical and chemical stability?
6. How must the dam(s) be designed to ensure long-term sustainable hydraulic stability, particularly regarding extreme flood management, including climate change?
7. How must the dam(s) be designed to ensure long-term ecological stability of the final dam surfaces and of the surrounding topography?
8. How can the desired stable closure shape be achieved during operation and maintained in the long-term?
9. What will be the loading conditions at closure and in the long-term, and will these conditions change with time?
10. How can possible ultimate conditions be incorporated into the primary design?

Conception en vue de la fermeture: Les exigences de stabilité physique, géochimique, écologique et sociale doivent être prises en compte dès les premiers stades de la planification et de la sélection des technologies pour faire en sorte que les engagements pris au regard de la fermeture de l'ISR puissent être respectés. Un plan de fermeture intégralement chiffré doit être élaboré avant de s'engager en faveur d'une technologie de stockage particulière et d'un plan de gestion des résidus puisque les coûts de fermeture peuvent avoir un impact significatif sur le budget de la mine.

L'exploitation d'une ISR devrait toujours être clairement alignée sur les objectifs du plan de fermeture. Le plan de fermeture doit être révisé en fonction de possibles modifications des conditions locales et des technologies utilisées et de l'éventuelle extension de l'exploitation minière, tout en préservant les objectifs initiaux de l'ISR. Le Table 3.1 offre des exemples de stratégies axées sur une conception durable.

Table 3.1
Exemples d'options technologiques pour la fermeture écologique d'une ISR

Élément de durabilité	Options technologiques à considérer
Stabilité géotechnique	Compactage des résidus dans la zone structurale d'un barrage réalisé par méthode amont de manière à établir des conditions propices à un comportement dilatant.
	Filtration des résidus accompagnée d'un compactage approprié de manière à atteindre des conditions propices à un comportement dilatant.
	Les conceptions qui considèrent que les filtres se colmateront doivent respecter les critères de stabilité.
	Conceptions qui cherchent à réduire le gradient hydraulique lors de la fermeture afin de diminuer les risques d'érosion interne.
	Dépôt conjoint de résidus et stériles rocheux. Une méthode qui, dans certains cas, pourra réduire le potentiel acidogène des stériles rocheux.
	Élimination de la capacité à stocker plus d'eau que ce que l'objectif de conception prévoit.
Stabilité géochimique	Couvertures saturées sur les parcs à résidus potentiellement acidogènes avec élimination et/ou réduction du volume d'eau stockée.
	Désulfuration des résidus sulfureux pour obtenir des résidus non acidogènes, les résidus riches en sulfures étant gérés dans une installation séparée, possiblement assez petite, ou placés dans des galeries souterraines ou des puits à ciel ouvert dans lesquels ils peuvent être saturés.
Stabilité hydraulique	Déversoirs redondants ou surdimensionnés.
	Déversoirs aménagés loin des sections principales du barrage et à l'écart des zones potentiellement dangereuses comme celles exposées aux avalanches ou aux glissements de terrain.
	Aménagement de pentes et utilisation de matériaux résistants à l'érosion interne et externe.
Stabilité écologique	Mise en œuvre d'une végétation tolérante vis-à-vis des changements climatiques et des risques naturels.
	Exploitation et maintenance passives ou sans maintenance; propice à une succession géomorphologique.

La conception de l'ISR en vue de sa fermeture doit également tenir compte de cas de charge pouvant s'accumuler sur de longues périodes. Quelques exemples des conditions résultantes sont résumés dans le Table 3.2 et décrits plus en détail dans le Bulletin 153 de la CIGB.

Design for Closure: The requirements for physical, geochemical, ecological, and social stability need to be considered from the first stages of planning and technology selection to ensure that commitments of the TSF closure can be achieved. A fully costed closure plan should be developed prior to committing to a specific technology and tailings management plan, since the closure costs could have a significant bearing on the economics of the mine.

Operation of a TSF should always be clearly aligned with the intent of the closure plan. As conditions and technologies evolve and the life of mine potentially extends, the closure plan should be revised accordingly, provided that the TSF objectives are maintained. Examples of sustainable design considerations are summarized in Table 3.1.

Table 3.1
Examples of technology options for sustainable closure consideration

Sustainability Element	Technology Options for Consideration
Geotechnical stability	Compaction of tailings in the structural zone of an upstream dam to achieve dilatant conditions.
	Filtered tailings with appropriate level of compaction to achieve dilative conditions.
	Designs that assume filters will plug should still meet stability requirements.
	Designs that reduce hydraulic gradients at closure to reduce piping risks.
	Co-disposal with mine waste rock, which in some cases may also reduce the acid generating potential of the mine waste rock.
	Remove the ability to store more water than design intent.
Geochemical	Saturated cover designs for Potentially Acid Forming/ Generating (PAF/PAG) TSFs with elimination and/or reduction of stored water volumes.
	Desulphurization of sulfide tailings to produce non-acid generating tailings, with the sulphide tailings being managed in a separate, possibly relatively small, TSF or placed in underground workings or mined out open pits where they can be saturated.
Hydraulic stability	Redundant and/or oversized spillways.
	Spillways located away from the main dam sections and away from potential natural hazards such as snow avalanches or landslides.
	Design slopes and materials that are resistant to internal and external erosion.
Ecological stability	Restoration and vegetation that is resilient to climate change and natural hazards.
	Passive operation and maintenance requirements; conducive to geomorphological succession.

The design of the TSF for closure should also consider the potential loading conditions that may be experienced over a longer period. Some examples of design considerations are summarized in Table 3.2 and further described in ICOLD Bulletin 153.

Table 3.2
Considérations pour la conception de la fermeture

Élément de conception lié à la durabilité	Considérations pour la conception de la fermeture
Stabilité physique	Conception basée sur la résistance au cisaillement résiduelle des résidus.
	Élimination des mécanismes de défaillance par le choix d'une conception adéquate.
	Altération et dégradation des propriétés mécaniques des matériaux.
	Prise en compte des effets des tensions et des contraintes sur la résistance et les déformations.
	Érosion des remblais et des systèmes de couverture.
	Effets sismiques sur le long terme, par exemple à la suite de secousses multiples.
	Dégradation des géosynthétiques avec augmentation potentielle des infiltrations.
	Modifications des gradients hydrauliques et du risque d'érosion interne à la suite d'une élévation du niveau phréatique.
	Diminution des performances des drains et apparition de niveaux piézométriques résultant de colmatages géochimiques ou de la dégradation de systèmes de drainage interne.
	Risque d'accumulation de glace et de formation d'un pergélisol en région froide, qui peuvent entraîner l'apparition de couches imperméables empêchant le drainage et forçant un écoulement horizontal.
Stabilité hydraulique	Augmentation des précipitations liée aux changements climatiques et augmentation concomitante du « stress » sur les structures hydrauliques.
	Dégradation du béton utilisé pour les structures hydrauliques telles que les déversoirs et les canaux de dérivation.
	Contrôle de l'érosion.
	Corrosion et dégradation des matériaux techniques dans les pipelines et les structures.
Dangers naturels	Effets des glissements de terrain, des éboulements et des avalanches de neige sur la retenue et les structures.
	Crues extrêmes dans les rivières près du pied du barrage.
	Laves torrentielles multiples susceptibles de combler un lac de fermeture et de réduire la capacité d'atténuation des inondations extrêmes, ce qui peut entraîner un stress sur le déversoir.
Stabilité géochimique	Accumulation de précipités chimiques entraînant le blocage des drains et une élévation du niveau phréatique.
	Lorsque des roches acidogènes sont utilisées pour la construction, une dégradation des matériaux sur le long terme peut entraîner une réduction de la résistance de l'enrochement.
Dangers pour l'environnement	Surpâturage entraînant une perte du couvert végétal et des problèmes d'érosion.
	Érosion des couches de couverture.
	Stress sur la végétation dû aux changements climatiques.
	Prolifération d'une végétation non prévue entraînant des dommages au système de couverture (p. ex., par reboisement naturel sur le long terme).

(*Continued*)

Table 3.2
Closure design considerations

Sustainability Design Element	Closure Design Considerations
Physical Stability	Design assuming residual shear strength of tailings.
	Eliminate failure mechanisms through design.
	Weathering and degradation of material properties and strength.
	Stress and Strain Effects on strength and deformations.
	Erosion of dam fills and capping systems.
	Long term seismic effects, e.g., multiple seismic events.
	Degradation of geosynthetics with potential increases in seepage.
	Changes to hydraulic gradients and piping risk due to increased phreatic surfaces.
	Performance of drains and piezometric levels due to geochemical clogging or degradation of internal drainage pipes.
	Risk of ice loads and permafrost in cold climates, which may result in impermeable layers preventing drainage and causing horizontal flow.
Hydraulic Stability	Climate change leading to increased precipitation and "stress" on hydraulic structures.
	Concrete degradation if used for hydraulic structures such as spillways and diversion channels.
	Erosion control.
	Corrosion/degradation of engineering materials in pipelines or structures.
Natural Hazards	Landslides, rockslides and snow avalanche effects on the impoundment and structure.
	Extreme floods in rivers near the toe of the dam.
	Multiple debris flows which infill a closure lake may reduce the attenuation of extreme floods, leading to stress on the spillway.
Geochemical Stability	Buildup of chemical precipitates leading to blockage of drains and increased phreatic surfaces.
	When PAF/PAG rock is used for construction, long term weathering may lead to a reduction in the strength of the rockfill.
Ecological Hazards	Overgrazing leading to loss of vegetation, leading to erosion.
	Erosion of soil covers.
	Climate change leading to stress on vegetation.
	Development of unplanned vegetation type leading to damage to capping system (e.g., natural long-term reforestation).

(*Continued*)

Table 3.2 (Continued)

Stabilité sociale	Excavation des remblais du barrage en vue d'utiliser les matériaux pour des projets de construction.
	Sabotage ou vandalisme.
	Modification des usages de l'eau, comme l'eau de la nappe phréatique possiblement contaminée à proximité du pied du barrage.
	Acceptation par la communauté de l'utilisation des terres après fermeture.
	Dommages infligés aux couvertures par des animaux fouisseurs.

3.4. CONCEPTION PAYSAGÈRE

La conception et l'évaluation paysagères bénéficient aujourd'hui de plusieurs années d'expérience en analyses géomorphologiques et écologiques décrites dans la littérature ainsi que de l'observation de l'évolution des reliefs naturels et miniers présents dans une région donnée. Les modèles numériques évoluent par ailleurs rapidement et offrent des outils permettant de concevoir des formes de terrain stables sur le long terme.

La conception paysagère doit faciliter le processus de fermeture en prévoyant un réseau de drainage stable, des surfaces non érodables, des risques moindres de tassement et des pentes présentant des marges conservatives par rapport au risque d'instabilité structurale. La conception en vue de la fermeture doit tenir compte de la performance attendue de l'ISR sur le long terme et tenir compte, par exemple, des facteurs suivants:

- Réseau de drainage prévu pour des inondations extrêmes et de possibles obturations des déversoirs par des débris, des arbres, de la glace ou l'activité d'animaux.
- Minimisation du volume d'eau stockée.
- Revanche et réseau de drainage permettant un tassement à long terme et accommodant les déformations induites par les secousses sismiques, notamment de manière cumulative.
- Essais de mise en œuvre des plans de fermeture durant l'exploitation pour confirmer leur faisabilité et le bien-fondé de leurs paramètres de conception.
- Définition des objectifs visés en matière de performances qui permettront de valider la transition de la phase d'entretien actif à celle d'entretien passif lors de la fermeture.

Dans de nombreux cas, les terres sur lesquelles les activités minières ont pris place étaient initialement vierges de toute perturbation et il est donc logique de les restaurer à l'état naturel. Dans d'autres cas, des communautés ou même des villes se sont développées autour de la mine et il se peut que des zones initialement non perturbées trouvent de nouvelles vocations pouvant profiter à la communauté locale et à la société.

Les solutions de fermeture des ISR et des sites miniers qui permettent de valoriser ces sites offrent une possibilité de gestion continue par une institution durable, une communauté, une municipalité, un État, ou autre administration qui se chargera d'entretenir les terres si c'est avantageux pour la société. Les concepts de fermeture potentiels doivent être explorés dès le début de la planification de cette phase afin d'examiner les solutions susceptibles de remplacer le site minier, comme des infrastructures, des centrales, des zones de développement, des aires récréatives, des aires protégées, des terres axées sur la subsistance, le soutien à l'éducation et à la culture, des bourses scolaires, des dotations, des fondations, des emplois et autres avantages résiduels issus de la mine et transférables à la communauté.

Table 3.2 (Continued)

Social Stability	Excavation of dam fills to be used for other construction purposes.
	Sabotage or vandalism.
	Changed water use, such as groundwater supply near the toe of the dam that could be contaminated.
	Community acceptance of post closure land use.
	Damage to covers from burrowing animals.

3.4. LANDFORM DESIGN

Landform design and assessment now benefits from many years of geomorphic and ecological experience described in literature, as well as observation of the performance of natural and other mining landforms in a region. New complex numerical models are rapidly evolving, making tools available for designing long-term stable landforms.

Landform design should facilitate practical closure with stable drainage patterns, non-erodible surfaces, reduced settlement potential, and slopes with conservatively high factors of safety against structural instability. The closure design should account for the expected long performance life of the TSF and consider, for example:

- Drainage design for extreme floods considering potential plugging of closure spillways by debris, trees, ice, or animal activity.
- Minimization of stored water.
- Freeboard and drainage paths allowing for long- term settlement and earthquake induced deformation, including cumulative settlements from repeated earthquakes events.
- Implementation trials of closure plans during operation to confirm feasibility and design parameters.
- Setting of performance targets that will validate the transition through the Active Care and Passive Care phases of closure.

In many cases, the land where mining operations are undertaken is initially undisturbed and the obvious closure option could be to turn it back to a natural landscape. In other cases, communities or towns have grown up around the mine and it may be that originally undisturbed land may be more appropriately used for something different that would create new value for the local community and/ or society.

Closure solutions for TSFs and mine sites that create "new value" provide a possibility of on-going management by a sustainable institution; community, municipality, state etc., that will have the incentive to maintain the land if there is a benefit, i.e., a positive outcome for the society. Potential closure concepts should be explored in early stages of closure planning to focus on what possible opportunities a new, or existing, mine can give, including, for example, infrastructure, utilities, developments, recreational areas, conservation easements, subsistence enhancements, education and cultural support, scholarships, endowments, trusts, jobs, and other residual benefits of the mine that are transferred to the community.

4. CLASSEMENT DES BARRAGES EN FONCTION DES CONSEQUENCES D'UNE DEFAILLANCE

4.1. INTRODUCTION

La méthode de classement des barrages de stériles varie d'un pays à l'autre en fonction des règlements et des recommandations locales, mais elles se résument à deux pratiques principales: 1) le classement basé sur le niveau des conséquences d'une rupture; et 2) le classement basé sur la hauteur du barrage et le volume de stockage. Le présent bulletin présente un classement des barrages en fonction du niveau des conséquences qu'une défaillance aurait sur les personnes, les valeurs environnementales, les valeurs culturelles, les infrastructures et l'économie. Ce cadre s'appuie sur des « indicateurs » des conséquences permettant de classer les barrages en cinq classes différentes allant de « faible » à « extrême ». Ces « indicateurs » n'ont pas vocation à être normatifs, mais visent plutôt à offrir un cadre applicable aux sites ou aux pratiques nationales spécifiques à chaque pays. Ce cadre ne remplace pas les règlements et les recommandations adoptés au niveau national par chaque pays. Le classement des barrages en fonction du niveau des conséquences d'une rupture vise à:

- comprendre au mieux les impacts potentiels d'une ISR projetée afin d'informer les choix de conception et la planification des travaux;
- informer la sélection des critères de conception en matière de cas de charge;
- informer les programmes de gestion et d'intendance de la sécurité du barrage;
- contribuer à la transparence sur les conséquences potentielles d'une éventuelle défaillance de l'ouvrage;
- permettre de comparer les ISR appartenant à un même propriétaire ou les différents types d'ISR envisageables pour un même projet.

4.2. PRINCIPE DE CLASSEMENT DES BARRAGES EN FONCTION DU NIVEAU DES CONSÉQUENCES D'UNE DÉFAILLANCE

Le classement des barrages en fonction du niveau des conséquences d'une rupture consiste à estimer la gravité de l'impact, en aval, d'une défaillance hypothétique de l'ouvrage suivi du déversement de l'eau et des résidus stockés dans la retenue. L'impact potentiel évalué en aval s'appuie sur une estimation de la surface inondée suite au déversement résultant de la défaillance considérée.

Le mode de défaillance et la surface inondée doivent résulter d'une analyse technique justifiée. Dans le contexte du présent bulletin, les modes de défaillance envisagés dans le cadre du classement doivent être physiquement possibles, quelle que soit leur probabilité d'occurrence. L'élimination de certains modes de défaillance pour un barrage donné, basée sur leur impossibilité physique, doit être expliquée et documentée de manière rigoureuse.

La classe assignée à un barrage ne doit pas être assimilée à une mesure du risque (cette dernière devant intégrer la probabilité d'occurrence). La classe assignée à un barrage est par contre utilisée pour appuyer les décisions concernant sa conception et son exploitation et visant à ***réduire*** la probabilité de défaillance et donc les risques, en particulier lorsque la sévérité des conséquences potentielles augmente. Le classement en fonction du niveau des conséquences d'une rupture ne doit en aucun cas être compris comme une acceptation des conséquences telles que décrites. Les gammes des pertes potentielles en vies humaines associées aux catégories « élevée », « très élevée » et « extrême » dans le Tableau 4.1 sont parfois interprétées à tort comme des bilans en vies

4. DAM CONSEQUENCE CLASSIFICATION

4.1. INTRODUCTION

Tailings dam classification methods vary internationally with respect to country regulations and guidance and comprise two main practices: 1) classification based on potential consequence of failure; and 2) classification based on height and storage volume. This Bulletin presents a framework for dam consequence classification that is based on potential effects to life safety, environmental values, cultural values, infrastructure, and economic conditions. The framework provides "indicators" for the categories that can be used to classify the dam into one of five categories from Low to Extreme. Note that the "indicators" are not meant to be prescriptive but to provide a framework for application to site or country specific practices. This framework does not replace National Country regulations or guidance. The dam consequence classification is undertaken to:

- Develop an understanding of the potential impacts of a proposed TSF to inform option selection and planning.
- Inform the selection of design loading criteria.
- Inform the dam safety stewardship and management programs.
- Provide transparency with respect to what could be the outcome of a dam failure.
- Compare TSFs in an Owner's portfolio or TSF options being considered.

4.2. DAM CONSEQUENCE CLASSIFICATION BASIS

The dam consequence classification is based on the estimated downstream impacts of a hypothetical failure of the dam and the potential release of water and tailings. The potential downstream impacts of a failure are based on an estimate of the areas inundated by the release (i.e., runout).

The failure mode and the resulting inundated area must be based on supportable technical analyses. In the context of this Bulletin, for establishing the consequence classification, the assumed failure mode should be physically possible, no matter how low the likelihood of failure. The basis and rationale for eliminating potential failure modes as not physically possible must be rigorously developed and documented.

The dam classification category should not be considered as a measure of risk (which inherently considers likelihood). On the contrary, the dam classification category is used to support design and operating decisions intended to ***reduce*** the likelihood of failure and hence reduce risk, especially as the severity of potential consequences increases. In no way does the Consequence Classification suggest that there is acceptance of the consequences described. The ranges of Potential Lives Lost corresponding to the High, Very High, and Extreme categories in Table 4.1 are sometimes misunderstood as tolerable or acceptable levels of lives lost. This is the opposite of the

humaines tolérables ou acceptables. Cette interprétation erronée va à l'encontre des objectifs de cette classification. Le classement basé sur la gravité des conséquences d'une éventuelle rupture vise à illustrer le fait que des critères de conception et de supervision de plus en plus stricts doivent être appliqués au fur et à mesure que la gravité des conséquences potentielles (dans ce cas-ci, les pertes de vies humaines) d'une rupture augmente.

La classification des barrages en fonction des conséquences s'effectue en évaluant les effets résultant de deux types généraux de défaillances:

- « Défaillance par beau temps »: défaillance survenant lorsqu'aucune crue naturelle n'affecte le milieu récepteur en aval. Le niveau d'eau dans l'ISR peut se situer à une valeur opérationnelle normale ou élevée.

- « Défaillance en crue » ou « défaillance par temps humide »: défaillance survenant lors d'une crue naturelle avec une arrivée maximale d'eau dans l'ISR qui entraîne l'ajout d'un flot dû à la rupture de l'ouvrage aux écoulements de crue dans le milieu récepteur.

Dans le cas des défaillances par beau temps, les effets sont attribués exclusivement à la rupture du barrage. Dans le cas des défaillances survenant lors d'une crue, il faut tenir compte du concept des pertes incrémentales. Par exemple, lorsque la défaillance survient alors que le bassin en aval subit déjà une crue, il se peut que celle-ci ait déjà engendré des dommages. Dans ce cas, ce sont seulement les dommages incrémentaux causés par la défaillance du barrage qui sont pris en compte pour décider du classement du barrage.

Dans un premier temps, les conséquences d'une défaillance sont habituellement évaluées de manière qualitative, par une approche simplifiée. S'il existe un risque de perte de vies humaines ou si la gravité des conséquences de la défaillance sur l'environnement, la santé humaine, les biens sociaux et culturels ou les infrastructures peut être qualifiée d'« élevée » ou plus, une analyse plus détaillée de la rupture du barrage sera peut-être nécessaire.

Comme le montre le Table 4.1, le classement des barrages en fonction du niveau des conséquences d'une rupture s'effectue en tenant compte des critères d'impacts suivants:

- Population exposée

- Pertes en vies humaines

- Dommages environnementaux

- Impacts sanitaires, sociaux et culturels

- Dommages aux infrastructures

Ces critères sont décrits plus en détail à la section 4.3. Les conséquences d'une défaillance sont examinées pour chaque catégorie puis évaluées en faisant appel au jugement professionnel des experts afin d'aboutir au classement de l'ouvrage qui devra refléter les conséquences les plus graves.

4.3. CRITÈRES DE CLASSIFICATION DES BARRAGES EN FONCTION DU NIVEAU DES CONSÉQUENCES D'UNE RUPTURE

4.3.1. Risque pour les populations et risque de perte de vies humaines

Les risques envers la vie des personnes peuvent être évalués en termes de la présence d'une population exposée et de la possibilité de pertes de vies humaines. La population exposée dans une zone inondée (à la suite d'une rupture de barrage) donne une indication du nombre de personnes potentiellement exposées au danger. Cette population inclut les personnes qui habitent dans la zone inondée, en comptant les gens qui peuvent être sur les lieux temporairement ou de manière intermittente (visiteurs saisonniers, amateurs d'activités récréatives et voyageurs de passage).

intent of the classification system. The approach of consequence-based criteria selection is intended to convey that higher standards of design and oversight must be applied proportionally as the potential consequences (in this case, the potential impact on human life) increase.

The dam consequence classification is made by assessing the effects of two general failure conditions:

- unny day failure" or "Fair weather failure" - used to describe a dam failure when there is no existing natural flood occurring in the downstream receiver. The level of the pond in the TSF could be at the normal operating water level or at a high operating water level.

- lood failure" or "Wet weather failure" - used to describe a dam failure during a natural flooding event where the tailings facility has a maximum water inflow and the dam breach flow is added to the natural flood flow in the receiving environment.

For the Fair-weather failure, the effects of the failure are attributed to the dam breach. For a Flood failure, the concept of incremental losses is considered. For example, if a flood event is occurring in a downstream receiving environment at the same time as the dam failure, there may already be damage occurring due to the concurrent flooding. In this case, the incremental damage associated with the dam failure is used to inform the consequence classification.

Typically, the consequences of failure are initially assessed qualitatively with a simplified approach. If there is a potential for loss of life, or if the consequences of failure on the environment, human health, social and cultural assets, or infrastructure indicate a Consequence Classification of High or above, then a more detailed dam breach analysis may be required.

As shown in Table 4.1, the dam consequence classification is based on the following loss criteria:

- Population at risk
- Loss of life
- Environmental losses
- Health, Social, and Cultural impacts
- Infrastructure damage

These are described further in Section 4.3. The consequences of dam failure are examined under each category and are used along with professional judgment to select the appropriate classification with consideration of the highest consequence.

4.3. DAM CONSEQUENCE CLASSIFICATION CATEGORIES

4.3.1. Population at Risk and Potential Loss of Life

Life safety can be assessed in terms of Population at Risk (PAR) and Potential Loss of Life (PLL). The PAR in an inundation area (due to the dam breach) provides an indication of the number of people that could be exposed to the hazard. This includes persons who live in the inundation area, together with an allowance for people who may be there on a short-term or intermittent basis (e.g., seasonal or recreational visitors and temporary travelers).

L'analyse doit prendre en compte toutes les personnes qui se trouvent à l'intérieur de la zone inondée par la rupture du barrage, à l'intérieur et au-delà du périmètre du site minier. Ceci ne doit cependant pas entrer en conflit avec les obligations du propriétaire découlant des lois nationales régissant la santé et la sécurité des personnes ni limiter ces obligations. Il peut être envisagé de former le personnel du site minier et d'installer un système de communication spécifique pour faciliter les procédures d'évacuation et réduire les pertes en vies humaines.

Les effets sur la population exposée peuvent aller du simple désagrément à la mort en passant par les pertes économiques.

La perte potentielle de vies humaines dans la zone inondée (suite à la rupture du barrage) résulte d'une évaluation du nombre total de morts au sein de la population exposée et dépend de nombreux facteurs tels que la hauteur d'écoulement, sa vitesse, l'heure à laquelle se produit l'accident, le timing de l'exposition de la population (présence ou non de visiteurs saisonniers ou récréatifs et de voyageurs passagers), la diffusion éventuelle d'une alerte précoce, la topographie, les voies d'accès routier, la mobilité, etc.

4.3.2. Environnement

Les valeurs environnementales comprennent les habitats, la faune et la flore aquatiques et terrestres, y compris la présence d'éventuelles espèces rares ou menacées ainsi que l'intégrité des écosystèmes. Les effets sur la qualité de l'eau concernent l'utilisation de l'eau de surface et de l'eau souterraine ainsi que l'impact sur les milieux aquatiques, le bétail et la faune. Les pertes importantes de valeurs environnementales peuvent être rapportées à un pourcentage des valeurs régionales pour juger des conséquences. L'impact d'une défaillance sur la qualité de l'eau pour la consommation est pris en compte dans les catégories traitant des impacts sanitaires, sociaux, culturels, structurels et économiques.

La géochimie des résidus libérés peut avoir un impact sur la qualité de l'eau de surface lorsque des résidus potentiellement acidogènes ou capables d'engendrer une lixiviation de métaux en milieu neutre sont déposés à l'intérieur d'une zone inondée. S'il s'avère impossible de récupérer les résidus, ces derniers peuvent avoir un impact à long terme sur la qualité de l'eau et les habitats terrestres. L'éventuelle toxicité de l'eau de procédé libérée peut aussi avoir un effet à court terme ou, au pire, à long terme si certaines espèces sont éliminées à l'intérieur de la zone affectée. En général, l'ampleur des dégâts est évaluée à la fois sur le court terme et le long terme ainsi qu'en fonction de la capacité de l'environnement à se rétablir.

Plusieurs juridictions ont élaboré des approches permettant d'évaluer les conséquences environnementales. L'Association canadienne des barrages prend ainsi en compte les pertes potentielles d'habitat, le danger que présentent en eux-mêmes les produits déversés et la durée de l'impact (ACB, 2022).

4.3.3. Impacts sociaux, sanitaires et culturels

Les impacts sanitaires, sociaux et culturels comprennent toute perturbation ou perte pour les commerces et services locaux, la dislocation sociale touchant les personnes et les travailleurs ainsi que la perte potentielle de biens récréatifs, patrimoniaux et culturels, locaux ou régionaux. La santé des personnes peut être affectée par la toxicité de l'eau de procédé associée aux résidus, la lixiviation provenant des résidus libérés ou l'infiltration d'eau contaminée provenant de l'ISR.

4.3.4. Infrastructures et économie

Les pertes d'infrastructure et les pertes économiques concernent habituellement des biens appartenant à des tiers et non pas les infrastructures présentes sur la concession minière ou les pertes économiques encourues par le propriétaire. Les pertes d'infrastructures peuvent comprendre des ponts, des routes, des centrales électriques, des propriétés commerciales ou résidentielles,

The analysis should consider persons who are within the dam breach inundation zone within and beyond the mine limits. However, this consideration must not conflict or limit the Owner's obligations under the applicable national Health and Safety acts. Training of mine staff and communication systems can be considered with respect to evacuation procedures and the potential for reducing loss of life.

The effects on the PAR could range from inconvenience and economic losses to loss of life.

The PLL in the inundation area (due to the dam breach) is an assessment of potential fatalities from within the PAR and depends on many factors such as depth of flow, velocity, time of day, exposure time of the population (such as seasonal or recreational visitors and temporary travellers), advanced warning, topography, transportation routes, mobility, etc.

4.3.2. Environment

Environmental values comprise aquatic and terrestrial habitat and fauna and flora, including the presence of rare and endangered species and ecosystem integrity. Water quality effects include surface and groundwater use, as well as aquatic habitat, livestock, and wildlife use. Significant loss of environmental values may be referenced to the percentage of regional values, to assess judgement of the level of consequence. Effects on drinking water quality for humans are addressed in the Health, Social, Cultural, Infrastructure, and Economics categories.

The geochemistry of the released tailings may influence surface water quality in cases where potentially acid-generating tailings, or tailings with neutral metal leaching, are deposited within the inundation zone. If the tailings are not able to be recovered, they may have longer term effects on water quality and terrestrial habitat. The toxicity of the released process water may also have short term effects or, in a worst-case scenario, long-term effects if species are eliminated from the area affected. In general, the scales of the impacts are considered on both short-term and on the potential for long-term effects and the ability for the environment to recover.

Different jurisdictions have developed approaches to assesses the environmental consequences. One such approach is by the Canadian Dam Association (CDA, 2022) that considers the potential loss of habitat, the intrinsic hazard of the released contents, and the duration of the impact.

4.3.3. Health, Social and Cultural

Health, social and cultural values include disruptions or losses to local businesses, services, or social dislocation of people and workers, as well as potential losses to local and regional recreational, heritage and cultural assets, and subsistence resources. Human health may be influenced by the toxicity of the tailings process water and leaching of released tailings, or from seepage of contaminated water from a TSF.

4.3.4. Infrastructure and Economics

Infrastructure and economic losses typically relate to third-party property, not the infrastructure losses on the mine lease or economic losses to the Owner. Infrastructure losses can include bridges, highways, power stations, commercial and residential/properties, etc. Loss of infrastructure that contains hazardous substances can exacerbate the consequence. Loss of employment and the

etc. La destruction d'infrastructures qui contiennent des substances dangereuses peut aggraver les conséquences de l'incident. Il faut tenir compte des pertes d'emploi et de biens et des compensations financières qui devront être versées aux personnes affectées. Les évaluations économiques doivent aussi tenir compte des coûts de nettoyage et de réhabilitation que devra assumer la communauté locale en cas d'insolvabilité du propriétaire. Les conséquences économiques ne prennent pas directement en compte les coûts assumés par le propriétaire et résultant d'une perte de production, des compensations à verser ainsi que des pertes en valeurs boursières ou en acceptabilité sociale.

Table 4.1
Classification des barrages de stériles en fonction du niveau des conséquences d'une rupture

Classement en fonction Du niveau des conséquences d'une rupture	Pertes incrémentales[6]				
	Population exposée[1]	Perte potentielle de vies humaines	Environnement[3,4]	Aspects sociaux, sanitaires et culturels	Infrastructures et économie[5]
Faibles	Aucune	Aucune	Perte minimale à court terme de valeurs environnementales. Aucun impact prévu sur le bétail, la faune ou l'eau potable. Zone impactée limitée et restauration possible à court terme.	Perturbations et effets minimaux sur les commerces et autres activités professionnelles. Aucun effet mesurable sur la santé humaine. Aucun impact sur les biens patrimoniaux, récréatifs, communautaires et culturels.	Pertes économiques faibles: la zone contient un nombre limité d'infrastructures et de services.
Importantes	1-10	Aucune	Perte ou détérioration limitée de valeurs environnementales. Contamination possible de Tapprovisionnement en eau du bétail et à la faune. Étendue modérée des impacts et restauration possible.	Perturbations et effets limités sur les commerces et autres activités professionnelles. Aucun effet mesurable sur la santé humaine. Pertes limitées de biens patrimoniaux, récréatifs, communautaires et culturels.	Pertes d'installations de loisir, de sites de travail saisonniers et de voies de transport rarement utilisées. Pertes économiques modérées.
Élevées	10-100	1-10	Perte ou détérioration importante de valeurs environnementales critiques. Contamination possible de Tapprovisionnement en eau du bétail et à la faune. Zone d'impact potentiel de 5 à 20 km^2. Restauration possible dans un délai modéré.	De nombreuses personnes affectées par la perturbation des commerces et des services ou par une dislocation sociale. Pertes importantes de biens patrimoniaux, récréatifs, communautaires et culturels. Possibles effets sanitaires à court terme.	Pertes économiques élevées affectant les infrastructures, les transports en commun ainsi que les installations ou emplois commerciaux. Compensation et frais de relogement modérés pour les communautés affectées.

economic requirements to compensate persons and property are considered. Economic assessment should also include the clean-up and rehabilitation costs potentially borne by the community in the event of bankruptcy of the Owner. The economic consequences do not directly consider the Owner costs that may be due to loss of production, potential liability costs, loss of shareholder value, or social license.

Table 4.1
Tailings dam consequence classification

Dam Faillure Consequence Classification	Incremental Losses[6]				
	Population at Risk[1]	Potential Loss of Life[2]	Environment[3,4]	Health, Social & Cultural	Infrastructure and Economics[5]
Low	none	none	Minimal short-term loss of environmental values. No expected impact on livestock/ fauna drinking water. Limited area of impact and restoration feasible in short term.	Minimal effects and disruption of business and livelihood. No measurable effects on human health. No disruption of heritage, recreation, community, or cultural assets.	Low economic losses: area contains limited infrastructure or services.
Significant	1-10	none	Limited loss or deterioration of environmental values. Potential contamination of livestock/fauna water supply. Moderate area of impact and restoration possible.	Limited effects and disruption of business and livelihood. No measurable effects on human health. Limited loss of regional heritage, recreation, community, or cultural assets.	Losses to recreational facilities, seasonal workplaces, and infrequently used transportation routes. Moderate economic loss.
High	10-100	1-10	Significant loss or deterioration of critical environmental values. Potential contamination of livestock/fauna water supply. Potential area of impact 5 km^2 to 20 km^2. Restoration possible within a moderate time frame.	Many people affected by disruption of business, services, or social dislocation. Significant loss of regional heritage, recreation, community, or cultural assets. Potential for some short-term human health effects.	High economic losses affecting infrastructure, public transportation, and commercial facilities, or employment. Moderate relocation costs and/or compensation to communities.

Tableau 4.1 (Continued)

Classement en fonction Du niveau des conséquences d'une rupture	Pertes incrémentales[6]				
	Population exposée[1]	Perte potentielle de vies humaines	Environnement[3,4]	Aspects sociaux, sanitaires et culturels	Infrastructures et économie[5]
Très élevée	100-1000	10 à 100	Perte ou détérioration majeures de valeurs environnementales critiques, notamment d'espèces rares ou menacées de grande importance. Zone possiblement Impactée > 20 km^2. Restauration ou compensation possible, mais très difficile et sur une période modérée à longue	Nombre élevé de personnes affectées par la perturbation des commerces et des services ou par une dislocation sociale pendant plus d'un an. Pertes importantes de biens patrimoniaux, récréatifs, communautaires ou culturels. Effets sanitaires Importants et persistants.	Pertes économiques très élevées affectant des infrastructures, des services Importants (p. ex., autoroute, installations industrielles, entrepôts de substances dangereuses) ou des emplois. Compensation etibu frais de relogement modiènès pour les communautés affectées.
Extrèmas	> 1000	> 100	Perte ou détérioration catastrophique de valeurs environnementales critiques, notamment d'espèces rares ou menacées de grande importance. Zone touchée très étendue. Restauration ou compensation en nature. Impossible ou seulement sur une très longue période.	Nombre élevé de personnes affectées par la perturbation des commerces et des services ou par une dislocation sociale pendant plusieurs années. Destruction de biens patrimoniaux nationaux, communautaires ou culturels Importants. Possibles effets sanitaires Importants etiou persistants.	Peries économiques extrêmes affectant des infrastructures ou des services essentiels (p. ex., hôpitaux, Importants complexes Industriels, entrepôts Importants abritant des substances dangereuses) ou des emplois Compensation, frais de relogement etiou de réajustements sociaux très élevés pour les communautés affectées.

Notes:

Population exposée: cette population inclut les gens qui peuvent se trouver à l'intérieur de la zone inondée de manière temporaire ou intermittente (visiteurs saisonniers, amateurs d'activités récréatives et voyageurs ou travailleurs de passage).

Perte potentielle de vies humaine: plusieurs méthodes sont utilisées pour estimer la perte potentielle de vies humaines; consulter les références.

Table 4.1 (Continued)

Dam Faillure Consequence Classification	Incremental Losses[6]				
	Population at Risk[1]	Potential Loss of Life[2]	Environment[3,4]	Health, Social & Cultural	Infrastructure and Economics[5]
Very High	100-1000	10 to 100	Major loss or deterioration of critical environmental values including rare and endangered species of high significance. Potential area of impact >20 km^2. Restoration or compensation possible but very difficult and requires a moderate to long time frame.	A high number of people affected by disruption of business, services, or social dislocation for more than one year. Significant loss of national heritage, recreation, or community facilities or cultural assets. Significant long-term human health effects.	Very high economic los affecting important infrastructure or services (eg., highway, industrial facilities, storage facilities for dangerous substances), or employment. High relocation costs and/or compensation to communities
Extreme	> 1000	> 100	Catastrophic loss of critical environmental values including rare and endangered species of high significance. - Very large areas of potential impact. Restoration or compensation in kind impossible or requires a very long time.	A large number of people affected by disruption of business, services, or social dislocation for years. Significant National heritage or community facilities or cultural assets destroyed. Potential for Severe and/or long-term human health effects.	Extreme economic losses affecting critical infrastructure or services (e.g., hospital, major industrial complex, major storage facilities for dangerous substances or employment. Very high relocation costs and/or compensation to communities and very high social readjustment costs

Notes:

Population at Risk: Includes allowance for people who may be within the inundation zone on a short-term or intermittent basis (e.g., seasonal or recreational visitors, temporary travelers or workers).

Potential Loss of Life: There are several methods used to estimate PLL – refer to references.

Valeurs environnementales: elles comprennent les habitats aquatiques et terrestres, la présence éventuelle d'espèces rares ou menacées ainsi que l'intégrité des écosystèmes. Les pertes importantes de valeurs environnementales doivent être rapportées à un pourcentage des valeurs régionales.

Les effets potentiels de la libération de résidus ou d'eau de procédé dépendent des propriétés géochimiques de la zone ainsi que de la durée et de l'efficacité de la restauration.

Infrastructures et économie: inclut les pertes indirectes et tangibles.

Les conséquences citées ne sont que des indicateurs et il faut recourir au jugement des professionnels pour sélectionner la catégorie adéquate pour chaque barrage.

Environmental values: Include aquatic and terrestrial habitat and life, the presence of rare and endangered species, and ecosystem integrity. Significant loss of environmental values should be referenced to the percentage of the regional values.

The potential effects due to released tailings or process water consider the geochemical properties, restoration time, and the effectiveness of restoration.

Infrastructure and economics: Include indirect and tangible losses.

Consequences shown are indicators and professional judgement should be used to select the appropriate consequence category for the dam.

5. CARACTÉRISATION DU SITE

5.1. INTRODUCTION

La caractérisation d'un site a pour objectif de répertorier les conditions et les paramètres qui ont – ou pourrait avoir – un impact sur la conception, la construction, l'exploitation et la fermeture de l'ISR qui y sera construite. Cette caractérisation doit porter sur l'emplacement prévu pour le barrage, la zone de l'ISR et ses alentours ainsi que la zone potentiellement impactée en cas de rupture du barrage. La caractérisation des sites des ISR déjà existantes porte également sur les résidus déposés, les barrages en place et les structures connexes.

La caractérisation des sites est bien expliquée dans d'autres recommandations techniques publiées dans l'industrie et ce chapitre n'offre qu'un survol succinct des principaux aspects à prendre en compte pour les ISR. La CIGB reconnaît qu'un grand nombre de normes, lignes directrices et codes nationaux et internationaux consacrés à l'étude et à la caractérisation des sites utilisent des terminologies et des définitions différentes et que la terminologie utilisée dans le présent bulletin ne s'aligne donc pas nécessairement directement sur celles des publications antérieures.

La caractérisation s'effectue de manière itérative, les connaissances concernant le site s'accumulant avec le développement du projet, de la planification à la fermeture. Elle couvre une vaste gamme d'éléments, notamment les aspects suivants qui sont discutés plus en détail dans ce chapitre:

- Contexte social et environnemental
- Géomorphologie
- Climat et hydrologie
- Propriétés géologiques et géotechniques
- Hydrogéologie
- Sismicité S

La caractérisation détaillée d'un site nécessite les services de divers professionnels tels que des géologues, des géomorphologues, des ingénieurs-géotechniciens, des ingénieurs-hydrotechniciens, des hydrologues, des hydrogéologues, des spécialistes de l'environnement, etc.

5.2. CONTEXTE SOCIAL ET ENVIRONNEMENTAL

Le contexte social et environnemental est important pour chacune des phases d'un projet d'ISR. Il faut en particulier connaître en détail les conditions sociales et environnementales pour être en mesure de classer l'ISR (chapitre 4) et donc de choisir sa conception et les critères d'exploitation.

Le contexte social englobe les facteurs politiques, socioéconomiques, technologiques, sociaux, culturels et sécuritaires qui reflètent la spécificité sociale, la dynamique économique régionale, les développements technologiques, la culture, les traditions et le patrimoine de la communauté, etc. Le contexte social général du projet doit être apprécié dans le cadre de l'étude d'impact général du projet; le contexte spécifique à l'ISR peut cependant nécessiter quelques investigations supplémentaires. Le contexte social peut avoir un impact sur l'ISR pour les raisons suivantes:

5. SITE CHARACTERIZATION

5.1. INTRODUCTION

The objective of site characterization is to establish conditions and parameters that impact and/or would be impacted by the TSF design, construction, operations, and closure. The site characterization should cover the dam site, the TSF area, and its surroundings, including the potential dam break impact zone. Site characterization of existing TSFs also includes the deposited tailings, dams, and associated structures.

Site characterization is well covered in other technical guidance in the industry and this section provides a high-level overview of the key area of consideration for TSFs. ICOLD recognizes that numerous national and international standards, codes and guidelines have been devoted to site investigations and characterizations using different terminology and definitions and that the terminology used in this Bulletin may not align directly with all pre-existing texts.

The characterization activities are iterative, with continual improvement of the site understanding as the project develops from planning through to closure. The site characterization covers a wide range of aspects including the following conditions, which are further discussed in this section:

- Social and Environmental setting
- Geomorphology
- Climate and Hydrology
- Geological and geotechnical conditions
- Hydrogeology
- Seismicity

A comprehensive site characterization requires a broad mix of professionals such as geologists, geomorphologists, geotechnical engineers, hydrotechnical engineers, hydrologists, hydrogeologists, environmental specialists, etc. The selection of the design team, and the identification of independent reviewers, should consider professionals who have experience commensurate with the complexity of the site and the potential design considerations.

5.2. SOCIAL AND ENVIRONMENTAL SETTING

The social and environmental context is important for all life phases of a TSF project. Notably, a thorough understanding of the social and environmental conditions is required to determine the TSF Classification (Section 4) and, in turn, the TSF classification forms the basis for selecting TSF design and operational criteria.

The social setting comprises political, socioeconomic, technological, social, cultural and security factors that include social distinctiveness, regional economic dynamic, technological development, community culture, traditions, heritage etc. The overall social setting of the project should be captured in the overall project impact study; however, the TSF-specific context may need to be further investigated. The social setting may impact the TSF in the following ways:

- Les zones d'exclusion, les sites patrimoniaux et les sites présentant une importance culturelle peuvent avoir un impact sur la surface totale occupée, les accès, les zones d'emprunt, etc.

- Avec le temps, l'accroissement de la population dans les zones situées en aval de l'installation peut aggraver les conséquences d'une éventuelle rupture.

- Les exigences en matière de sécurité peuvent se répercuter sur le choix des technologies mises en œuvre, l'exploitation et la fermeture.

- Les règles gouvernementales qui encouragent l'emploi local peuvent avoir un impact sur la sélection des technologies qui seront utilisées pour la construction et l'exploitation.

- Les préoccupations formulées par les communautés alentour peuvent limiter la taille et la géométrie de l'ISR.

- La valeur résiduelle du bien une fois l'exploitation terminée peut avoir un impact sur le plan de fermeture (p. ex., des personnes pourraient être tentées d'exploiter illégalement les résidus).

- Un faible niveau d'acceptation par les locaux, possiblement accompagné de manifestations hostiles ou d'autres perturbations, peut avoir un impact sur la sécurité du barrage.

Le contexte environnemental comprend la qualité des eaux (de surface et souterraines), l'utilisation de l'eau en aval (milieu aquatique, bétail, faune), les habitats aquatiques et terrestres et les milieux potentiellement fragiles qui recevront d'éventuelles émissions ou seront impactés d'une façon ou d'une autre à l'intérieur du périmètre de l'ISR ou de la zone de réception. Le contexte environnemental du projet doit être décrit dans le cadre de l'étude d'impact générale du projet; le contexte spécifique de l'ISR mérite cependant une attention particulière puisqu'il peut dicter certains aspects de la conception.

Les composantes sociales et environnementales, notamment la liaison avec les parties prenantes, sont prises en charge par le propriétaire de l'ISR, mais il incombe au concepteur de la structure d'incorporer ces aspects aux exigences relatives à la conception, l'exploitation et la fermeture. Le contexte social et environnemental de l'ISR doit être capturé à l'aide d'une ou plusieurs cartes qui exposeront les contraintes sociales et environnementales et qui seront progressivement mises à jour tout au long du cycle de vie de l'ISR.

5.3. CONTEXTE PHYSIQUE

L'étude géomorphologique du site et la configuration des éléments physiques à l'intérieur et autour du site définissent le contexte des formes du terrain et leur relation avec le contexte géologique. Les éléments physiques peuvent être illustrés par des modèles topographiques tridimensionnels qui seront utilisés comme bases pour la collecte continue des données dans le cadre des investigations menées sur le site et pour les modifications de développement de l'ISR et des structures connexes. La topographie du site est habituellement élaborée par étapes, en commençant par des relevés aériens et plus tard par des relevés détaillés sur le terrain. La précision des relevés doit être à la hauteur des exigences concernant la conception et la construction et doit être vérifiée par des relevés sur le terrain effectués aux étapes critiques de la conception et de la construction.

Il est important de documenter, à partir des tels-que-construits, l'évolution continuelle des ouvrages en remblais pertinents situés dans l'emprise du périmètre d'influence de l'ISR, car des modifications importantes de ces éléments peuvent affecter matériellement les caractéristiques du site et la conception.

- Exclusion zones, heritage and sites of cultural significance may impact the footprint, access, borrow areas, etc.

- Population growth in downstream areas may increase potential dam breach consequences over time.

- Site security requirements may impact technology selection, operations, and closure.

- Government rules that promote local employment may impact the selection of technology for construction and operation.

- Concerns of the surrounding community may limit size and geometry.

- The residual value of the asset after operations may impact the closure design (e.g., illegal miners may target tailings).

- Poor social acceptance, including protest activities or other disruptions, may impact dam safety.

The environmental setting comprises water quality (both surface and groundwater), water uses downstream (aquatic, livestock/fauna, drinking), aquatic and terrestrial habitat, and the potentially sensitive environmental receptors of all potential emissions or other impacts both within the TSF footprint and in the receiving environment. The environmental setting of the project should be captured in the overall project impact study; however, the TSF specific context requires specific attention as it may control components of the design.

While the social and environmental components, including stakeholder liaison, are directed by the TSF owner, the designer for the TSF is responsible for incorporating these aspects into the design, operational, and closure requirements. The social and environmental setting of the TSF should be captured in a social and environmental constraints map(s), or framework, that is progressively updated throughout the TSF project life.

5.3. PHYSICAL SETTING

The site geomorphology and the configuration of the physical features in and around the site provide the context of the existing landforms and their relationship with the geological setting. Physical features can be depicted in three-dimensional topographical models that are used as a base for ongoing data collection from site investigations and development changes of the TSF and related structures. The site topography is typically developed in stages, starting with aerial surveys through to detailed ground surveys. The accuracy of the surveys should be commensurate with the design and construction requirements and confirmed by field surveys at critical stages of design and construction.

It is important to capture the on-going as-constructed conditions of relevant earthworks within the potential influence area of the TSF, as significant changes could materially affect the understanding of the site and the influence on design.

5.4. CLIMAT ET HYDROLOGIE

Le climat englobe les conditions et les tendances météorologiques, notamment la température, l'humidité (incluant les précipitations telles que la pluie et la neige, ainsi que la condensation), l'évaporation et les vents, qui dominent de manière caractéristique dans une région donnée, sur une longue période. L'hydrologie concerne les occurrences, la distribution et l'écoulement des eaux de surface. L'hydrologie du site, qui inclut les écoulements de surface et les flux souterrains, dépend du climat, de la topographie du site, de la couverture terrestre et de la géologie. (Les Bulletins de la CIGB de référence sur ces sujets comprennent les numéros 169, 170 et 187.)

Le climat et l'hydrologie influent de manière importante sur toutes les phases du cycle de vie d'une ISR, de sa planification à sa fermeture. Ils gouvernent la géologie de surface, l'hydrogéologie et l'état géotechnique du site choisi pour l'ISR. Le volume des précipitations et le type de climat ont une influence sur la vitesse d'infiltration dans les sols ainsi que sur l'élimination naturelle par évaporation de l'eau présente dans le système. Les précipitations peuvent ainsi introduire des pressions artésiennes dans des couches drainantes, confinées ou non, à l'intérieur ou sous l'ISR.

Les données climatiques et hydrologiques spécifiques sont souvent limitées au début de la conception lorsqu'il s'agit d'un nouveau site. Dans la plupart des cas, un programme de collecte de données est lancé durant les études de faisabilité et l'évaluation des impacts environnementaux, mais les données ainsi recueillies ne reflètent, dans une large mesure, que de très courtes périodes et doivent donc être interprétées avec prudence. La caractérisation climatique de la zone concernée par un projet est plus facilement réalisée à l'aide de données régionales historiques, qui peuvent être extrapolées au site en fonction de tendances météorologiques connues, en tenant compte des similarités entre bassins hydrographiques et grâce à la connaissance des principes fondamentaux des systèmes hydrométéorologiques. La validité d'une telle extrapolation est souvent vérifiée par le degré de corrélation entre les données régionales accumulées sur le long terme et les données relatives au site, plus limitées dans le temps.

La caractérisation météorologique du site de l'ISR permet de définir les conditions moyennes, inhabituelles, rares et extrêmes à partir des observations régionales et locales (sur le site). Les variables hydrologiques telles que la fréquence, la durée et l'intensité des épisodes de pluie et des dépassements du seuil d'inondation ainsi que les relations niveau-débit des cours d'eau doivent être établies par un hydrologue qui connaît bien les systèmes hydrométéorologiques régionaux et locaux. Dans les climats froids, il sera nécessaire de déterminer le mode d'accumulation et de fonte de la neige ainsi que la profondeur de pénétration du gel et l'épaisseur de la glace.

Le dérèglement climatique a un impact sur la météorologie et induit souvent une intensification des précipitations de courte durée et des conditions potentiellement plus humides ou plus sèches que la normale. Il est nécessaire de bien saisir l'ampleur des changements possibles pour être en mesure d'envisager une stratégie de gestion des eaux appropriée pour l'ISR.

Une analyse des modifications climatiques possibles à long terme devrait être incorporée au plan de fermeture et être prise en compte lors des décisions prises à court terme qui entraînent une déviation par rapport aux objectifs de ce plan. Les estimations concernant la fréquence, la durée et l'intensité des épisodes de pluie et des inondations rares et extrêmes ainsi que les modifications possibles de l'évaporation et du pergélisol doivent être révisées périodiquement pour refléter l'évolution des données climatiques qui peuvent affecter la stabilité, les infiltrations, l'équilibre hydrique et d'autres facteurs, en particulier lors de la fermeture de l'installation.

5.5. CARACTÉRISATION GÉOLOGIQUE ET GÉOTECHNIQUE

5.5.1. Généralités

Il est crucial d'acquérir une connaissance approfondie de la géologie du site et de ses conditions géotechniques vis-à-vis de la sécurité et de l'intégrité structurale de l'ISR, comme l'ont montré les ruptures des barrages des mines de Los Frailes (Espagne, 1998), du mont Polley

5.4. CLIMATE AND HYDROLOGY

Climate comprises the meteorological conditions and patterns, including temperature, atmospheric moisture (including precipitation in the form of rain and snow, as well as humidity), evaporation, and wind that characteristically prevail in a particular region over a long period of time. Hydrology covers the occurrence, distribution, and runoff of surface water. The site hydrology, including surface and subsurface flows, is governed by the climate, site topography, land cover and geology. (Reference ICOLD Bulletins include 169, 170 and 187).

Climate and hydrology have significant impact on all phases of a TSF, from planning to closure. Climate and hydrology influence the surficial geology, hydrogeology, and the geotechnical conditions at the TSF. The amount of precipitation and the climate type influences the rate of infiltration into the ground as well as the natural removal of water from the system through evaporation. Precipitation could introduce artesian pressures in confined or unconfined pervious layers in, or beneath, the TSF.

Site-specific climatic and hydrologic data are often limited for new development sites at the time of initial design. In most instances, a data collection program is initiated during project feasibility and environmental impact studies, but these data are, to a large degree, limited to very short-term periods and need to be carefully considered. As a result, the climate characterization of a project area is supported with regional historic data, which are extrapolated to the site considering known or potential weather patterns, similarities of watershed characteristics, and an understanding of the fundamentals of hydro-meteorological systems. A correlation of the regional data to the short-term site-specific data is often used to support the extrapolation.

The meteorological characterization of a TSF site includes average, unusual, rare, and extreme conditions, which are derived from regional and site-specific observations. The hydrological design inputs such as the frequency, durations and intensity of rainfall events and the flood exceedance, and rating curves of water courses, should be derived by a hydrologist familiar with the regional/local hydro-meteorological systems. In cold climates, patterns of snow accumulation and melt are needed, often with depths of frost penetration and ice accumulation.

Climate change influences weather patterns, often with increases in the intensity of short duration precipitation and potentially wetter or drier than normal conditions. Understanding the potential for changes is required to support the appropriate water management strategy for a TSF.

An understanding of potential long-term climatic changes should be incorporated into closure planning and the decisions made in the short-term that result in deviations from the closure plan. The frequency, durations and intensity of rare and extreme rainfall events and flood estimates, as well as potential changes in evaporation and the effects of the permafrost changes, should be reviewed regularly to capture changes in climatic data which can affect stability, seepage, water balance and other factors, particularly on closure.

5.5. GEOLOGICAL AND GEOTECHNICAL CHARACTERIZATION

5.5.1. Overview

A thorough understanding of the site geology and the geotechnical conditions is crucial for the safety and structural integrity of the TSF, as demonstrated by the Los Frailes (Spain in 1998),

(Canada, 2014), de Cadia (Australie, 2019) et de bien d'autres ISR. La caractérisation géologique et géotechnique est un processus systématique et itératif consistant à déterminer et à vérifier les conditions qui prévalent sur le site de l'ISR. L'approche générale vise à se familiariser dans un premier temps avec le paysage, la géologie, la géomorphologie et la sismicité de la région puis à acquérir progressivement des données plus détaillées sur le site lui-même au fur et à mesure de la conception de l'ISR. La collecte et l'interprétation des données sur le site s'effectuent dans le cadre du développement du projet de manière à acquérir une connaissance tridimensionnelle des conditions régnant sur le site, suffisamment détaillée pour le type de barrage et les installations connexes envisagés avant d'entamer leur construction. Cette caractérisation systématique de la géologie à l'échelle régionale puis à l'échelle du site, suivie de l'inventaire des événements qui s'y sont produits, permet de développer un modèle géologique du site (MGS) qui constitue le résultat principal de la caractérisation du site. Ce modèle sert ensuite de base pour la détermination des paramètres géotechniques et hydrogéologiques qui seront utilisés pour la conception.

Les conditions géologiques et géotechniques qui prévalent sur le site sont caractérisées grâce à une combinaison d'études numériques et de relevés intrusifs et non intrusifs sur le site, effectués par étapes. Ces études et ces relevés permettent d'identifier les risques et les incertitudes puis de les réduire tout en augmentant la fiabilité des données utilisées pour la conception, l'exploitation et la fermeture de l'ISR. Au cours des premières étapes de la conception (discutées à la section 7.2), une ou plusieurs options pourront être partiellement ou complètement développées pour le barrage et il faudra donc déjà disposer à ce stade de quelques données de caractérisation du site. Mais il faut cependant garder à l'esprit que le concept et l'emplacement retenus pour le site et d'autres installations importantes pourront être modifiés du fait de la compréhension progressivement plus aboutie du MGS au fur et à mesure de l'avancement de la caractérisation du site. La conception de l'ISR s'effectue donc nécessairement de manière itérative, en plusieurs étapes.

Les activités de caractérisation de l'état géologique et de l'état géotechnique d'un site sont intimement liées. La caractérisation géologique comprend la description de l'état actuel de la structure et des éléments constituant les unités de sol et de roche. L'étude géotechnique, par l'identification de ces unités et d'autres éléments géologiques, vise à obtenir les paramètres géotechniques qui permettront de quantifier les propriétés techniques des matériaux nécessaires aux études de conception et d'évaluer les risques dont il faudra tenir compte dans le cadre de la conception de l'ISR.

5.5.2. Modèle géologique du site

Le MGS (modèle géologique du site) est une compilation de données qui incluent des cartes, des plans, des coupes et des rapports qui rassemblent toutes les données objectives disponibles concernant les types de roches et de sols rencontrés sur le site, ainsi que les éventuels risques géologiques. Le MGS doit couvrir l'intégralité de la zone occupée par l'ISR ainsi que l'espace environnant de manière à refléter le contexte géotechnique et géologique du site, les sources potentielles de matériaux d'emprunt pour la construction de l'ISR et les risques géologiques potentiels qui peuvent avoir un impact sur le site. Ce modèle doit fournir les données factuelles pour la géologie du site, l'interprétation et l'application de ces données étant faites dans les modèles de conception géotechnique (MCG). Le MGS comprend les composantes suivantes pour le périmètre de l'ISR et ses alentours:

- substratum et géologie structurelle;
- géologie de surface et géomorphologie;
- sismicité;
- conditions hydrogéologiques;
- conditions géotechniques et géochimiques.

Mount Polley (Canada in 2014), Cadia (Australia in 2019) and many other TSF failures. Geological and geotechnical characterization is a systematic and iterative process of determination and verification of the conditions at the TSF site. The general approach is to develop a broad appreciation of the site with respect to the overall landscape, geology, geomorphology, and seismicity in the region and then progress further to more detailed, site-specific information as the design process progresses. The collection and interpretation of site data advances through the project development process, so that a sufficient, three-dimensional understanding of the site conditions commensurate with the nature of the dam and appurtenant facilities is developed before construction is initiated. This systematic characterization of the regional and site-specific geology and associated historic processes leads to development of a Site Geological Model (SGM), which is a primary outcome of the site characterization and forms the basis for the associated geotechnical and hydrogeological parameters used for design.

The site geology and geotechnical conditions are characterized from a combination of desktop studies and intrusive and non-intrusive site investigations carried out in phases. These studies and investigations identify, and progressively reduce, risks and uncertainties, while increasing the reliability of information used for the TSF design, construction, operation, and closure. During scoping-level design (discussed in Section 7.2), the concept for the dam may be partially or completely developed for one or more alternatives, and some level of site characterization work is required. However, it must be recognized that the concept and location for the dam(s) and other major features could require changes resulting from the continuously advancing understanding of the SGM as the site characterization progresses. Thus, the development of design through different phases is usually an inherently iterative process.

Characterization of a site's geological and geotechnical conditions are closely linked. Geological characterization comprises identifying the factual condition of the physical structure and substance of a site's soil and rock units. In identifying the units and any geological features, a geotechnical investigation aims to provide geotechnical parameters to the site to quantify engineering material properties for any design activities, and to quantify hazards that must be addressed in the design of the TSF.

5.5.2. Site Geological Model

The SGM is a compilation of data including maps, plans, sections, and reports that capture all objective information regarding the rock and soil types across the site, as well as geological hazards. The SGM should cover the entire TSF footprint, as well as the surrounding area to provide the geotechnical and geological context of the site, potential sources of borrow materials for TSF construction and the potential geohazards that may influence the site. The SGM should provide the factual data for the site's geological information, with interpretation and application being applied in the geotechnical design models (GDMs). The SGM includes the following components of the TSF footprint and the surrounding area:

- bedrock & structural geology
- surficial geology and geomorphology
- seismicity
- hydrogeological conditions
- geotechnical and geochemical conditions

Un MGS préliminaire doit être développé à l'aide des cartes géologiques, des rapports, des images satellites, des données photogrammétriques et/ou LiDAR et des rapports de reconnaissance existants et il devra tenir compte des événements géologiques passés et de la géomorphologie du site. L'ensemble des données géologiques doit comprendre les données issues des forages d'exploration réalisés pour le gisement (la détermination des paramètres géotechniques utiles pour la caractérisation des résidus et des débris rocheux doit faire partie du programme de forages exploratoires). Le MGS préliminaire doit capturer la composition et l'assemblage général des différents types de roches et de sols présents sur le site et identifier les principaux risques géologiques et géotechniques tels que les discontinuités, les failles, les zones de forte et de faible conductivité hydraulique ainsi que les zones propices aux glissements de terrain ou aux éboulements. Cette version préliminaire du MGS sert de base à la planification de l'étude du site qui lui succède et qui vise à la vérifier et à la raffiner grâce à l'apport de nouvelles données géologiques, hydrogéologiques et géotechniques. L'étude du site doit se concentrer sur les risques identifiés par le MGS préliminaire et ne doit donc être lancée qu'une fois la préparation de ce dernier terminée.

Les activités menées dans le cadre de l'étude du site peuvent inclure des relevés géologiques et géophysiques intrusifs et non intrusifs, des forages, des essais de pénétration au cône, des creusements de tranchées et des prises d'échantillons pour des essais en laboratoires. La portée des investigations menées sur le site doit être à la mesure de la complexité géotechnique de celui-ci et tenir compte des conséquences potentielles en cas de rupture du barrage de l'ISR. En règle générale, il est prudent de partir du principe que les fondations du barrage pourraient être complexes et de mettre en œuvre des investigations pour confirmer les caractéristiques de ces fondations. Les résultats des études géologiques et géotechniques doivent être injectés dans le MGS qui sera alors affiné et amélioré grâce à ces nouvelles données.

Il est important de définir clairement les méthodes et les normes (ASTM, AS, USCS, EC, etc.) utilisées pour la classification des roches et des sols pour les levés géologique et géotechnique afin de les utiliser de manière cohérente lors du développement du MGS et de l'élaboration du modèle de conception géotechnique (voir le paragraphe 5.5.3). Il est tout aussi important de mettre en place un contrôle de la qualité des études et des essais menés sur le terrain et en laboratoire pour assurer la qualité des données recueillies.

Pour les ISR existantes, le MGS doit également inclure la caractérisation factuelle des résidus déjà présents (chapitre 6) et des ouvrages de retenue (barrages).

5.5.3. Modèle(s) de conception géotechnique

Le MGS constitue la base du modèle de conception géotechnique (MCG). Le MGS présente la source des données factuelles tandis que le MCG présente une interprétation de ces données à des fins de conception technique et pour une analyse particulière (p. ex., la stabilité d'une pente, l'évaluation du risque de formation de renard, l'évaluation des déformations, etc.), un scénario de conception, certaines conditions de charge ou un état limite. Il peut donc exister plusieurs MCG pour une ISR. De plus, d'autres modèles basés sur le MGS, comme les modèles hydrogéochimiques ou les modèles d'écoulement des eaux souterraines, pourront être requis pour la conception et l'exploitation de l'ISR.

Les MCG présentant les caractéristiques des matériaux, y compris celles des résidus (chapitre 6), qui conviennent pour une analyse donnée (portant par exemple sur la stabilité, les déformations ou les infiltrations), le zonage et la présentation spatiale des unités de matériaux dans le MCG doivent refléter les unités représentatives, qui ne correspondront pas nécessairement au zonage factuel présenté dans le MGS ou d'autres MCG à cause de l'interprétation et du jugement technique nécessaires pour élaborer des sections conceptuelles représentatives. La représentation spatiale des données doit être adaptée aux paramètres et aux propriétés appliquées dans le modèle. Il est cependant important de documenter clairement la connexion entre le MGS et les MCG.

A preliminary SGM should be developed using existing geological maps, reports, satellite imagery, photogrammetric and/or LiDAR data, site reconnaissance, and consideration of the potential geological history and geomorphology of the site. The geologic data set should include relevant data from exploration drilling for the ore deposit (consideration of geotechnical parameters useful for tailings and waste rock characterization should be incorporated into the exploration drilling program.) The preliminary SGM must capture the general composition and assembly of the rock and soil types across the site and identify major geological and geotechnical hazards such as discontinuities, faults or weak or high hydraulic conductivity zones, or landslides/rockslides. The preliminary SGM informs the planning of the site investigation, the purpose of which is to verify and further refine the preliminary SGM with additional geological, hydrogeological, and geotechnical inputs. Because the site investigation program should focus on the hazards identified in the preliminary SGM, site investigations should not start before the preliminary SGM is developed.

Site investigation programs can include non-intrusive geological and geophysical surveys, drilling, cone penetration testing, test pitting and sampling for laboratory tests. The extent of the site investigations should be commensurate with the geotechnical complexity of the site and with consideration to the potential consequences of failure of the TSF. As a general principle, it is prudent to assume that the dam foundation could be complex and to proceed with site investigations to confirm the foundation characteristics. The outcomes of the geological and geotechnical investigations must be provided back to the SGM, which is further refined and developed with the new inputs.

It is important that the methods of rock and soil classification, geological and geotechnical logging, as well as the rock and soil classification reference standards (ASTM, AS, USCS, EC, etc.) are clearly defined and used consistently throughout the SGM development of the Geotechnical Design Model (see Section 5.5.3). Equally important is quality control of the field and laboratory investigations and testing, to ensure high quality data are collected.

For existing TSFs, the SGM should also include the factual characterization of the in situ tailings (Section 6) and impounding structures (dams).

5.5.3. Geotechnical Design Model(s)

The SGM forms the basis of the Geotechnical Design Model (GDM). Whereas the SGM presents the source of factual information, a GDM presents the interpretive information for engineering design purposes and for a particular analysis (e.g., slope stability, piping assessment, deformation assessment etc.), design scenario, loading condition, or a limit state. As a result, there may be multiple GDMs for a single TSF. In addition, other scenario models based on the SGM, such as hydrogeochemical or groundwater flow models, may be required for the TSF design and operations.

As GDMs present material characteristics including tailings (Section 6) that are appropriate for a particular analysis (such as stability, deformation, or seepage), the zonation and spatial presentation of the material units in the GDM should reflect the representative units, which may not necessarily match the factual zoning presented in the SGM or other GDMs due to the interpretation and engineering judgement required to develop representative design sections. The spatial presentation of data should be appropriate for the parameters and properties that are being applied in the model. It is important, however, to clearly document the connection between the SGM and the GDMs.

La mise au point d'un MCG peut nécessiter de nouvelles investigations et de nouveaux essais suivant l'objectif fixé pour le modèle. Par exemple, l'évaluation des déformations induites par sollicitations sismiques peut nécessiter de soumettre des échantillons provenant d'une zone de fondation choisie à des essais de cisaillement cycliques spécifiques. Dans ce cas, il est important de mettre à jour le MGS et le MCG en leur incorporant les données nouvellement acquises.

L'utilisation du MCG pour la conception d'une ISR est détaillée à la section 7.9.

5.5.4. Contexte géologique

La caractérisation géologique commence par l'étude de la géologie régionale pour obtenir le contexte géologique général du site et le relier à la géologie régionale et continentale. Le contexte géologique régional doit capturer l'histoire géologique, les types de roches et leur composition ainsi que les principaux éléments qui affectent les propriétés géotechniques des roches sur le site, tels que les failles, les fractures, les diaclases et les différents types et degrés d'altération et d'érosion.

L'histoire régionale de la géologie de surface est importante pour déterminer et comprendre les conditions spécifiques du site. L'étude de la géologie de surface doit commencer par la compréhension de l'histoire de la géomorphologie, les dépôts et l'érosion (séquences et stratigraphies glacières, altération physique et géochimique *in situ* des roches, mécanismes de transport des sédiments, etc.).

La compréhension de la géologie régionale forme la base de la cartographie géologique et des investigations menées par la suite sur le site. La cartographie géologique de la roche mère et de la surface dans la zone du projet doit faire ressortir les risques géologiques et géotechniques tels que les failles, les fractures, les diaclases et le litage, la présence éventuelle de types de roche problématiques tels que des roches calcaires, d'éléments dangereux tels que des zones karstiques ou de zones susceptibles de subir des glissements de terrain ou des éboulements.

Le contexte géologique constitue la base du MGS. Il est mis à jour au fur et à mesure que le contexte s'affine avec les résultats des investigations et des activités menées sur le site.

5.5.5. Caractérisation géotechnique

L'objectif du volet géotechnique de la caractérisation du site est de définir les unités géotechniques présentes sur la zone, notamment les résidus et leurs caractéristiques, qui sont utilisées par la suite dans le MCG pour la conception de l'ISR. Les unités géotechniques représentent des zones de roches et de sol qui présentent des caractéristiques distinctes, mais des genèses et des propriétés mécaniques similaires.

On peut citer comme exemples de propriétés physiques et techniques des unités rocheuses:

- la lithologie;
- l'orientation et la distribution des principales familles de joints, leur texture et leur assemblage (y compris l'orientation du litage);
- le degré d'altération;
- la conductivité hydraulique et la résistance à la compression et au cisaillement.

Depending on its objective, development of a GDM may require additional investigations and testing. For example, an assessment of seismically induced deformation may require specific cyclic shear tests conducted on samples from a selected foundation zone(s). In these cases, it is important to update the SGM and GDM with the newly acquired data.

The use of the GDM for the TSF design is further described in Section 7.9.

5.5.4. Geological Setting

Geological characterization starts with studying regional geology to provide a wider geological context of the site and link it to the regional and continental geology. The regional geological setting should capture the geological history, rock types and their composition, as well as the key regional features that affect the geotechnical properties of the rocks at site, such as faults, fractures, joints, and types and degree of alteration and weathering.

The regional surficial geologic history is important in understanding and determining the site-specific conditions. Assessment of the surficial geology should begin with understanding the geomorphology and deposition and weathering history (e.g., glacial sequences and stratigraphy, physical and geochemical weathering of rock in situ, sediment transport mechanisms, etc.).

Understanding the regional geology forms the basis for site-specific geological mapping and investigations. Bedrock and surficial geological mapping of the project areas should emphasize geological and geotechnical hazards such as faults, fractures, jointing, and bedding; the presence of problematic rock types, such as calcareous rock, or hazardous features such as karst; and the potential for landslides and rockslides.

The geological setting forms the basis of the SGM model and as the site investigations and project activities progress, the geological setting is refined and the SGM updated.

5.5.5. Geotechnical Characterization

The objective of the geotechnical component of the site characterization program is to define geotechnical units, including tailings and their characteristic parameters, then used in the GDM for the TSF design. The geotechnical units represent zones of rock and soil of distinct characteristics, similar genesis, and similar mechanical properties.

Examples of typical physical and engineering properties of rock units include:

- lithology;
- orientation and distribution of main joint sets, textures or fabric (including bedding orientation);
- weathering; and
- hydraulic conductivity, and compressive and shear strength.

De même, pour les propriétés physiques et techniques des unités de sol et des résidus, on utilise typiquement:

- la densité, la masse volumique et la granulométrie (distribution de la taille des particules);
- les limites d'Atterberg, la teneur en eau, la consistance et la dispersivité;
- la conductivité hydraulique, le degré de consolidation, la porosité et la résistance au cisaillement.

Ces caractéristiques géotechniques sont déterminées lors d'essais sur le terrain ou en laboratoire. Des essais *in situ* sont nécessaires pour caractériser complètement les sols granulaires sans cohésion qui sont difficiles à échantillonner sans être perturbés. Des échantillons non perturbés des sols cohésifs sont requis pour les essais visant à déterminer leur poids unitaire, leur conductivité hydraulique, leur résistance au cisaillement et leur degré de consolidation. Des détails supplémentaires concernant la caractérisation géotechnique des résidus, applicables aux sols d'assise et aux barrages existants, sont donnés à la section 6.4.

5.5.6. Matériaux d'emprunt

La caractérisation du site doit inclure les sources potentielles d'emprunt de matériaux pour la construction des remblais. Même lorsque les résidus sont utilisés pour construire la plus grande partie du barrage, il est presque toujours nécessaire d'ériger un barrage d'appui initial constitué de matériaux naturels. Les matériaux utilisés pour le filtrage, le drainage, le noyau, les enrochements et la couverture du sol lors de la remise en état et d'autres activités spéciales prévues dans le plan de conception du barrage seront habituellement des matériaux d'emprunt conventionnels. Lorsque des stériles rocheux provenant de la mine sont utilisés pour construire les remblais du parc à résidus, il est nécessaire de déterminer les propriétés de ces stériles. Les investigations à mener pour les matériaux d'emprunt sont semblables à celles portant sur les matériaux constituant les fondations du barrage, mais elles devront se concentrer sur la performance de ces matériaux une fois placés dans le barrage plutôt que sur leurs performances *in situ* sur leur lieu d'extraction. Les programmes d'essais en laboratoire sont essentiels. Des remblais d'essai pourront également être construits pour évaluer les caractéristiques géotechniques de certaines zones du site et faire ressortir d'éventuels problèmes de construction.

Les études de planification et de conception doivent inclure une documentation décrivant la source des principaux matériaux utilisés pour la construction du barrage. Cette documentation doit inclure la quantité estimée des matériaux d'emprunt nécessaires, en tenant compte d'une quantité réaliste de rebuts, basée sur des essais sur le terrain ou sur le taux de déchets typique qui ressort de l'expérience ou des valeurs publiées. Les traitements nécessaires (déshydratation, dynamitage, concassage, triage, filtrage, lavage et tout autre traitement mécanique ou chimique) devront être décrits. Bien qu'il soit nécessaire de procéder à certaines investigations (qui comprendront typiquement des analyses géophysiques ainsi que des forages et des échantillonnages géotechniques), à des essais en laboratoire et à des caractérisations durant le processus de conception, des investigations plus poussées seront souvent nécessaires durant les phases de construction et d'exploitation, en particulier lorsque l'utilisation de matériaux d'emprunt se poursuit sur une longue période. La nécessité de procéder à des investigations et à des essais portant sur les matériaux d'emprunt durant la construction doit être documentée dans les documents de conception. Les zones utilisées pour l'extraction des matériaux d'emprunt doivent être indiquées sur les plans et les mesures considérées pour l'obtention des permis nécessaires, l'acquisition des terres concernées, la sécurité et la restauration des sites doivent être détaillées dans les documents de construction.

5.6. HYDROGEOLOGIE

L'objet de l'évaluation hydrogéologique d'une ISR est de comprendre les interactions entre le régime naturel des eaux souterraines, les infiltrations provenant de l'ISR et les écoulements de surface. Les connaissances acquises permettent de quantifier la probabilité et l'effet d'éventuelles

Examples of typical physical and engineering properties of soil units and tailings include:

- specific gravity, density, gradation (particle size distribution);
- atterberg limits, moisture content, consistency, dispersivity; and
- hydraulic conductivity, consolidation, porosity, and shear strength.

The engineering properties are determined based on field and laboratory tests. In situ testing is required to fully characterize granular/non-cohesive soils, which are difficult to sample undisturbed. Undisturbed samples of cohesive soils are required for unit weight, hydraulic conductivity, shear strength and consolidation testing. Further details on geotechnical characterization of tailings, which is also applicable to foundation soils and existing dams, is provided in Section 6.4.

5.5.6. Borrow Materials

The characterization of the site should also include potential borrow sources for embankment construction materials. Even when tailings are used to construct most of the dam, a starter dam of natural materials will almost always be required, and sources of filter materials, drainage materials, core materials, riprap, soil cover for reclamation, and other special components of the dam design will typically require sourcing of conventional borrow materials. When mine waste rock is used to construct the tailings dam embankments, the waste rock properties need to be characterized. The types of investigations for borrow sources are similar to that of the dam foundations, although the emphasis will be on how the materials perform after they have been placed into the dam, rather than how they perform in situ. Laboratory testing programs are essential. Test fills may also be used to evaluate site-specific engineering properties and construction issues.

Planning and design studies should include documentation of the sources for all major material zones used in dam construction. The documentation should include estimates of the quantity of borrow needed, considering an appropriate amount of waste, based either on field trials or typical waste rates from previous experience, or the literature. Requirements for processing (e.g., dewatering, blasting, crushing, sorting, screening, washing, or other mechanical or chemical processing) need to be described. Some degree of investigations (typically including geophysical investigations and geotechnical drilling and sampling), laboratory testing, and characterization must be performed during the design process, but more extensive investigations are often required during the construction and operation phases, especially if borrow area exploitation occurs over a long period of time. The requirements for borrow investigations and testing during construction must be documented in the design documents. Borrow areas should be designated on the drawings and considerations for permitting, land acquisition, safety, and restoration must be documented in the construction documents.

5.6. HYDROGEOLOGY

The purpose of a hydrogeological assessment of a TSF is to understand the interaction of the natural groundwater regime, seepage from the TSF, and surface flows. This understanding allows quantification of the likelihood, and impact, of contaminated seepage from the TSF on the surrounding

infiltrations d'eaux contaminées provenant de l'ISR sur le milieu environnant et les récepteurs. L'évaluation doit s'étendre suffisamment loin en amont et en aval de l'ISR pour inclure toutes les sources d'eau – souterraines et de surface – susceptibles de contribuer au système ainsi que tous les récepteurs potentiels en cas d'infiltration.

Dans le contexte d'une ISR, l'évaluation hydrogéologique doit globalement se concentrer sur l'identification et l'analyse des éléments suivants:

- Sources: les sources d'eau qui alimentent le système hydrogéologique considéré. Pour une ISR, il s'agit essentiellement des infiltrations provenant de l'ISR. Les écoulements de surface qui proviennent du bassin où se situe l'ISR doivent également être pris en considération.

- Voies: zones perméables à l'intérieur de l'ISR ou du bassin de l'ISR ou adjacentes à l'ISR qui peuvent permettre aux infiltrations d'interagir avec les eaux souterraines locales.

- Récepteurs: la flore, la faune, les nappes phréatiques et les utilisateurs des eaux souterraines et des eaux de surface qui peuvent être affectés par une modification du régime des eaux souterraines ou des infiltrations d'eaux contaminées provenant du stockage des résidus.

La fiabilité de l'évaluation dépend de la collecte de suffisamment de données pour rendre possible, avec le temps, la modélisation numérique et l'étalonnage correct du modèle utilisé. La collecte des données doit permettre de couvrir les éléments suivants:

- Caractérisation des propriétés géochimiques des résidus et des infiltrations détectées ou prévues (dans le cas d'une nouvelle ISR). Lorsque la méthode de traitement du minerai ou des résidus évolue, l'impact sur la géochimie des résidus doit être compris et pris en compte.

- Étude des différentes unités géologiques, caractérisation de leurs propriétés hydrogéologiques et identification des unités hydrogéologiques pour le MCG.

- Mesures de la pression des eaux souterraines et analyse de la qualité de l'eau. Ces mesures et ces analyses doivent être effectuées sur plusieurs cycles annuels afin de bien comprendre les variations saisonnières.

- Identification des récepteurs potentiels et description de l'impact qu'ils subiraient en cas d'atteinte par des infiltrations d'eaux contaminées. Les impacts doivent être estimés en fonction des propriétés prévues pour les infiltrations en provenance de l'ISR.

5.7. SISMICITE

5.7.1. Contexte sismique et méthodes d'évaluation

L'objectif de l'évaluation sismotectonique est de comprendre les conditions tectoniques régionales, les possibles sources sismiques (failles actives ou non actives et autres éléments sismotectoniques), et la sismicité (la fréquence des séismes) dans le voisinage du site choisi pour le barrage. Ces informations seront utilisées pour évaluer les risques sismiques associés au site. La taille de la région considérée dans le cadre de l'évaluation des risques sismiques peut être beaucoup plus grande que celle adoptée pour d'autres types d'analyse (p. ex., hydrogéologique ou géotechnique) et dépend des sources sismiques qui contribuent à ces risques. L'analyse des risques sismiques permet de définir les mouvements du sol à utiliser pour la conception, en tenant compte de l'incertitude qui leur est associée. Ces mouvements seront utilisés pour l'analyse de la liquéfaction ainsi que l'évaluation de la réponse de l'ouvrage et l'analyse des déformations de l'ISR en cas de séisme. Les mouvements du sol aux fins de la conception représentent les exigences sismiques – habituellement

environment and receptors. The assessment should extend sufficiently far upstream and downstream of the TSF to include all water sources entering the system — surface and groundwater flows — as well as potential receptors of seepage.

In the context of a TSF, a hydrogeological assessment broadly focuses on identifying and understanding:

- Sources – Water sources into the hydrogeologic system. For a TSF, this is mainly seepage from the TSF. In addition, surface water that flows from the TSF basin should be considered.

- Pathways – Permeable zones within the TSF, TSF basin and adjacent areas that may allow the seepage to interact with the surrounding groundwater regime.

- Receptors – Includes flora, fauna, groundwater aquifers and users of groundwater and surface water that may be negatively impacted due to the groundwater regime change and/or contaminated seepage from the TSF.

The reliability of the assessment is dependent on collecting as much data as possible to support numerical modelling and to calibrate the model over time. Data collection should include:

- Characterization of the geochemical properties of the tailings and actual or expected (in the case of greenfield TSFs) seepage. Where it is possible that the orebody or tailings processing method may change over time, the subsequent change in tailings geochemistry should be understood and accounted for.

- Investigation into the geological units, the characterization of their hydrogeological properties, and identification of hydrogeological units for the GDM.

- Sampling of groundwater pressures and water quality. This should occur over several annual cycles to understand seasonal variations.

- Identification of potential receptors and the impact on them should they be affected by contaminated seepage. The impacts should be estimated with respect to the predicted properties of the seepage from the TSF.

5.7. SEISMICITY

5.7.1. Seismic Setting and Methods

The objective of a seismotectonic assessment is to develop an understanding of the regional tectonic conditions, the possible seismic sources (active and non-active faults and other seismotectonic features), and the seismicity (i.e., the occurrence or frequency of earthquakes) in the vicinity of the dam site, which can be used to perform a seismic hazard analysis for the site. The size of the region for consideration in a seismic hazard assessment may be significantly larger than for other types of analysis (e.g., hydrogeology or geotechnical), depending on the earthquake sources that contribute to the hazard. The seismic hazard analysis establishes the design ground motions, with due consideration for their uncertainty, that will be used for liquefaction analysis, seismic response assessment, and seismic deformation analysis of the TSF. The design ground motions represent the seismic demands — typically presented as a design response spectrum and

présentées comme un spectre de réponses et une série chronologique d'accélérations, de vitesses et de déplacements – qui ont une incidence sur les performances de la structure et sont utilisées pour concevoir des installations capables de résister aux secousses sismiques. Les mouvements du sol résultant d'un séisme surviennent sur le site de l'ISR et à d'autres emplacements d'intérêt; ils ne doivent pas être confondus avec le séisme lui-même, c'est-à-dire l'événement sismique qui survient à la source du séisme (p. ex. une faille).

L'analyse des risques sismiques peut s'effectuer suivant deux approches: 1) une analyse probabiliste de l'aléa sismique (PSHA, pour *probabilistic seismic hazard analysis*probabilistic seismic hazard analysis) ou 2) une analyse déterministe de l'aléa sismique (DSHA, pour *deterministic seismic hazard analysis*deterministic seismic hazard analysis), quelques fois également nommée analyse des aléas sismiques à partir de scénarios. Dans les deux approches, l'analyse des aléas sismiques consiste à identifier les failles potentiellement actives et d'autres sources sismiques pouvant affecter le site de l'ISR. La sélection des paramètres appropriés pour le modèle, de la source du séisme et des modèles de récurrence et de mouvements du sol (c.-à-d. les équations de prévision des mouvements du sol) peut être compliquée et nécessite habituellement une bonne combinaison de jugement et d'expertise techniques. La PSHA permet d'estimer explicitement la probabilité pour que divers niveaux de mouvements du sol soient excédés sur une période donnée, tandis que la DSHA n'a pas recours à la probabilité d'occurrence pour le choix d'un séisme de conception, mais nécessite l'identification d'une source sismique bien définie.

La méthode basée sur la DSHA n'est pas appropriée pour tous les sites et la CIGB recommande, si elle est utilisée, de toujours l'accompagner d'une PSHA. Dans les régions où les séismes sont distribués aléatoirement dans l'espace sans aucune faille potentiellement active identifiée, l'approche basée sur la DSHA sera plus appropriée puisque les déplacements importants du sol ne peuvent pas être associés à une source active connue. C'est le cas dans les régions telles que le Centre du Canada, le craton amazonien au Brésil, le craton Gawler en Australie, le craton de Sarmatie en Russie et en Ukraine et d'autres zones similaires ailleurs dans le monde. Dans ces situations, la sismicité doit être représentée à l'aide de modèles basés sur des sources sismiques distribuées et faire l'objet d'une PSHA.

Un problème qui surgit parfois lors des analyses des risques sismiques vient de la nécessité de déterminer si une faille est active ou inactive. Historiquement, la pratique acceptée a consisté à ne tenir compte que des failles pour lesquelles il existe des preuves d'activité durant l'ère quaternaire (les 2,6 dernières millions d'années), comme décrit dans le Bulletin 148 (CIGB, 2016). Cependant, dans certaines situations géologiques, il a aussi été considéré comme approprié de n'inclure que les failles qui se sont révélées actives durant une fraction du Quaternaire, suivant la géologie spécifique du site ou de la région. L'échelle de temps utilisée pour qualifier une faille « active » varie de manière importante, avec des limites arbitraires typiques fixées à 10 000 ans, 35 000 ans, 50 000 ans, 100 000 ans et 500 000 ans, comme utilisées par divers organismes de réglementation aux États-Unis. Dans ces cas, la PSHA devient particulièrement utile pour aider à la sélection des mouvements sismiques du sol relatif au séisme de conception. Le chapitre 13 de ce bulletin contient des références clés qui offrent des recommandations supplémentaires concernant la sélection de la source et les taux d'activité. Le lecteur y trouvera également les paramètres clés qui doivent être utilisés pour caractériser les failles, tels que la vitesse de dissipation des contraintes (vitesse de glissement de la faille), le déplacement de la faille à chaque événement, la longueur et la surface occupées par la zone de rupture de la faille ainsi que la taille et la périodicité des séismes.

Dans le cadre d'une PSHA, tous les séismes, toutes les sources sismiques et tous les mouvements de sol enregistrés dans le passé sont pris en considération, et les probabilités annuelles de dépassement pour une gamme donnée de déplacements du sol sont estimées. La PSHA est utile pour éclairer les décisions concernant l'activité des failles puisqu'elle tient compte de tous les paramètres connus caractérisant ces dernières. Il faut cependant rester prudent lors de l'application des vitesses de glissement des failles à des sources anciennes et la méthode peut biaiser l'analyse en faisant ressortir des sources plus éloignées si les paramètres décrivant ces failles ne sont pas soigneusement choisis.

Une DSHA consiste à estimer les mouvements du sol sur le site de l'ISR à partir d'un ou plusieurs scénarios sismiques (séismes) spécifiques qui sont chacun associés à des sources

time histories of acceleration, velocity, and displacement — that affect the structure's performance and are used to design facilities to safely withstand seismic loading. The ground motions resulting from an earthquake occur at the TSF site or other location of interest and should not be confused with the earthquake itself — which refers to the seismic event that occurs on the seismic source (e.g., a fault).

Seismic hazard analysis considers two approaches: 1) probabilistic seismic hazard analysis (PSHA) and 2) deterministic seismic hazard analysis (DSHA), sometimes also called scenario-based seismic hazard analysis. In both approaches, the seismic hazard analysis must identify the potentially active faults and other seismic sources that could affect the TSF site. The selection of appropriate model parameters, earthquake source and recurrence models, and ground-motion models (i.e., ground motion prediction equations) can be complicated, and typically requires significant engineering judgment and expertise. The PSHA method expressly estimates the likelihood that various levels of earthquake-caused ground motion will be exceeded at a given location for a given future time period, while the DSHA method typically does not use likelihood in the selection of a design earthquake and requires that a defined seismic source be identified.

The DSHA method is not appropriate for all sites, and ICOLD recommends that it always be accompanied by a PHSA. In regions having spatially distributed earthquakes but no identified potentially active faults, the DSHA approach is not appropriate because significant levels of ground motions cannot be associated with a known, active source. This is the case in areas such as central Canada, the Amazonian craton in Brazil, the Gawler craton in Australia, the Sarmatian craton in Russia and Ukraine and similar areas around the world. In these situations, the seismicity should be represented using distributed earthquake source models in a PSHA.

An issue that sometimes arises in seismic hazard analysis is identifying whether faults are active or inactive. Historically, accepted practice has been to consider faults with evidence of activity within the Quaternary Period (most recent 2.6 million years), as described in Bulletin 148 (ICOLD, 2016). However, in some geologic settings, it has also been considered appropriate to include only faults showing activity within a subset of the Quaternary period, depending on site-specific or region-specific geology. The timeframes used to define "active" faults ranges significantly, with typically arbitrary limits of 10,000 years; 35,000 years; 50,000 years; 100,000 years; and 500,000 years being used by various regulatory agencies in the United States alone. In these cases, the PSHA becomes especially useful in informing the selection of a design earthquake ground motion. Section 13 of this Bulletin identifies key references that contain additional guidance on source selection and activity rates and describe the key fault parameters that should be used to characterize faults, such as rate of strain release (i.e., fault slip rate), amount of fault displacement in each event, length and area of fault rupture, earthquake size, and earthquake recurrence interval.

In PSHA, all historical earthquake events, seismic sources, and resulting ground-motions are considered, and the annual exceedance probabilities (AEPs) for a range of ground-motion levels are estimated. The PSHA is useful to inform the decision about fault activity since the full range of known fault parameters are considered. Nevertheless, care must be exercised in the application of fault slip rates to older sources, and the method can bias the analysis toward more distant sources if the fault parameters are not carefully selected.

In DSHA, estimates are made of ground motions at the TSF site due to one or more specific scenarios (i.e., earthquakes) that are associated with specifically identified, potentially active seismic

sismiques potentiellement actives et bien identifiées. La PSHA aide à identifier les scénarios utilisables dans le cadre d'une analyse déterministe, sachant qu'il y aura plusieurs scénarios à envisager lors de l'évaluation de la réponse sismique d'un barrage. Les scénarios mettent en jeu différentes sources sismiques et une estimation des mouvements du sol sur le site de l'ISR.

Les mouvements de sol estimés sur le site de l'ISR sont associés à une incertitude épistémique (qui résulte de l'incertitude des valeurs produites par la modélisation des sources et des mouvements du sol) ainsi qu'à une variabilité aléatoire (qui résulte de la variabilité des conditions qui prévalent sous la surface entre la source sismique et le site). Les méthodes modernes d'analyse de l'aléa sismique tiennent compte de ces incertitudes en estimant les mouvements du sol à l'aide de plusieurs modèles (EPMS) et en retenant la valeur moyenne des résultats obtenus à laquelle est ajouté un multiple de l'écart type. Lors d'une DSHA, les déplacements du sol les plus communément appliqués pour la définition des critères de conception d'une ISR sont les mouvements appartenant au 50e percentile et au 84e percentile (moyenne plus un écart type). Il reste donc une probabilité statistiquement significative que les mouvements du sol engendrés par un séisme donné puissent être plus importants que les déplacements correspondant à la borne du 84e percentile, et là encore, la PSHA peut s'avérer utile pour informer la sélection d'un mouvement du sol approprié aux fins de conception. La PSHA prévoit également l'application de plusieurs modèles de déplacements du sol. Les déplacements obtenus sont habituellement présentés sous la forme de valeurs moyennes pour différentes périodes de retour, mais les courbes de risque peuvent être présentées pour divers fractiles – habituellement jusqu'à trois fois l'écart type – et les valeurs d'accélération spectrale choisies.

5.7.2. Séisme maximum crédible

La méthode de la DSHA s'applique typiquement pour la sélection du séisme maximum crédible (SMC). Le SMC est habituellement défini comme étant « le séisme de plus grande magnitude raisonnablement concevable qui est considérée comme possible le long d'une faille connue ou au sein d'une province tectonique définie géographiquement, appartenant à la structure tectonique présumée ou présentement connue » (CIGB, 2016).

On pense parfois à tort que le SMC est toujours associé à une fréquence d'occurrence très faible. Dans certaines situations, en particulier le long des frontières entre les plaques tectoniques, le SMC peut en fait survenir assez fréquemment (avec des intervalles d'occurrence relativement courts). Dans l'Ouest de l'Amérique du Nord, par exemple, les SMC peuvent être espacés d'un intervalle de l'ordre de 200 ans, tandis qu'au Pérou et au Chili, les intervalles de récurrence des SMC sont souvent de l'ordre de 1 000 à 2 500 ans, voire moins. Dans les régions plus stables sur le plan géologique, les intervalles de récurrence peuvent être de l'ordre de 100 000 ans, voire même plus longs. Le SMC n'est pas choisi en fonction d'une quelconque probabilité de dépassement sur une année, mais les déplacements du sol qui en résultent peuvent être comparés aux déplacements du sol calculés dans le cadre d'une PSHA menée conjointement avec une période de retour associée. Dans certains cas, les mouvements du sol engendrés par le SMC peuvent être beaucoup plus faibles que, par exemple, les mouvements du sol associés à un séisme probable tous les 10 000 ans. Dans d'autres cas, ils seront beaucoup plus importants. Il faut faire preuve de discernement et posséder une grande expertise technique pour traiter convenablement ces cas.

Il y a une différence entre le SMC et les mouvements du sol résultant du SMC sur un site donné. Le SMC à la source du séisme (épicentre) et les effets de cet événement sont ressentis à des distances importantes de l'épicentre. Les mouvements du sol à un endroit donné sont habituellement exprimés sous la forme d'une accélération, ou plus précisément sous la forme d'un spectre de réponses qui tient compte du spectre des périodes fondamentales (ou fréquences fondamentales, suivant la convention adoptée) ressenties à cet endroit. L'estimation des mouvements du sol à l'endroit considéré s'effectue à l'aide d'une ou plusieurs EPMS – l'usage actuel consistant à utiliser au moins trois équations appropriées – puis en adoptant la valeur médiane (50e percentile) ou la valeur moyenne à laquelle on a ajouté un multiple de l'écart type, typiquement, le 84e percentile. Le Bulletin 148 de la CIGB (CIBG, 2016), USSD (2022) et d'autres références citées dans au chapitre 13 du présent bulletin offrent des explications plus détaillées sur ce sujet.

sources. A PSHA is helpful in identifying scenarios for use in a deterministic analysis, recognizing that there may be several scenarios to be considered when assessing the seismic response of a dam. The scenarios include different earthquake sources, and the estimation of the ground motion effects at the TSF.

The estimation of the ground motions at a TSF site are associated with epistemic uncertainty (which is due to uncertainty in the source models and ground motion models), as well as aleatory variability (which is due to variability in the subsurface conditions between the source and the site). Modern seismic hazard analysis addresses uncertainty by estimating the ground motions using multiple ground motion models (i.e., ground motion prediction equations) and considering the mean plus some multiple of the standard deviation. When a DSHA is used, the most common ground motions applied to TSF design criteria are the 50th percentile ground motion and the 84th percentile ground motion (mean plus one standard deviation). Thus, there remains a statistically significant probability that the ground motions from a given earthquake event could be higher than even the 84th percentile ground motion, and again the PSHA may be useful in guiding the selection of an appropriate design ground motion. Multiple ground motion models are also applied in a PSHA, and the resulting ground motions are usually presented as mean values for varying return periods, although hazard curves may be presented for various fractiles, typically up to three standard deviations, for selected spectral acceleration values.

5.7.2. Maximum Credible Earthquake

The DSHA method is typically applied in the selection of a Maximum Credible Earthquake (MCE). The MCE is commonly defined as "the largest reasonably conceivable earthquake magnitude that is considered possible along a recognized fault or within a geographically defined tectonic province, under the presently known or presumed tectonic framework" (ICOLD, 2016). Many regulations and older dam safety guidelines will require dams and tailings dams to consider the MCE in design, especially for facilities with high potential downstream consequence.

The MCE is sometimes mistakenly thought to always have a very infrequent occurrence. However, in certain settings, especially along tectonic plate boundaries, the MCE may reoccur on a relatively frequent basis (i.e., be associated with a relatively low recurrence interval). For example, in Western North America, MCE events may correspond to recurrence intervals on the order of 200 years, and in Peru and Chile, recurrence intervals for MCE are commonly in the range of 1,000 years to 2,500 years or less. In more stable geologic environments, recurrence intervals may be on the order of 100,000 years or greater. The MCE is not selected based on any specific AEP; however, the ground motions resulting from the MCE can be compared to the ground motions calculated from a companion PSHA with associated return period. In some cases, the MCE ground motion may be substantially lower than, for example, a 10,000-year earthquake ground motion, and in other cases, it may be significantly higher than a 10,000-year ground motion. Significant engineering judgment and expertise is required in these cases.

There is a difference between the MCE and the ground motion at a location of interest that results from the MCE event. The MCE event at the location of a seismic source (e.g., at an epicenter), and the effects of that event are felt for significant distances from the epicenter. The ground motion at a location of interest is typically expressed as the acceleration, or more accurately by a response spectrum that considers the spectrum of fundamental periods (or frequency depending on the convention), experienced at that location. The estimation of the ground motion at the location is made using one or more Ground Motion Prediction Equations (GMPE's) — current accepted practice is to use at least three appropriate GMPE's — and to use either the median (50th percentile) value or the mean plus a multiple of the standard deviation, typically the 84th percentile. Further guidance on this subject is available in ICOLD Bulletin 148 (ICOLD, 2016), USSD (2022), and other references cited in Section 13 of this Bulletin.

5.7.3. Évaluation des risques spécifiques au site

La sismicité doit être évaluée pour toutes les ISR, quel que soit leur classement en fonction du niveau des conséquences d'une éventuelle rupture. Des modèles de simulation des risques sismiques ont été développés par des organismes nationaux (tels que le Geological Survey des États-Unis et Geoscience Australia) pour les codes de construction des bâtiments. Ces modèles prennent en compte des probabilités annuelles de dépassement de 1/475 ou 1/2475, mais pas plus faibles. Ces études à l'échelle nationale peuvent être utiles pour des études de conception et de planification, mais elles ne remplacent pas les analyses d'aléa sismique spécifiques au site et peuvent ne pas être appropriées pour la conception de certaines ISR. Les parcs à résidus font habituellement l'objet d'exigences plus rigoureuses, notamment la prise en compte de probabilités annuelles de dépassement beaucoup plus faibles, un traitement plus détaillé des incertitudes épistémiques concernant les sources sismiques et la mise en œuvre de modèles de déplacement du sol et de représentations spécifiques au site des conditions qui y règnent.

L'analyse de l'aléa sismique spécifique au site d'une ISR doit comprendre:

- la compilation et l'examen des données historiques et de la littérature documentant l'aléa sismique dans la région autour du site;
- la création d'un catalogue des séismes passés, après élimination des chocs précurseurs et des répliques;
- une évaluation des conditions tectoniques et l'identification des failles potentiellement actives susceptibles d'avoir un impact sur le site;
- la caractérisation des sources sismiques locales et régionales, comprenant les failles et les sources de séisme, dans un rayon d'au moins 300 km autour du site;
- la sélection d'un ensemble d'équations de prévision des mouvements du sol (EPMS) convenant au contexte sismotectonique régional;
- pour la DSHA, l'identification d'un ou plusieurs séismes correspondant à un scénario et du ou des niveaux d'amplitude des mouvements du sol aux fins de conception (souvent choisis égaux à la moyenne logarithmique plus un écart type, ou au niveau du 84e percentile des mouvements du sol) et le développement des spectres de réponse du mouvement du sol pour ces niveaux d'intensité;
- pour la PSHA, le traitement des incertitudes épistémiques par la construction et la justification d'un arbre logique;
- pour la PSHA, le calcul des courbes d'aléa et des spectres d'aléa uniforme montrant les fractiles de l'aléa, pour plusieurs probabilités annuelles de dépassement, allant typiquement de 1/100 an à 1/10000 an ou moins;
- la préparation de séries chronologiques des accélérations (et, habituellement, des vitesses et des déplacements) pour les niveaux nominaux identifiés par l'ID aux fins des analyses de conception.

La science de l'analyse de l'aléa sismique continue d'évoluer et la base de données rassemblant les gros séismes survenus dans les zones bien instrumentées s'agrandit de jour en jour. La publication d'une étude importante de sismicité, en particulier s'il s'agit d'une étude incorporant des données issues d'un ou plusieurs grands tremblements de terre, doit motiver la révision du séisme de conception nominal adopté pour les installations de stockage des résidus et pourra éventuellement justifier la mise à jour de l'analyse de l'aléa sismique et possiblement la réévaluation de la conception en tirant profit des dernières connaissances en matière d'aléa sismique. Des recommandations supplémentaires concernant l'analyse de l'aléa sismique sont fournies dans les documents cités dans la section Références du présent bulletin.

Le paragraphe 7.8.3 offre des conseils concernant la sélection d'un séisme de conception et des paramètres connexes pour différentes catégories de conséquences.

5.7.3. Site Specific Hazard Assessment

Seismicity must be evaluated for TSFs of all consequence classifications. National seismic hazard models (such as those developed by the United States Geological Survey and Geoscience Australia) are developed for use in building codes that typically address AEP's of 1/475 or 1/2,475, but no lower. Although these national-scale studies may be useful for conceptual design and planning studies, they do not constitute site-specific seismic hazard analyses and may not be appropriate for use in a TSF design. Tailings dams typically have more stringent requirements including consideration of much lower AEP's, more detailed treatment of epistemic uncertainty in earthquake source and ground motion models, and site-specific representation of local site conditions.

Site-specific seismic hazard analysis for a TSF should include:

- Compilation and review of historical data and literature on seismic hazard in the region surrounding the site.
- Development of a catalog of historical earthquake records, declustered from foreshocks and aftershocks.
- Assessment of tectonic conditions and identification of potentially active faults that could influence the site.
- Characterization of the local and regional seismic sources, including both fault sources and distributed earthquake sources, within a radius of no less than 300 km around the site.
- Selection of a set of Ground Motion Prediction Equations (GMPE) suitable for the regional seismotectonic context.
- For DSHA, the identification of one or more scenario-based earthquakes and the ground-motion intensity level(s) for design purposes (often selected as the logarithmic mean plus one standard deviation, or the 84th percentile ground-motion level), and development of ground-motion response spectra for these intensity levels.
- For PSHA, the treatment of epistemic uncertainties through the definition and justification of a logic tree.
- For PSHA, the computation of hazard curves and Uniform Hazard Spectra (UHS) showing fractiles of the hazard, for multiple AEP's, typically ranging from 1/100 years to 1/10,000 or less.
- The development of time histories of acceleration (and typically velocity and displacement) for the design levels identified by the EOR for use in design analyses.

The science of seismic hazard analysis continues to evolve and the database of large earthquakes in highly instrumented areas continues to expand. The release of a major seismicity study, especially one that incorporates data from one or more recent large earthquakes, should trigger review of the design earthquake for tailings facilities, and may justify an updated seismic hazard analysis and possibly re-evaluation of the design using the latest state of knowledge on seismic hazard. Further guidance on performing seismic hazard analysis may be found in the various literature cited in the Reference section of this Bulletin.

Section 7.8.3 provides guidance on the selection of a design earthquake and related parameters for different consequence categories.

6. CARACTÉRISATION DES RÉSIDUS

6.1. INTRODUCTION

Les caractéristiques des résidus ont une profonde incidence sur les performances géotechniques et environnementales d'une ISR. La manière dont elles affectent l'intégrité structurale est critique pour les installations construites selon la méthode amont puisque les résidus y forment tout ou partie de la portion structurale du barrage. La rhéologie des résidus en place et leurs caractéristiques de liquéfaction et d'écoulement sont importantes pour les études de formation des brèches dans les barrages dont les résultats contribuent au classement des ouvrages en fonction du niveau des conséquences d'une rupture et aident à l'élaboration des plans de préparation aux situations d'urgence. Les caractéristiques des résidus et plusieurs paramètres connexes doivent être connus pour prévoir et gérer correctement les performances des ISR sur l'ensemble de leur cycle de vie. Ce chapitre décrit les principales composantes de la caractérisation qui constituent la base des pratiques acceptées pour la conception et l'évaluation des ISR.

Il est important de reconnaître que le classement des résidus est un processus dynamique et que leurs propriétés peuvent être modifiées par un changement du type de minerai, du procédé de traitement ou de la méthode de déposition qui entraînent des variations spatiales dans la répartition des résidus en fonction de leurs caractéristiques à l'intérieur de l'installation et tout au long de son cycle de vie.

La caractérisation des résidus doit être incorporée au modèle géologique du site et au modèle de conception géotechnique (paragraphes 5.5.2 et 5.5.3).

Les caractéristiques géotechniques des résidus qui doivent être correctement déterminées dans le cadre de la conception de nouvelles installations ou de l'évaluation d'installations existantes comprennent au minimum les propriétés suivantes:

- propriétés physiques (classement des sols, densité, granulométrie, limites d'Atterberg, teneur en eau, friabilité, sensibilité, etc.);
- comportement en consolidation (relations entre l'indice des vides et la contrainte effective);
- conductivité hydraulique et propriétés connexes;
- résistance au cisaillement et comportement en déformation, y compris une éventuelle friabilité, ainsi que la susceptibilité à la liquéfaction statique ou cyclique.

Le développement de paramètres géotechniques représentatifs doit s'appuyer sur une combinaison d'essais en laboratoire et *in situ*, l'examen des cas décrits dans la littérature technique et éventuellement des simulations et des modélisations numériques. Le comportement géotechnique des résidus *in situ* dépend de plusieurs facteurs: l'indice des vides, le degré de saturation, la structure interparticulaire (la fabrique du sol), la minéralogie particulaire, la forme des particules, la friabilité et autres. Parmi ces facteurs, l'indice des vides *in situ* – en particulier l'indice des vides à l'état critique – est celui qui influe le plus sur la résistance au cisaillement et le potentiel de liquéfaction, comme il sera discuté dans la section 7.9 et les annexes A et B.

Lors du développement de nouveaux projets, aucun stérile ne peut bien sûr être testé *in situ* et il faut donc se replier sur les essais en laboratoire et les études de cas. Durant l'exploitation de l'installation, il est important d'effectuer des essais *in situ*, des échantillonnages et des essais de confirmation en laboratoire pour vérifier la validité de la caractérisation effectuée durant la phase initiale de conception et déterminer si une mise à jour de la caractérisation est requise. Pour les

6. TAILINGS CHARACTERIZATION

6.1. INTRODUCTION

Tailings characteristics have a significant impact on the geotechnical and environmental performance of a TSF. The impact on structural integrity is critical for upstream tailings dams where the tailings form some or all of the structural portion of the dam. The rheology of in-place tailings and their liquefaction/flow characteristics are important for dam breach studies, which in turn impacts the consequence classification and emergency preparedness plans. Tailings characteristics and related parameters must be understood to predict and manage performance of the facility over the TSF life phases. This section describes the key characterization components that form the basis for accepted practices for TSF design and evaluation.

It is important to recognize that classification of tailings is a dynamic process and changes to tailings properties may occur due to changes in ore types, processing technologies, and deposition practices that result in variations in tailings classification spatially within the tailings facility over its lifecycle.

The tailings characterization should be included in the Site Geological Model and Geotechnical Design Model (Section 5.5.2 and Section 5.5.3).

The engineering properties of tailings that should be adequately characterized for design of new facilities or evaluation of existing facilities include, at a minimum:

- Index properties (soil classification, specific gravity, gradation, Atterberg limits, water content, brittleness, sensitivity, etc.

- Consolidation behavior (void ratio versus effective stress relationships).

- Hydraulic conductivity and related properties.

- Shear strength and deformation behavior, including potential for brittle behavior, and the susceptibility to cyclic and/or static liquefaction.

Development of representative geotechnical parameters of interest should involve a combination of laboratory testing, in situ testing, review of case history data in the technical literature, and consideration of potential computer simulations and modeling. The engineering behavior of in situ tailings is dependent on several factors: the void ratio, degree of saturation, interparticle structure (soil fabric), particle mineralogy, particle shape, brittleness, and other factors. Of these, the in situ void ratio — especially in relation to the critical state void ratio — is the most influential on shear strength and the potential for liquefaction to occur, as discussed further in Section 7.9 and Appendices A and B.

For development of greenfield projects, in situ testing of the tailings materials is not possible and laboratory testing and case histories must be heavily relied on. During operations it is important to conduct in situ testing, sampling, and confirmation testing in the laboratory to confirm whether the characterization performed during initial design stage is valid and whether updates to the characterization is warranted. For existing facilities, it may be challenging to retrieve and

installations existantes, il peut s'avérer difficile de recueillir et de transporter des échantillons et de reproduire en laboratoire l'état de contrainte et les conditions qui refléteraient l'hétérogénéité et les propriétés du site. Les mesures *in situ* sont donc vitales pour la compréhension et l'interprétation du comportement des résidus dans les ISR existantes.

La section 6.4 offre des recommandations supplémentaires pour la caractérisation des paramètres géotechniques intéressants pour les résidus, les remblais stabilisés et les sols d'assise dont dépend la stabilité.

6.2. CLASSIFICATION DES STÉRILES

6.2.1. Principes clés

Généralement, le classement des résidus s'effectue en fonction de deux caractéristiques principales – leur comportement géotechnique et leur comportement géochimique – qui sont liées et qui ne doivent pas être considérées séparément. La caractérisation des résidus doit commencer par les propriétés physiques et géotechniques de base des matériaux à gérer puis s'appuyer sur des évaluations plus détaillées suivant les besoins et les circonstances spécifiques du projet. Le classement géotechnique des résidus offre un cadre de travail pour l'identification et l'application des paramètres géotechniques correspondant aux différents types de résidus.

6.2.2. Classification géotechnique

Les propriétés physiques des résidus dépendent principalement de la minéralogie de la roche hôte (le minerai), des procédés utilisés pour le concassage mécanique et des processus miniers tels que la lixiviation, l'oxydation, la flottation et d'autres procédés utilisés pour optimiser l'extraction. Les produits chimiques utilisés dans le cadre du traitement peuvent également avoir un effet secondaire sur le comportement des résidus et ces effets peuvent devenir importants, par exemple dans le cas des résidus de nickel latéritique et des résidus d'alumine.

La détermination des propriétés physiques (granulométrie, limites d'Atterberg, densité des solides du sol, etc.) constitue la première étape de la caractérisation des propriétés géotechniques des résidus. Dans le cas d'installations existantes, il faut également évaluer la teneur en eau *in situ*, la densité sèche (ou indice des vides) *in situ* et le degré de saturation. Il faut recueillir un nombre suffisant d'échantillons pour caractériser la variabilité et les incertitudes pour tous les types de résidus et toutes les propriétés géotechniques qui peuvent avoir un effet important sur la conception et les performances de l'ISR.

Ces cinq types généraux de résidus, qui reflètent leurs propriétés physiques (granulométrie, plasticité, degré de consolidation). Le Table 6.1., Figure 6.1, et Figure 6.2, extraites du Bulletin 181, illustrent respectivement les plages de granulométrie et de plasticité (limites d'Atterberg) correspondant à ces types généraux. Cette classification offre un cadre de travail utile pour la prévision du comportement général des résidus durant le processus de conception et la sélection de la technique de stockage. Les propriétés de chaque type de résidus ont été répertoriées à partir de données historiques. Le Bulletin 181 offre une série de graphes illustrant certaines d'entre elles, avec les comportements connexes attendus, pour les matériaux typiques rencontrés chez chacun de ces types. Les graphes idéalisés consultables dans le Bulletin 181 permettent d'estimer les paramètres indicatifs de caractéristiques importantes telles que la densité initiale à l'état tassé, la pente des berges, la conductivité hydraulique, le coefficient de consolidation, l'indice des vides en fonction de la contrainte effective, la limite d'élasticité et d'autres relations similaires. Les paramètres estimés à l'aide des graphes fournis dans le Bulletin 181 peuvent être utilisés pour le prédimensionnement des installations, l'élaboration conceptuelle de la gestion de l'ISR, l'inventaire des difficultés potentielles, l'évaluation des risques et d'autres activités de planification initiale, mais ils ne peuvent remplacer les données spécifiques obtenues dans le cadre de la caractérisation complète des propriétés des résidus du site.

transport samples and then accurately replicate the stress state and conditions that reflect the in-situ heterogeneity and properties. Therefore, in situ measurements are vital to understanding and interpreting the behavior of tailings in existing TSFs.

Section 6.4 provides further guidance for characterizing the geotechnical parameters of interest for tailings, as well as engineered fills and foundation soils that affect stability.

6.2. CLASSIFICATION OF TAILINGS

6.2.1. Key principles

Generally, the classification of tailings is made based on two broad categories, geotechnical behavior and geochemical behavior, which are interrelated and should not be considered in isolation. Characterization of the tailings should begin with the physical and basic engineering properties of the materials to be managed and progress into more detailed assessment, depending on the project-specific needs and circumstances. Geotechnical classification of tailings provides a framework for identification/application of geotechnical parameters that correspond to types of tailings.

6.2.2. Geotechnical Classification

The physical properties of tailings are governed primarily by the mineralogy of the host rock (ore) ,mechanical grinding, and mineral processes such as leaching, oxidation, flotation and other processes used to optimize mineral recovery. The chemicals used in processing may also have secondary effects on the tailings deposition properties, e.g., laterite nickel tailings and alumina residue.

Determination of physical and index properties (e.g., particle size analysis, Atterberg limits, specific gravity of soil solids, etc.) are the first step in characterizing the geotechnical properties of tailings. For existing facilities, additional parameters to be evaluated include in situ water content, in situ dry density (or void ratio), and degree of saturation. The number of test samples taken should be sufficient to characterize variability and uncertainty in the range of tailings types and geotechnical properties that may have a significant effect on TSF design and performance.

ICOLD Bulletin 181 has classified tailings into five broad types depending on their physical properties (e.g., particle size, plasticity, consolidation), and these five categories, summarized in Table 6.1., Figure 6.1, and Figure 6.2 reproduced from Bulletin 181, provide ranges of particle size distribution (gradation) and plasticity (Atterberg limits), respectively, that correspond to these general categories. This classification system provides a useful framework for predicting general behavior of the tailings during the design process and during alternative selection. Estimates of various tailings properties for each tailings type have been developed based on historical data, and a series of charts defining certain expected properties and behaviors for typical materials within these types are presented in Bulletin 181. The idealized charts provided in Bulletin 181 allow estimation of indicative parameters for important characteristics such as initial settled density, beach slopes, hydraulic conductivity, coefficient of consolidation, void ratio versus effective stress, yield stress, and other similar relationships. Parameters estimated using the charts in Bulletin 181 can be used for preliminary sizing of facilities, conceptual development of TSF management concepts, identification of potential challenges, risk assessments, and other initial planning activities, but do not take the place of full characterization of tailings properties based on site-specific data.

Tableau 6.1
Résumé des différents types de résidus et de leur classement géotechnique

Type de résidus	Symbole	Description (comparaison)	Exemple de minéral ou de minerai
Résidus grossiers	RG	SABLE silteux, non plastique	Sel, sables minéraux, résidus houillers grossiers, sables provenant d'un minerai de fer
Résidus de roches dures	RRD	LIMON sableux, de plasticité nulle ou faible	Cuivre, sulfure massif, nickel, or
Résidus de roche altérée	RRA	LIMON sableux, trace d'argile, plasticité faible, présence d'argile bentonite	Cuivre porphyrique avec altération hydrothermale, roches oxydées, bauxite, processus de lixiviation
Résidus fins	RF	SILT, avec des traces d'argile, plasticité faible à modérée	Fines de minerai de fer, bauxite (boue rouge), résidus houillers fins, processus de lixiviation, minerais polymétalliques métamorphosés ou altérés
Résidus ultrafins	RUF	ARGILE limoneuse et ARGILE, plasticité modérée à élevée, densité et conductivité hydraulique très faibles	Sables bitumineux (résidus fins fluides), fines de phosphate; certaines fines de kimberlite et de charbon

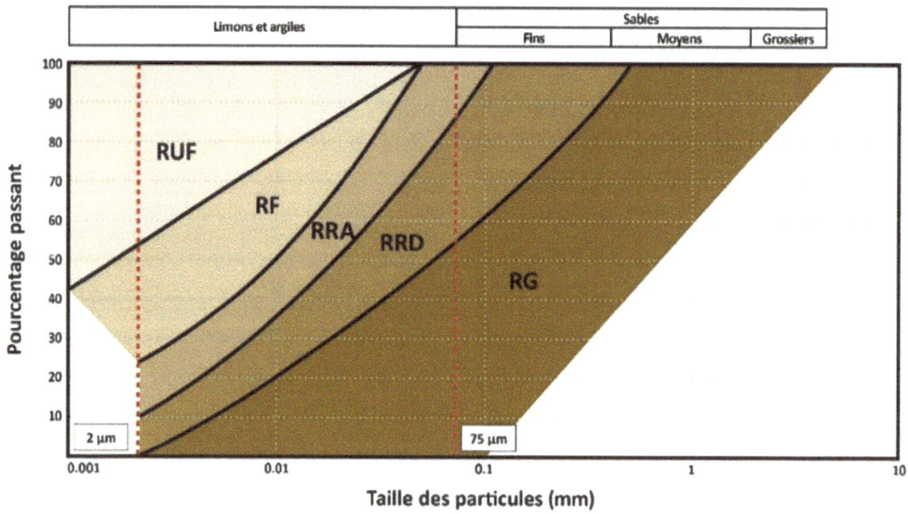

Fig 6.1
Classification indicative des différents types de résidus

Table 6.1
Summary of tailings types and geotechnical classification

Tailings Type	Symbol	Description (compare)	Example of mineral/ore
Coarse tailings	CT	Silty SAND, non-plastic	Salt, mineral sands, coarse coal rejects, iron ore sands
Hard Rock tailings	HRT	Sandy SILT, non to low plasticity	Copper, massive sulphide, nickel, gold
Altered Rock tailings	ART	Sandy SILT, trace of clay, low plasticity, bentonitic clay content	Porphyry copper with hydrothermal alteration, oxidized rock, bauxite, leaching processes
Fine tailings	FT	SILT, with trace to some clay, low to moderate plasticity	Iron ore fines, bauxite (red mud), fine coal rejects, leaching processes, metamorphosed/weathered polymetallic ores
Ultra Fine tailings	UFT	Silty CLAY to CLAY, moderate to high plasticity, very low density and hydraulic conductivity	Oil sands (fluid fine tailings), phosphate fines, some kimberlite and coal fines

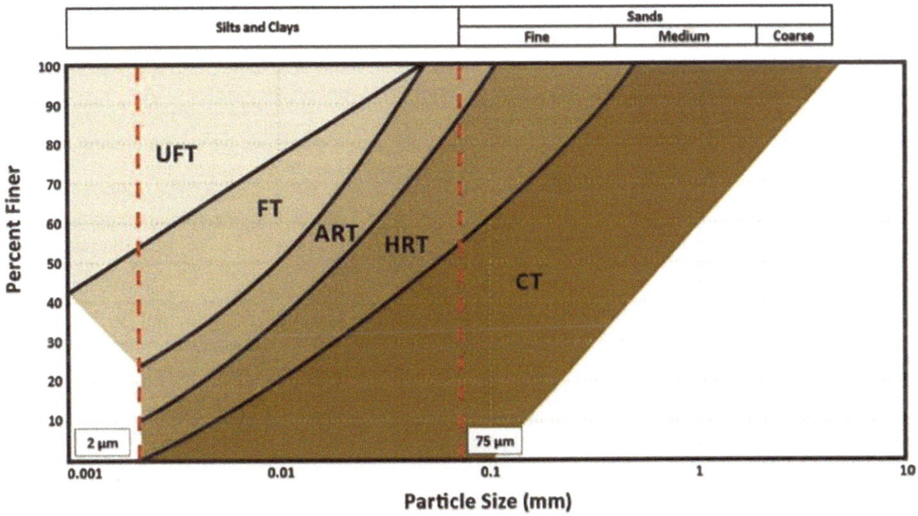

Fig 6.1
Indicative gradation ranges for tailings classification types

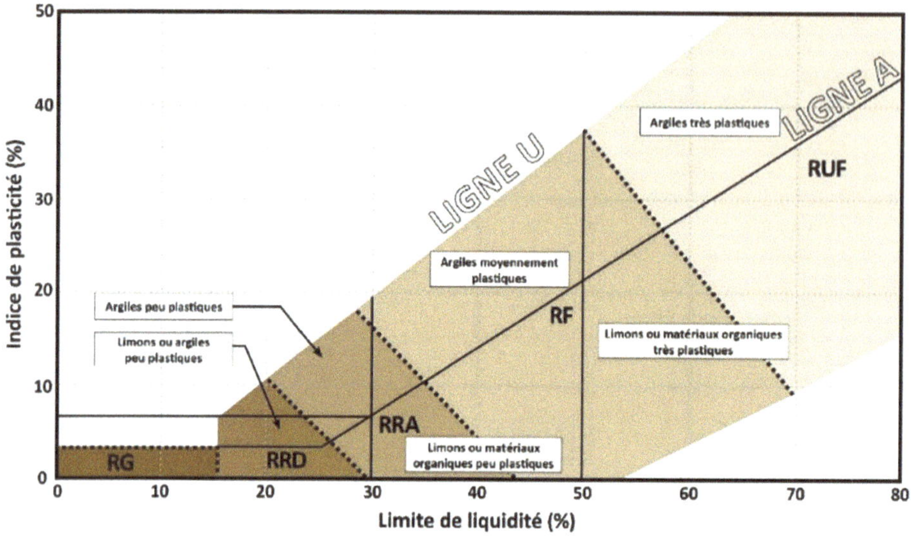

Fig 6.2
Graphe de la plasticité aux fins de classement des résidus

6.2.3. Classification géochimique

La caractérisation géochimique des résidus est nécessaire pour déterminer les possibilités de lixiviation des métaux et de drainage rocheux acide (LM/DRA, ou drainage acide et métallifère [DAM]) en envisageant des conditions neutres et des conditions potentiellement acides. Le drainage rocheux acide est un processus naturel qui peut être accéléré dans certains déchets miniers, notamment les résidus. Une production d'acide peut survenir lorsque des minéraux contenant des sulfures ou du soufre élémentaire sont altérés par l'oxygène ou l'eau. L'oxydation du souffre et la précipitation de sels ferriques se traduisent par une augmentation de l'acidité. Le drainage rocheux acide survient lorsque l'acidité résultante est entraînée par l'eau qui s'écoule du dépôt de déchets dans le milieu environnant. La lixiviation des métaux est associée au drainage acide et résulte de la solubilité élevée des sels métalliques et de l'altération rapide des sulfures en conditions acides. Les précipités formés lors du drainage acide peuvent entraîner le colmatage des filtres et donc une réduction de la stabilité du barrage. La lixiviation des métaux peut également intervenir en milieu neutre, auquel cas on parle alors de « drainage neutre ».

Le drainage acide et la lixiviation des métaux qui l'accompagne résultent de deux types de réactions respectivement « acidogènes » (oxydation des sulfures) et neutralisantes (dissolution minérale). Les activités de caractérisation consistent à déterminer la minéralogie des résidus, à répertorier les réactions chimiques susceptibles de survenir avec le temps si les matériaux ont un accès illimité à l'oxygène et à l'eau et à déterminer si des matériaux neutralisants sont présents et si c'est le cas, dans quelle mesure ils pourront contrecarrer les réactions acidogènes.

La caractérisation des résidus doit être menée de concert avec des analyses de la qualité de l'eau de procédé et ces analyses doivent tenir compte de la possibilité de modifications géochimiques sur le long terme. Les analyses géochimiques sont habituellement basées sur une combinaison d'essais « statiques » et d'essais « cinétiques ». Les essais statiques consistent à soumettre des échantillons à des essais permettant d'aboutir à un bilan acide-base (BAB) et à une analyse permettant de déterminer leur teneur totale en métal. Lors des essais cinétiques, des tests en cellule humide sont effectués pour simuler les réactions d'oxydation qui surviendraient en cas d'exposition de matériaux sulfuriques à l'environnement. Les essais cinétiques sont conçus de manière à vérifier le potentiel de DAM en accélérant la production d'acide dans les matériaux contenant des sulfures de manière

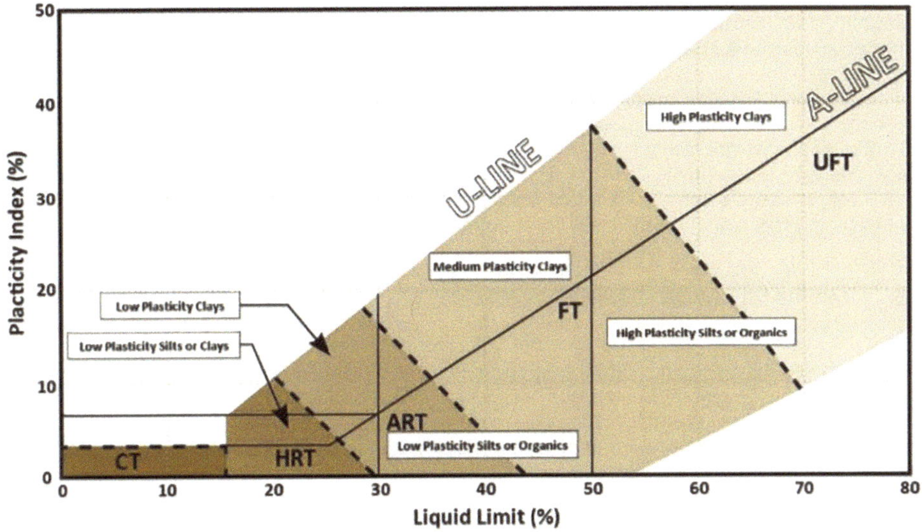

Fig 6.2
Indicative plasticity chart for tailings classification

6.2.3. Geochemical Classification

Geochemical characterization of tailings is required to determine the potential for metal leaching and acid rock drainage (AMD, also known as acid and metalliferous drainage (AMD) with consideration for both neutral and potentially acidic conditions. AMD is a naturally occurring process that can be accelerated in some mine waste materials, including tailings. Acid generation occurs when minerals containing sulphide or elemental sulphur are exposed to the weathering effects of oxygen and water. The oxidation of sulphur and precipitation of ferric iron generates acidity. AMD occurs when the resulting acidity is entrained by water that flows out of a waste deposit into the surrounding environment. Metal leaching is associated with acidic drainage due to high metal solubility and sulphide weathering rates under acidic conditions. Precipitates from acid drainage can lead to clogging of filters leading to a reduction in stability of the dam. Metal leaching can also occur in neutral pH settings and is referred to as Neutral Drainage.

The generation of acid drainage and associated metal leaching is the net result of two types of reactions broadly referred to as acid generating (sulphide oxidation) and acid neutralizing (mineral dissolution). Characterization efforts focus on understanding the mineralogy of the tailings; assessing the chemical reactions that are expected to occur over time, assuming the materials have free access to water and oxygen; and assessing whether and to what degree there are accompanying acid-neutralizing materials that can offset the acid-generating reactions.

Tailings geochemical characterization should be carried out in conjunction with process water quality testing, and the testing should recognize the potential for longer-term geochemical changes. Geochemical testing typically proceeds using a combination of so-called "static" and "kinetic" testing methods. Static testing involves subjecting test specimens to Acid-Base Accounting (ABA) tests and total metal content analysis. In kinetic tests, humidity cell tests are used to simulate the oxidation reactions that would occur upon exposure of sulphidic materials to the environment. Kinetic tests are designed to verify the AMD potential by enhancing and accelerating the rate of acid generation in

à obtenir des résultats dans un délai convenable et pouvoir modéliser les impacts envisageables. La sélection des échantillons et leur représentativité sont importantes pour l'extrapolation ultérieure des résultats au gisement et aux résidus déposés tout au long du cycle de vie de l'ISR.

La caractérisation géochimique des résidus est une étape nécessaire de la conception de l'ISR, mais le présent bulletin a pour objet principal la sécurité et la stabilité des barrages. Le Bulletin 181 offre des renseignements supplémentaires sur la caractérisation géochimique et le *Global Acid Rock Drainage Guide* (INAP, 2014) – version anglaise disponible gratuitement sur www.gardguide.com – est considéré comme la référence internationale pour la prévision, la prévention et la gestion du drainage minier acide dans les résidus et autres résidus miniers.

6.3. ESSAIS EN LABORATOIRE ET *IN SITU*

Un des défis à surmonter lors de la caractérisation des résidus produits par de nouvelles exploitations minières vient du fait que les essais sont effectués sur des échantillons issus de pilotes qui ne reflètent pas nécessairement ce que seront les propriétés *in situ*. Par exemple, le dépôt hydraulique des résidus, en particulier de ceux ne renfermant qu'une faible fraction de boues solides, entraîne habituellement une ségrégation importante, les particules les plus grosses ou les plus denses étant déposées près du point de dépôt et les matériaux plus fins étant transportés vers le bassin de décantation ou vers les parties plus basses du bassin de stockage.

Plus la densité de la boue contenant les résidus est faible (c.-à-d., plus il y a de l'eau par rapport à la fraction solide), plus la ségrégation durant le dépôt hydraulique sera prépondérante. Les matériaux présents dans le bassin de résidus pourront donc différer substantiellement de ceux ressortant des essais pilotes ou des échantillons bruts recueillis avant dépôt. Donc même dans le cas de résidus dits «grossiers», «de roches dures» ou «de roche altérées», comme mentionné dans le Table 6.1, l'ISR présentera une structure très hétérogène avec des zones remplies de résidus relativement grossiers ou relativement fins avec habituellement des matériaux intermédiaires en plus ou moins grandes quantités et une structure le plus souvent très stratifiée (interlitée), en particulier si les points de dépôt sont alternés autour de la retenue. Les dépôts de particules grossières se comporteront différemment des dépôts de particules fines (habituellement nommés «limons»). Une inhomogénéité plus prononcée pourra se retrouver avec les «résidus fins» et les «résidus ultra fins» et lorsqu'une séparation mécanique (par cyclone) est mise en œuvre ou lorsque des boues relativement denses sont déchargées (dépôt ultra dense).

Les programmes d'essais en laboratoire doivent refléter la gamme complète des résidus susceptibles d'être rencontrés sur le site de l'installation. Dans le cas des nouvelles installations, il est nécessaire de développer des sous-matériaux idéalisés basés sur les échantillons obtenus à l'issue d'essais itératifs en cycle fermé ou de résidus analogues provenant d'autres sites. Dans le cas des installations existantes, il faudra mettre sur pied un programme de reconnaissances qui devra aboutir à une description adéquate des divers matériaux et des conditions rencontrés dans le dépôt de résidus.

Les propriétés des résidus *in situ* sont habituellement déduites des relevés sur le terrain, qui comprennent des essais de pénétration statique au piézocône avec mesure de la pression interstitielle (CPTu), des essais de pénétration dynamique au cône (SPT), des essais scissométriques en place et des méthodes moins fréquemment utilisées telles que l'essai au pressiomètre, l'essai au dilatomètre et autres. Les CPTu sont largement reconnus comme étant les plus fiables, reproductibles et adaptables pour caractériser le comportement des matériaux *in situ*. L'appareil utilisé pour les essais CPTu peut être modifié pour effectuer des mesures géophysiques telles que la mesure de la vitesse des ondes de cisaillement et de compression (l'acronyme anglais SCPTu est utilisé lorsque l'instrument est équipé d'un géophone permettant de mesurer la vélocité des ondes sismiques). Les essais CPTu présentent l'inconvénient de ne pas permettre de caractériser directement le comportement contrainte-déformation, celui-ci étant habituellement déduit d'une estimation basée sur des corrélations et l'expérience technique des experts, notamment avec des résidus similaires. Il peut être justifié, dans certains cas, de procéder au calage de corrélations spécifiques au site ou aux matériaux à l'aide d'un boitier d'étalonnage afin d'améliorer la fiabilité des données issues des essais SCPTu. Cet exercice pourrait devenir plus fréquent dans l'avenir (mais il ne fait pas pour l'instant partie des pratiques standards adoptées pour la conception des ISR).

sulphide-containing material so that results can be obtained in a timely manner to allow modeling of future impacts. Sample selection and sample representativeness are important to allow extrapolation of the testing to the orebody and the deposited tailings over the life of the TSF.

While geochemical characterization of tailings is a necessary part of a TSF design, the focus of this bulletin is primarily on dam safety and stability. Bulletin 181 provides additional information on geochemical characterization, and the Global Acid Rock Drainage (GARD) guide (INAP, 2014) — available free of charge at www.gardguide.com — is considered the international standard for predicting, preventing, and managing acid mine drainage in tailings and other mine wastes.

6.3. LABORATORY TESTING AND IN SITU TESTING

One of the challenges of characterizing tailings for greenfield projects is that testing is done on pilot-scale tailings samples that do not necessarily reflect the in situ properties. For example, hydraulically deposited tailings, particularly at low percent solid slurries, typically results in significant segregation with coarser particles and/or higher specific gravity particles deposited near the discharge point, and finer material being transported towards the decant pond or in low elevation portions of the impoundments.

The lower the density of the tailings slurry (i.e., the more water relative to the solid fraction), the greater the degree of segregation that occurs during hydraulic deposition. As a result, the materials in the tailings impoundment may be substantially different than indicated from the pilot scale testing or from bulk samples collected prior to deposition. So, even with a tailings material generally classified as “coarse tailings”, “hard rock tailings” or “altered rock tailings”, as in Table 6.1, there will frequently be a high degree of heterogeneity in the TSF with zones of comparatively “coarse” tailings, comparatively “fine” tailings, and usually some degrees of intermediate materials, most often in a highly layered (interbedded) structure, particularly if the discharge points are rotated spatially within the impoundment area. Deposits of coarser particles will behave differently than the fine particles (typically called “slimes”). A higher degree of homogeneity may be found with “fine tailings” and “ultra fine” tailings classifications and when mechanical separation (e.g., cycloning) is performed, or when relatively high density slurries are discharged (ultra-high density deposition).

Laboratory testing programs should reflect the full range of tailings characteristics that can exist in the facility. For greenfield developments, this means developing idealized sub-materials based on segregated lock-cycle test samples and experience with other similar tailings. For existing facilities, it means developing a site investigation program that will adequately represent the variety of materials and conditions that exist in the tailings deposit.

In situ tailings properties are typically developed from field surveys, including cone penetration testing with pore pressure measurements (CPTu), Standard Penetration testing (SPT), field shear vane tests, and less frequently used methods such as pressure meter, dilatometer, and other methods. The CPTu is widely agreed to be the most reliable, repeatable, and versatile means available to characterize in situ behavior. The CPTu device also can be modified to perform geophysical measurements such as shear wave and compressive wave velocity measurements (the acronym SCPTu and the seismic cone is used when equipped with a geophone sensor that measures seismic velocity). A disadvantage of the CPTu is the inability to directly characterize the stress-strain behavior, which is typically inferred from correlations and engineering judgment, including experience with similar tailings. Calibration of site-specific or material-specific correlations using calibration chambers may be justified in some cases to improve the reliability of the SCPTu data and may become more prevalent in the future (but is not currently part of standard practice in design).

Les essais en laboratoire portant sur les échantillons recueillis dans le cadre des programmes d'investigation sur le terrain jouent un rôle important pour la caractérisation des résidus, bien qu'ils présentent des difficultés. La plus sérieuse d'entre elles concerne l'obtention d'un échantillon non remanié représentatif des conditions *in situ*. Deux approches permettent de surmonter cette difficulté: a) recueillir soigneusement des échantillons *in situ* puis les transporter avec soin jusqu'au laboratoire sans leur infliger de perturbations détectables; ou b) reconstituer des échantillons en laboratoire pour reproduire aussi fidèlement que possible les conditions qui prévalent sur le terrain.

Une méthodologie équilibrée utilisera à la fois des échantillons prélevés *in situ* et des échantillons préparés en laboratoire pour estimer les paramètres les mieux adaptés au site. Cette approche comprend des essais triaxiaux drainés et non drainés sur divers échantillons reconstitués couvrant plusieurs types de résidus et présentant des indices des vides initiaux et des contraintes initiales variés, sans essayer de reproduire directement les conditions qui prévalent sur le site. Les résultats obtenus lors de ces essais peuvent être utilisés pour mettre sur pied un cadre de travail généralisé décrivant le comportent du sol, basé sur la mécanique des sols à l'état critique, pour les différents types de résidus, indépendamment de la densité et de l'état de contrainte *in situ*. Des essais *in situ*, tels que des CPT, peuvent ensuite être réalisés pour caractériser l'état du sol *in situ*. Après le calage des données CPT à l'aide du cadre de travail établi avec les essais en laboratoire, il est alors possible de prévoir indirectement le comportement des matériaux sur le site lorsqu'ils seront soumis à une contrainte de cisaillement.

6.4. PROPRIÉTÉS GÉOTECHNIQUES

6.4.1. Densité et consolidation in situ

Le terme «consolidation» désigne les modifications de densité (et de l'indice des vides) qui résultent de changements au niveau des contraintes appliquées. L'indice des vides est défini comme étant le volume des vides (eau et air) divisé par le volume des particules solides dans une masse donnée de matériau. L'indice des vides est inversement proportionnel à la densité sèche, donc lorsque cet indice augmente, la densité diminue, et vice versa. Lorsqu'une charge est appliquée à un dépôt de matériaux, les espaces interstitiels sont comprimés et si l'eau (incompressible) peut s'échapper, elle quittera ces espaces qui pourront alors être compressés, entraînant du même coup une diminution de l'indice des vides et une augmentation de la densité. Si tout drainage est empêché, la pression interstitielle augmente lors de la mise en charge (ce qui compense la modification de la contrainte totale et fait que la contrainte effective demeure inchangée) et aucune consolidation ne se produit (pas d'augmentation de la densité ni de diminution de l'indice des vides). En situation réelle, le drainage n'est que partiellement inhibé et la consolidation augmente avec le temps au fur et à mesure que l'eau est expulsée des pores interstitiels en fonction de la conductivité hydraulique. Ce processus est continuellement présent dans un dépôt de résidus au fur et à mesure que l'ISR se remplit. Une fois le remplissage du dépôt terminé, la consolidation peut se poursuivre sur une longue période, provoquant un affaissement de la surface et l'écoulement de l'eau provenant de la consolidation dans le milieu environnant.

La densité (ou l'indice des vides) d'un dépôt de résidus est un paramètre important pour les deux raisons principales suivantes: 1) elle affecte la masse (le tonnage) des résidus stockables dans un volume donné et 2) elle influe sur d'autres propriétés géotechniques, en particulier la résistance au cisaillement et la possibilité de liquéfaction.

Le Bulletin 181 offre une discussion des méthodes utilisées pour évaluer l'indice initial des vides et la relation entre cet indice et la contrainte effective par des essais de tassement et de consolidation. Les essais de consolidation induite par écoulement permettent de préciser la relation entre l'indice des vides et la contrainte effective pour une vaste gamme de contraintes effectives, en particulier pour les contraintes très faibles difficiles à mesurer lors des essais œdométriques conventionnels. Ces relations entre indice des vides et contrainte effective peuvent être utilisées dans les modèles pour prévoir l'évolution de la densité sèche au fur et à mesure que la retenue se remplit de boue de résidus.

Laboratory testing on samples retrieved from field investigation programs has an important role in tailings characterization, although there are challenges. The most significant challenge is obtaining an undisturbed sample that is representative of in situ conditions. There are two approaches to help address this challenge: a) carefully retrieve undisturbed in situ samples with careful transportation to a laboratory without measurable disturbance; and b) reconstitute samples in the laboratory to replicate the field conditions as reasonably as possible.

A balanced methodology utilizes both in situ and laboratory testing to estimate in situ parameters. This involves performance of drained and undrained triaxial shear strength testing on a variety of reconstituted samples covering the range of tailings gradations (e.g., types) prepared at various initial void ratios and effective stresses without attempting to directly replicate field conditions. The results of these tests can be used to develop a generalized framework of soil behavior based in critical state soil mechanics for the tailings gradation/type independent of the in situ density and stress state. In situ testing, such as CPT, can then be used to establish the state of the soil in situ, which, when calibrated with the generalized framework established using laboratory testing, can be used to indirectly estimate anticipated field behavior upon shearing.

6.4. GEOTECHNICAL PROPERTIES

6.4.1. In situ Density and Consolidation Behavior

Consolidation refers to changes in density (and void ratio) due to changes in applied stress. Void ratio is defined as the volume of voids (water and air) divided by the volume of solid particles in a soil mass. The void ratio is inversely proportional to the dry density, meaning as the void ratio increases, the density decreases, and vice versa. If a load is applied to a soil deposit, air voids will compress and, to the extent that drainage is available, water (which is incompressible) will tend to flow out of the pore spaces, the void ratio decreases and the density increases. If drainage is completely inhibited, then pore water pressures will increase under the addition of a load (offsetting the change in total stress and resulting in no change in effective stress), and consolidation (i.e., the increase in density/reduction in void ratio) does not occur. More commonly, drainage is partially inhibited, and consolidation occurs over time, as pore water pressure is expelled from the soil voids as a function of the hydraulic conductivity. This process is constantly occurring in a tailings deposit as a TSF fills over time. After filling of the deposit ends, consolidation may occur over an extended time, causing the tailings surface to settle, with release of consolidation water into the surrounding environment.

The density/void ratio of a tailings deposit is important in two primary ways: 1) it affects the mass (tonnage) of tailings that can be placed into a fixed volume and 2) it affects other engineering behaviors, most importantly shear strength and the potential for liquefaction to occur.

Bulletin 181 provides discussion of testing methods to assess the initial void ratio and the void ratio versus effective stress relationship through settling and consolidation tests. The seepage-induced consolidation test (SICT) allows characterization of the void ratio-effective stress relationship across a wide range of effective stress, particularly at very low stresses that are difficult to measure using conventional oedometer tests. The void ratio-effective stress relationships can be used in a model to predict the change in dry density over time as an impoundment is filled with tailings slurry.

6.4.2. *Conductivité hydraulique*

La conductivité hydraulique est une propriété physique des sols qui exprime l'aptitude d'un milieu à laisser passer un fluide à travers ses espaces interstitiels et ses fractures sous l'effet d'un gradient de pression hydraulique. Elle dépend fortement de l'indice des vides et de la granulométrie. Il est préférable de mesurer la conductivité hydraulique sur le terrain à cause de l'hétérogénéité intrinsèque des résidus. Elle peut également être mesurée en laboratoire et des essais de consolidation induite par écoulement permettent d'obtenir la valeur de la conductivité hydraulique pour une gamme de contraintes. D'autres méthodes de laboratoire utilisant des perméamètres à parois flexibles ou rigides et des tests de consolidation avec grandes déformations peuvent également être utilisées.

Sur le terrain, on mesure notamment la conductivité hydraulique par des essais de forage à charge variable et à charge constante ou en utilisant des obturateurs de forage (packer) dans le rocher, ce qui permet d'obtenir la conductivité hydraulique horizontale. La conductivité hydraulique peut également être déduite des essais de dissipation lors de la réalisation de CPTu.

Lorsque le milieu n'est pas saturé ou n'est que partiellement saturé, les courbes de rétention d'eau et la relation entre la conductivité hydraulique non saturée et la succion du milieu sont également nécessaires pour la modélisation de l'écoulement, des infiltrations et des effets capillaires aux fins de conception des couvertures.

6.4.3. *Résistance au cisaillement et comportement en déformation*

La résistance au cisaillement et le comportement en déformation sont des propriétés géotechniques critiques des résidus. Le sujet est néanmoins complexe et une description détaillée de la résistance au cisaillement dépasse la portée de ce chapitre. Les questions qui doivent être résolues dans le cadre de la caractérisation des résidus afin d'être en mesure de prévoir leur comportement sont les suivantes:

- Les résidus sont-ils ou seront-ils dans un état qui conduira à un comportement dilatant ou contractant lorsqu'ils seront soumis à une contrainte de cisaillement ?
- Les résidus sont-ils présentement saturés ou presque saturés ou pourraient-ils le devenir ?
- Le comportement attendu des résidus pourrait-il changer avec le temps, en particulier si les contraintes appliquées évoluent ?
- Sous chargement, les résidus sont-ils plus susceptibles de développer de l'écrouissage positif ou de l'écrouissage négatif ?
- Les résidus peuvent-ils avoir un comportement fragile ?

L'annexe A offre des recommandations plus détaillées sur la manière de caractériser la résistance au cisaillement et le comportement en déformation des résidus et autres matériaux pouvant être présents dans la zone structurale d'un barrage de stériles. L'annexe B propose des recommandations sur l'application des concepts exposés dans l'annexe A lorsque des résidus (ou d'autres matériaux) présentant un comportement contractant sont présents dans les zones structurales du barrage de stériles.

6.4.2. *Hydraulic Conductivity*

Hydraulic conductivity is a physical property of soils that measures the ability of the material to transmit fluid through pore spaces and fractures in the presence of an applied hydraulic gradient. It is heavily dependent on void ratio and particle size distribution. Hydraulic conductivity is best measured in the field, due to the inherent heterogeneity of tailings. It can also be measured in the laboratory — the SICT method described in the previous section provides hydraulic conductivity over a range of stresses. Other laboratory methods using flexible-walled or rigid-walled permeameters and large strain consolidation testing may also be used.

Field methods include falling-head and constant-head borehole conductivity tests, and borehole packer testing in bedrock, which provide estimates of horizontal hydraulic conductivity. Hydraulic conductivity properties can also be interpreted from CPTu dissipation tests.

When soils are unsaturated or partially saturated, soil moisture characteristic curves and the relationship between unsaturated hydraulic conductivity and soil suction are also needed to model flow and infiltration/capillary actions for cover designs.

6.4.3. *Shear Strength and Deformation Behavior*

The shear strength and deformation behavior of tailings is a critical aspect of geotechnical characterization of tailings. However, the subject is complex, and a full explanation of shear strength behavior is beyond the scope of this section. The critical concepts that must be understood, as part of the tailings characterization to predict the behavior of tailings, include:

- Whether the tailings exist, or will exist, in a state that results in dilative or contractive behavior during shearing.
- Whether the tailings are, or could, possibly become saturated or nearly saturated.
- Whether the expected behavior will change over time, especially with changes in the stress conditions.
- Whether the tailings are likely to shear in a strain-weakening (also called strain-softening) or a strain-hardening manner.
- Whether the tailings could fail in a brittle manner.

Appendix A provides more detailed guidance on how to characterize the shear strength and deformation behavior of tailings and other soils that may be present in the structural zones of a tailings dam. Appendix B provides guidance on the application of the concepts in Appendix A when contractive tailings or other soils are found within the structural zones of a tailings dam.

7. CONCEPTION

7.1. INTRODUCTION

La conception d'une ISR est une étape prolongée qui relie l'étape de planification et l'étape de mise en œuvre de l'installation (section 2.3). Les premiers plans sont élaborés lorsqu'il s'avère nécessaire de stocker des résidus et les derniers sont finalisés lorsque la fermeture a été acceptée et mise en œuvre. Dans certains cas, les activités de conception peuvent se poursuivre au-delà de la fermeture lorsque des changements interviennent au niveau des conditions qui prévalent sur le site, des exigences réglementaires ou autres. L'objectif de la conception est de parvenir à une ISR capable de stocker les résidus de manière sécuritaire durant chacune des phases de son exploitation et d'aboutir à une structure sécuritaire et durable après sa fermeture.

Une ISR est constituée d'un grand nombre de composantes et de systèmes tels que les barrages, la retenue, les eaux de recirculation, les systèmes de transport des résidus, de collecte des eaux d'infiltration, de surveillance, de gestion de l'eau, de sécurité et de communication, les voies d'accès et autres. La conception d'une ISR doit prendre en considération chacun de ces aspects pour faire en sorte qu'ils s'harmonisent au sein d'un système intégré.

La conception est basée sur les exigences opérationnelles, les exigences de fermeture (chapitre 3), la caractérisation du site et des résidus (chapitres 5 et 6) ainsi que certaines bases et certains critères spécifiques (sections 7.7 et 7.8).

7.2. PHASES DU CYCLE DE VIE ET ÉTAPES DE LA CONCEPTION D'UN BARRAGE DE STÉRILES

Une ISR passe successivement par les phases suivantes:

- Développement du concept: l'emplacement général, la configuration et le type de barrage sont explorés.
- Planification et sélection du site: les sites, les technologies et les configurations possibles sont examinés en détail. Cette étape comprend habituellement une analyse multicritère des diverses technologies de gestion des stériles et des emplacements potentiels du site à laquelle participent les parties prenantes pour parvenir à aligner le projet sur les exigences techniques, sociales et environnementales.
- Classification du site, avec toutes les investigations géotechniques nécessaires à cette étape.
- Conception du barrage.
- Construction du barrage: au début, le barrage d'appui, puis élévation progressive du barrage au fur et à mesure de l'exploitation.
- Exploitation: activités routinières de dépôt des résidus et de gestion de l'eau menées parallèlement à l'élévation progressive du barrage par étapes et si possible, transition progressive vers la fermeture.
- Transition: phase durant laquelle les mesures de fermeture restantes sont mises en œuvre.

7. DESIGN

7.1. INTRODUCTION

The design of a TSF is an extended process linking the Planning and Implementation stages of the TMS (Section 2.3). Preliminary design starts when the need to store tailings is identified and the final design typically ends when closure has been implemented and accepted. In some cases, the design activities may continue after closure has been completed due to changes in site conditions, regulatory requirements, or other factors. The goal of design is to safely store the tailings during all phases of the TSF operation and to have a safe, sustainable structure after its closure.

A TSF has many components and systems such as dams, impoundment, reclaim water, tailings delivery, seepage collection, monitoring, water management, safety and communications systems, access roads and others. The design of the TSF considers these components to ensure they work together as an integrated system.

The design is informed by operational requirements, closure requirements (Section 3), site and tailings characterizations (Section 5 and Section 6) and specific Design Basis and Design Criteria (Section 7.7 and 7.8).

7.2. LIFE PHASES AND DESIGN STAGES OF A TAILINGS DAM

A TSF typically transitions through the following life phases:

- Concept development – the general location, configuration, and type of dam is considered.
- Planning and site selection – involves a comprehensive review of potential sites, dam technologies and dam configurations. This step typically involves multi-criteria analysis with stakeholders of the various tailings technologies and site locations to work to alignment with technical, social, and environmental considerations.
- Site classification, including all necessary geotechnical investigations.
- Design of the dam.
- Construction of the dam – initially the starter dam and then dam raises throughout operations.
- Operation – routine tailings deposition and water management, integrated with progressive raising of the dam in stages and, if possible, progressive closure transition.
- Transition – when remaining closure measures are carried out.

- Fermeture (entretien actif): l'ISR est en transition vers la phase de fermeture passive, mais nécessite encore un entretien actif pour assurer la sécurité et la protection de l'environnement.

- Fermeture (entretien passif): l'ISR doit se comporter de manière sécuritaire sans limites dans le temps, sans nécessiter d'entretien actif et sans poser un quelconque risque sécuritaire à la population ou à l'environnement.

Les étapes de conception d'un nouveau barrage de stériles sont habituellement les suivantes:

- Études conceptuelles: cette étape consiste à développer le concept initial du barrage et comprend la sélection du site et les options envisageables pour sa configuration, son emplacement, sa taille, etc. L'objectif principal de cette étape est de comprendre tous les aspects critiques du projet et de confirmer que le projet est prêt à passer à la phase suivante.

- Étude de préfaisabilité: cette étape consiste à envisager plusieurs options et possiblement plusieurs sites pour le barrage. Elle permet typiquement de préciser les technologies et les sites préférés.

- Étude de faisabilité: cette étape envisage les questions liées au financement, aux évaluations environnementales et autres exigences réglementaires qu'il faudra satisfaire pour que le projet soit approuvé. L'étude de faisabilité de l'ISR est souvent menée à un niveau supérieur pour préciser les conditions d'obtention des permis et le financement. Là encore, la fermeture doit être prise en compte pour juger de la faisabilité du projet.

- Conception détaillée: cette étape précède la construction et consiste à préparer la portée des travaux, les spécifications et les plans de construction. Des autorisations supplémentaires pourront être requises une fois la conception détaillée terminée et avant le début de la construction. L'approche prévue pour le plan de fermeture devrait être confirmée durant cette étape.

Les étapes de conception intervenant durant l'exploitation sont les suivantes:

- Élévation du barrage pour l'adapter à l'évolution du dépôt des résidus et aux exigences de gestion de l'eau.

- Modification de la conception du barrage pour tenir compte des connaissances nouvellement acquises concernant l'état du site, les performances du barrage et les mesures d'atténuation des risques à prendre.

- Modification de la conception du barrage découlant de nouvelles exigences liées aux règlements ou à la gouvernance.

- Mise à jour progressive du plan de fermeture selon les besoins.

- Transition progressive, si possible, vers la fermeture.

- Élaboration d'un plan de fermeture détaillé avant l'éventuelle fermeture effective.

7.3. ÉTAPES DE LA CONCEPTION D'UN NOUVEAU BARRAGE DE STÉRILES

La conception d'une installation de stockage des résidus est un processus progressif et itératif qui commence par la planification conceptuelle des exigences concernant le stockage ainsi que des sites et des technologies envisageables pour la construction du barrage. La conception fait partie du système de gestion des résidus miniers (décrit au chapitre 2.3) et se divise en plusieurs étapes allant

- Closure (Active Care) – the TSF is transitioning to the passive closure phase, but still requires active care to assure safety and protection of the environment.

- Closure (Passive Care) – the TSF is required to perform safely, without active care, in-perpetuity with no material risks to people and the environment.

Design stages for a new tailings dam typically includes:

- Scoping-level or Conceptual design – this design stage develops the initial concept for the dam, including site selection and possible options for the dam configuration, location, size, etc. The study typically focuses on identifying major features that influence the dam siting, configuration, and operation. Importantly at this stage, a closure plan should be identified, and the feasibility of safe closure confirmed (refer to Section 3). The key objective of this stage is to understand the critical aspects of the project and to confirm if design should move toward the next phase.

- Pre-feasibility design – this stage typically considers multiple options and possibly multiple sites for the dam. The preferred dam technology(s) and site(s) will typically be defined during this stage.

- Feasibility design – this stage advances the design to support financing, environmental assessments, and other regulatory requirements for approval of the project. Feasibility design for TSFs is often taken to a higher level to inform permitting and financing. Once again, closure should be a major consideration in assessing feasibility.

- Detailed design – this stage occurs just prior to construction and is when the scope of work, specifications, and construction drawings are prepared. Additional regulatory approvals may be required after the detailed design has been completed and prior to construction commencing. The closure plan approach and design should be confirmed as part of this stage.

Design stages during operations include:

- Raises of the dam to suit the actual tailings deposition results and water management requirements.

- Design changes to adapt to developing understanding of the site conditions, the performance of the dam and risk reductions measures.

- Design changes due to changing regulatory or governance requirements.

- Progressive updating of the closure plan as necessary.

- Progressive closure transition if possible.

- Detailed closure design prior to potential closure.

7.3. DESIGN STEPS FOR A NEW TAILINGS DAM

The design of a tailings facility is a progressive and iterative process that starts with conceptual planning of requirements for storage and potential sites and technologies for dam construction. The design is part of the Tailings Management System (described in Section 2.3) and progresses through stages from scoping level to feasibility design, leading to detailed design and construction. Figure

des études préliminaires aux études de faisabilité et enfin aux plans finaux et à la construction. La Figure 7.1 illustre schématiquement les étapes et les études typiques qui interviennent au cours du processus. Un des principes fondamentaux de la conception est de continuer à réduire les risques associés à l'installation et à optimiser la transition vers une installation stable au moment de la fermeture.

Identification des bases de la conception

- Quantité totale de résidus à traiter, vitesse de production, types de résidus, géochimie, contraintes de site (environnementales, climatiques, sociales, foncières, exigences liées à la

↓

Étude conceptuelle

- Identification des objectifs et des critères de la conception, notamment les exigences en matière de fermeture
- Identification des sites envisageables pour l'ISR (site vierge, friche, excavation, site souterrain)
- Élaboration de plans d'implantation (évaluation des technologies envisageable pour la gestion des résidus, des différents types de construction, des méthodes de dépôt et de gestion de l'eau, et des contraintes environnementales)
- Préparation de modèles conceptuels (climat, sismicité, géologie, hydrogéologie, géochimie) basés sur des études de reconnaissance numériques et sur le terrain
- Identification des facteurs sociaux et environnementaux pour chaque site et chaque technologie
- Classement préliminaire de l'installation en fonction du niveau des conséquences d'une rupture

↓

Évaluation des options

- Comparaison des sites suivant une approche structurée, en tenant compte de la sécurité, de l'environnement, des facteurs sociaux, des coûts, des risques et de la fiabilité, des exigences de fermeture, etc. ; étape quelques fois appelée l'analyse multicritères ou multicomptes
- Sélection des meilleurs sites et options

↓

Planification

- Identification et évaluation des risques pour chacune des options retenues et évaluation des incertitudes
- Détermination de la portée des investigations et des exigences de conception
- Intégration aux conditions et aux objectifs environnementaux et sociaux

↓

Études de préfaisabilité, de faisabilité et de conception détaillée

- L'étude de préfaisabilité vise à déterminer la meilleure option
- Investigations sur le site (cartographie, forages, relevés géophysiques, etc.)
- Essais en laboratoire visant à déterminer ou à confirmer les paramètres utilisés pour les matériaux et les résidus
- Détermination de la sismicité, des particularités climatiques, etc.
- Conception (stabilité, réponse sismique, filtres, zonage, préparation des fondations, résistance, gestion des eaux, contrôle des infiltrations, bilan hydrique, plans de dépôt, etc.)
- Plan de fermeture

↓

Documentation et gestion des risques

- Préparation des plans et rapports de conception et documentation de tous les travaux
- Mise à jour de l'évaluation des risques (p. ex., AMDE).
- Identification des exigences à respecter pour les travaux futurs de manière à réduire les incertitudes et les risques.S

Fig 7.1
Chronologie schématique des différentes étapes de la conception d'une nouvelle installation de stockage des résidus

7.1 shows a schematic of the typical steps and studies involved during the process. A key over-riding tenet is to continue to reduce the risk of the facility and to optimize the transitioSn to a long-term, stable facility on closure.

Identify design basis

- total tailings to be processed, production rate, tailings type, geochemistry, site constraints (environment, climate, social, land), closure requirements, etc.

↓

Conceptual Design – Scoping Level

- Identify objectives and criteria for design, including requirements for closure.
- Identify potential TSF sites (greenfield, brownfield, in pit, underground).
- Develop layouts (assess tailings technologies, construction types, deposition methods, water management, environmental constraints).
- Prepare conceptual models (climate, seismicity, geology, hydrogeology, geochemistry) based on desk-top and field reconnaissance studies.
- Identify social and environmental factors for each site/technology.
- Preliminary identification of potential consequence classification.

↓

Option Assessment

- Compare sites using a structured approach, considering safety, environment, social, cost, risk and reliability, closure requirements, etc.; sometimes referred to as the multi criteria or multiple accounts analysis (MCA/MAA)
- Select the best few sites/options

↓

Planning

- Risk identification/assessment of preferred alternatives and identification of uncertainties.
- Scoping of site investigations and design requirements.

↓

Prefeasibility/Feasibility/Detailed Design

- Prefeasibility design to determine preferred alternative.
- Site investigations (mapping, drilling, geophysical surveys, etc.).
- Laboratory testing to confirm/determine material and tailings parameters.
- Determine seismicity, climate, etc.
- Design (stability, seismic response, filters, zonation, foundation preparation, strengths, water management, seepage control, water balance, deposition plans, etc.).
- Closure design.

↓

Documentation and Risk Management

- Prepare drawings and Design Report and document all work.
- Update risk assessment (e.g., FMEA).
- Identify requirements for further work to reduce uncertainties and risk.

Fig 7.1
Schematic of typical design steps for new tailings facilities

7.4. CONCEPTION DES REHAUSSES ET EXPLOITATION COURANTE

La conception initiale du barrage de stériles prévoit typiquement le barrage d'appui et les réhausses levées de terrain requises pour atteindre la capacité maximale de stockage. Chaque réhausse nécessite cependant souvent des ajustements par rapport au plan initial pour tenir compte de situations telles que:

- Modifications des vitesses de production et des densités réelles après tassement ayant une incidence sur les besoins de stockage.
- Investigations sur le terrain et essais en laboratoire ayant permis de mieux comprendre l'état des fondations et des résidus déjà en place (en particulier pour les barrages en amont).
- Modification des conditions du bilan hydrique.
- Modifications des paramètres de performances du barrage (pression interstitielle, déformation, infiltrations, etc.).
- Calendrier des entrepreneurs et constructibilité des composantes du barrage.
- Observations liées au contrôle qualité concernant par exemple le corps du barrage (distribution différentielle et compactage), état des appuis et des fondations.
- Modification des exigences de fermeture.

7.5. CONCEPTION EN FONCTION DES RISQUES

7.5.1. Généralités

La conception en fonction des risques prolonge la stratégie de conception traditionnelle basée sur les normes en incluant une prise en compte détaillée des modes de défaillance, aussi bien pour ce qui est de leurs conséquences que de leur probabilité d'occurrence. Une meilleure connaissance des risques permet en effet de prendre des décisions plus éclairées au niveau de la conception.

De nombreux pays membres de la CIGB ont réalisé des progrès importants en matière d'élaboration de politiques, d'outils, de méthodologies et de pratiques exemplaires dans le domaine de la gestion des risques. Le cadre de travail facilitant l'application des résultats de l'évaluation des risques aux activités d'exploitation et de maintenance, aux inspections, à l'analyse des problèmes et aux décisions liées aux modifications touchant à la sécurité du barrage est relativement bien établi et continuera à être amélioré avec le temps. Le chapitre 8 offre une analyse détaillée de l'évaluation des risques.

La conception en fonction des risques s'aligne sur les bonnes pratiques d'ingénierie qui prennent intrinsèquement en compte les risques par la mise en œuvre de principes techniques bien établis qui tiennent compte de toutes les connaissances théoriques et pratiques disponibles concernant les défaillances des barrages et des ISR.

Dans le contexte des activités de conception, l'ID et le propriétaire du barrage doivent:

- envisager les modes de défaillance potentiels associés au barrage de stériles et aux installations connexes;
- évaluer les risques;
- mettre en place des contrôles et des mesures permettant de limiter ces risques.

7.4. DESIGN OF RAISES AND ONGOING OPERATIONS

The initial design of the tailings dam typically considers the starter dam and the raises required to reach full dam capacity. However, subsequent detailed designs of individual dam raises often need adjustment from the initial design to respond to conditions such as:

- Changes in production rates and actual settled densities that influence the storage requirements.
- Ongoing site investigations and laboratory testing that provides a better understanding of the foundation conditions and characterization of the in situ tailings placed (particularly for upstream construction).
- Changing water balance conditions.
- Response to dam performance monitoring (pore pressures, deformation, seepage, etc.).
- Contractor schedules and constructability of dam components.
- Quality assurance observations with respect to such aspects as dam fills (gradation and compaction), abutment/foundation conditions.
- Changes to closure requirements.

7.5. RISK INFORMED DESIGN

7.5.1. Overview

Risk informed design involves the detailed consideration of failure modes, in terms of the consequences and likelihood of occurrence, to supplement traditional standards-based design. A greater understanding of the risks provides an improved basis for design decision making.

Many ICOLD member countries have made significant advances in the development of policies, tools, methodologies and best practices related to the use of risk. The framework for application of risk assessment information to inform operation and maintenance, inspections, issue evaluation, and decisions related to dam safety modifications is relatively well established and will continue to be advanced and improved over time. Section 8 provides further details on risk assessment.

Risk informed design supports the basic tenant of good engineering where risks are inherently considered in a design based on well-established engineering principles that incorporates all available theoretical and experiential knowledge of dam or TSF failures.

In the context of the design process, the EOR and Dam Owner need to:

- Consider the potential failure modes associated with the tailings dam and associated facility components;
- Evaluate the risks; and
- Establish design controls and measures to limit these risks.

Les modes de défaillance potentiels sont habituellement décrits en explicitant l'événement initiateur, le mécanisme de défaillance, le processus qui en résulte et ses conséquences. Des évaluations semi-quantitatives ou quantitatives des risques sont ensuite utilisées pour caractériser la probabilité et les conséquences de chaque mode de défaillance et aboutir au profil des risques de l'ISR. Un registre des risques doit être préparé durant l'étape de conception et mis à jour tout au long du cycle de vie de l'ISR et durant sa phase de fermeture.

Dans certains cas, la conception en fonction des risques faisant appel à des modèles numériques permettant de simuler certains modes de défaillance peut permettre d'aller au-delà des approches traditionnelles d'ingénierie basées sur les normes. Lorsque c'est le cas, la conception en fonction des risques peut donc être considérée comme une approche améliorée offrant une base défendable pour les prises de décision ultérieures.

7.5.2. Méthode observationnelle

La méthode observationnelle (Peck, 1969) consiste à vérifier les hypothèses posées pour la conception et à utiliser des données, des connaissances et des leçons apprises supplémentaires pour réviser, améliorer et optimiser la conception au fur et à mesure de la construction et de l'exploitation de l'installation. La méthode observationnelle a été adoptée pour gérer les incertitudes associées aux paramètres des matériaux ainsi que l'évaluation de la stabilité et de la sécurité. C'est un outil permettant de soutenir la conception et de gérer les risques. Baecher et Christian (2003) ont résumé les principaux aspects de la méthode observationnelle comme suit:

« La méthode observationnelle a été mise au point pour remédier au fait qu'il est impossible, pour de nombreuses applications géotechniques, d'adopter des valeurs très conservatives pour les charges et les propriétés de matériaux puis de concevoir les installations à partir de ces valeurs. Les installations ainsi conçues seraient souvent impossibles à construire, d'un point de vue pratique (physique) ou financier. L'ingénieur estime donc de manière raisonnable les paramètres et les déviations potentielles que peuvent subir ces paramètres. La conception se base ensuite sur ces valeurs estimées ou sur des versions corrigées conservatives, mais toujours réalisables. Des mesures sont néanmoins prévues pour faire face aux situations pour lesquelles les charges ou les résistances ne tombent plus dans la gamme acceptable pour la conception choisie. Des observations sont effectuées durant la construction et l'exploitation de l'installation de manière à pouvoir mettre en œuvre, le cas échéant, les mesures de correction appropriées. Il ne s'agit pas de simplement planifier en fonction d'un ensemble de conditions et de corriger les problèmes au fur et à mesure qu'ils surviennent. La méthode prévoit d'envisager les effets de toutes les valeurs des paramètres comprises dans la gamme considérée et d'avoir en place un plan permettant de faire face aux situations pour lesquelles les paramètres observés ne tombent plus dans la gamme prévue. Cette méthode nécessite la participation continue des concepteurs tout au long de la construction puis de l'exploitation de l'installation. »

La mise en œuvre de la méthode observationnelle pour la gestion des incertitudes et la gestion des risques doit se faire en utilisant la méthode complète, telle que décrite ci-dessus. Il est également important de noter que la méthode observationnelle n'est pas toujours applicable, en particulier:

- lorsque la nature du projet ne permet pas de concevoir un barrage ou une ISR qui pourra être modifié dans le courant de sa construction ou de son exploitation (c.-à-d. qu'il ne sera pas possible de mettre en œuvre les mesures d'urgence nécessaires pour améliorer la sécurité du barrage);

- lorsque le mode de défaillance survient relativement rapidement (par fracture entraînant une perte abrupte et importante de résistance sous l'effet de contraintes de cisaillement faibles) et qu'on ne peut compter sur une alerte instrumentale suffisamment explicite avant la défaillance, ou lorsque le mode de défaillance critique est dû à une secousse sismique qui ne laisse pas le temps de réagir.

Potential dam failure modes are typically described in terms of their initiating event, failure mechanism, failure process, and consequences. Semi-quantitative or quantitative risk assessments are then used to characterize likelihood and consequences for each failure mode to derive the risk profile of the TSF. A risk register should be prepared during the design stage and updated throughout the life of the TSF and into closure.

In some cases, risk-informed design using numerical models of particular failure modes can go beyond the traditional engineering and standards-based approach. In such cases, risk-informed design may be seen as an enhancement providing a defendable basis for decision making.

7.5.2. Observational Method

The Observational Method (Peck, 1969) is a process of verifying design assumptions and using additional data, knowledge and lessons-learned to revise, improve and optimise the design as a facility is constructed and/or operated. The Observational Method has been used to manage uncertainty associated with material parameters, stability assessment, and safety evaluations and is a tool to support the design and manage risks. Baecher and Christian (2003) provide a summary of the essential aspects of the Observational Method as follows:

"The observational method grew out of the fact that it is not feasible in many geotechnical applications to assume very conservative values of the loads and material properties and design for those conditions. The resulting design is often physically or financially impossible to build. Instead, the engineer makes reasonable estimates of the parameters and the amounts by which they could deviate from the expected values. Then the design is based on expected values — or on some conservative but feasible extension of the expected values — but provision is made for action to deal with the occurrence of loads or resistances that fall outside the design range. During construction and operation of the facility, observations of its performance are made so that appropriate corrective action can be made. This is not simply a matter of designing for an expected set of conditions and doing something to fix any troubles that arise. It involves considering the effects of the possible range of values of the parameters and having in place a plan to deal with occurrences that fall outside of the expected range. It requires the ongoing involvement of the designers during the construction and operation of the facility."

To properly utilize the Observational Method to manage uncertainty and reduce risk, the full method as described above must be adopted. Also, it is important to note that the Observational Method is not always applicable, particularly where:

- the nature of the project does not allow the design of the dam or TSF to be altered during construction and operation (i.e., it will not be possible to implement contingency measures to improve the safety of the dam, if required); or

- the mode of failure occurs relatively rapidly (i.e., in a "brittle" manner where there is rapid and significant strength loss over small shear strains), and little-to-no instrumentation response can be expected prior to failure; or the critical failure mode is due to seismic loading where there is not enough time to respond.

7.5.3. *Conception sécuritaire en fonction des performances et des risques*

La conception en fonction des performances et des risques, introduite par Morgenstern (2018), consiste à combiner la méthode observationnelle et l'approche de gestion de l'ISR basée sur les risques telle que décrite précédemment. Cette approche nécessite de bien connaître le profil des risques de l'installation en fonction de ses performances et l'impact que pourraient avoir d'éventuelles modifications et de futurs développements sur ce profil. Les connaissances ainsi acquises contribuent à des prises de décisions éclairées tout au long des différentes phases du cycle de vie de l'ISR. L'approche suit les étapes suivantes:

1. Répertorier les principaux modes de défaillance du barrage de stériles qui pourraient entraîner une libération non contrôlée ou sa mise hors service. Les évaluations des risques discutées précédemment peuvent alimenter cet inventaire.

2. Pour chacun des modes de défaillance, identifier les paramètres de performance (p. ex., densité obtenue pour les matériaux de construction et les résidus, pressions interstitielles, déformation, revanche, etc.) qui ont une influence sur le profil des risques de l'ISR et devraient donc être surveillés durant la construction et l'exploitation du barrage.

3. Définir les critères de performance (les objectifs de performance quantifiables) pour chacun des paramètres de performance surveillés. Les critères de performance peuvent aussi être fixés en fonction des exigences réglementaires et doivent être résumés, avec les hypothèses posées lors de l'élaboration des valeurs attendues, dans un mémorandum de base du projet.

4. Une fois les critères de performance et leur impact sur le profil des risques compris, définir les événements déclencheurs appropriés et mettre en place un «plan d'action en cas d'élément déclencheur» pour contribuer à la vérification des contrôles critiques.

5. Suivre et documenter les performances réelles en les comparant aux performances prévues pour vérifier la pertinence des paramètres et des hypothèses de conception et mettre au besoin à jour le profil des risques de l'installation:

   a. Effectuer des analyses calées sur les performances observées de manière à mieux comprendre les modes de défaillance potentiels et, si nécessaire, modifier les critères de performance et le mémorandum des bases du projet.

   b. Si des déviations défavorables par rapport aux prévisions ou aux hypothèses peuvent entraîner une augmentation des risques, prendre les mesures qui permettront de corriger la situation soit en l'améliorant soit en modifiant la conception pour l'adapter à ces déviations et réduire les risques.

   c. Si les performances obtenues sont meilleures que prévu, optimiser éventuellement la conception pour tenir compte de ces conditions favorables.

Les étapes 2 à 5 font également partie de la méthode observationnelle. L'approche basée sur la conception en fonction des performances et des risques nécessite une définition et une documentation plus rigoureuses des critères de performance. Pour soutenir véritablement l'étude de faisabilité et la conception détaillée, la conception en fonction des performances et des risques nécessite de connaître en détail l'état du site, les paramètres géotechniques, les modèles utilisés, etc. comme décrit dans les chapitres 5 et 6.

Dans certains cas, la stratégie de conception en fonction des performances et des risques peut être adoptée pour compenser certaines limitations des analyses aux équilibres limites, comme discuté à la section 7.9, et la sécurité du barrage peut être décrite en fonction de la qualité de ses performances, ainsi que son facteur de sécurité.

7.5.3. *Performance-Based Risk-Informed Safe Design*

The performance-based risk-informed safe design (PBRISD) approach, introduced by Morgenstern (2018), combines the Observational Method and the risk-based approach to TSF management discussed above. The approach requires an understanding of the facility risk profile based on its current performance and understanding the impact of potential changes and future development of the facility risk profile. This understanding assists in making risk-informed decisions throughout the TSF life phases. The approach involves the following key steps:

1. Identify the key failure modes for the tailings dam that could lead to uncontrolled release or inoperability of the tailings dam. These will be informed by the risk assessments described earlier.

2. For each of the failure modes, identify performance parameters (e.g., achieved density of construction material and tailings, pore pressures, deformation, freeboard, etc.) that impact the risk profile of the TSF and hence should be monitored and reviewed during dam construction and operations.

3. Establish performance criteria (also referred to as quantifiable performance objectives) for each of the monitored performance parameters. The performance criteria may also be informed by regulatory requirements and should be captured, along with any assumptions that were used in the development of the anticipated values, in a design basis memorandum (DBM).

4. Based on understanding the performance criteria and the impact on the risk profile, establish appropriate triggers and a Trigger Action Response Plan (TARP) to assist with the Critical Control verification (Refer to Section 8.3).

5. Monitor and document the actual performance against the predicted performance to validate the design parameters/assumptions and update the risk profile of the facility:

    a) Conduct analyses that "history match" performance to gain improved understanding of the potential failure modes and, if necessary, modify the performance criteria and the DBM.

    b) If there are adverse deviations from the predictions/assumptions that could increase the risk profile, take action to correct the situation by either improving the situation or modifying the design to account for these and reduce the risks.

    c) If the actual performance is better than expected, then possibly optimize the design to account for these favorable conditions.

Steps 2 through 5 are also part of the Observational Method. The PBRISD approach calls for more rigor in defining and documenting the performance criteria. To support feasibility level and detailed design, the PBRISD approach requires a comprehensive understanding of the site conditions, geotechnical parameters, modeling, etc. as described in Sections 5 and 6.

In some cases, the PBRISD approach can be used to compensate for some of the limitations of limit equilibrium analyses as discussed in Section 7.9 and the safety of the dam can be described in terms of how well the dam performs, as well as the Factor of Safety.

7.6. MODES DE DÉFAILLANCE DES BARRAGES

7.6.1. Généralités

Un mode de défaillance est la manière dont une défaillance survient. Le terme défaillance signifie la perte de fonction, c'est-à-dire l'incapacité d'un élément ou d'une composante d'un système de fonctionner comme prévu. Cela comprend les facteurs de charge et le dysfonctionnement d'un élément ou d'une composante quelconque. Un mode de défaillance nécessite un événement initiateur (p. ex., un séisme, une inondation, une charge liée à des travaux de construction, etc.) qui déclenche un mécanisme de défaillance conduisant à la défaillance (ou perte de fonction) du système.

Dans le contexte où le système est le barrage, le mode de défaillance commence par un événement déclencheur (la cause), qui est le mécanisme de mise en charge ou les conditions physiques qui enclenchent le processus de défaillance. Cette phase initiale est suivie par la progression de la défaillance, qui est le mécanisme pouvant aboutir à la rupture du barrage (débordement, instabilité, érosion interne ou apparition de renards). Il est important de faire remarquer que l'enclenchement d'un mécanisme de défaillance n'aboutit pas forcément à une défaillance ou une rupture du barrage. Le mécanisme de défaillance peut s'interrompre ou il peut y avoir intervention humaine qui empêche le mécanisme de progresser jusqu'à la rupture complète du barrage.

L'analyse des modes de défaillance d'un barrage doit prendre en considération divers aspects techniques tels que les matériaux utilisés pour le barrage, ses fondations, ses appuis et la surface de la retenue et du bassin versant ainsi que plusieurs aspects humains susceptibles de compromettre l'intégrité structurale du barrage. Ces aspects humains peuvent par exemple aller d'un mauvais contrôle de la qualité de la construction à des troubles publics empêchant l'accès des techniciens affectés à la maintenance et à la gestion sécuritaire de l'ISR en passant par des périodes d'arrêt de la production.

7.6.2. Modes de défaillance typiques

Parmi les modes de défaillance les plus typiques, on peut citer:

1. Une instabilité résultant d'une défaillance des fondations.

L'instabilité des fondations du barrage peur être initiée par:

- la présence de matériaux fragiles qui n'ont pas été détectés;
- des hypothèses erronées concernant leur résistance;
- la génération de pressions interstitielles non prévues;
- des pressions interstitielles artésiennes;
- la liquéfaction de matériaux non cohésifs et le ramollissement cyclique de sols cohésifs;
- une analyse erronée des risques sismiques et du comportement au séisme;
- une érosion au pied du barrage due à des cours d'eau adjacents;
- une excavation au pied du barrage (comme un fossé de collecte des eaux d'infiltration ou des puits ouverts).

Le mécanisme de défaillance entraîne une perte de résistance et l'inaptitude de la structure à soutenir la contrainte appliquée, ce qui entraîne des déformations. Suivant l'amplitude des déformations, une rupture peut survenir.

7.6. DAM FAILURE MODES

7.6.1. Overview

A failure mode is the way or means by which failure occurs. The term failure means the loss of function, i.e., the ability of an element/component or of a system to perform as intended. This includes loading factors and/or mis-operation of any element or component. A failure mode requires an initiating event (e.g., earthquake, flood, construction load, etc.), that leads to a failure mechanism, and the failure of the system (or loss of function).

In the context of the system being the dam, the failure mode commences with an initiating event (cause) that is the loading mechanism or physical condition that starts the failure process. This is followed by the failure progression, which is the mechanism that can lead to a dam failure (such as overtopping, instability, or internal erosion/piping). It is important to note that not all failure mechanisms will result in a failure or breach of the dam. The failure mechanism may become arrested or human interventions may be possible to prevent the failure mechanism from progressing to a full dam failure.

Dam failure modes need to consider technical aspects such as the dam materials, foundations, abutments and the impoundment footprint and catchment area, as well as human aspects that could compromise the structural integrity of the dam. Such human aspects can, for example, range from poor construction quality control and assurance, lapses in operation of the TSF, civil unrest that prevents access for maintenance and safe management of the TSF, among other factors.

7.6.2. Typical Failure Modes

Typical failure modes include:

1. Instability Due to Foundation Failure

Instability of the dam foundation can be initiated by:

- undetected weak materials;
- incorrect strength assumptions;
- unexpected pore pressure generation;
- artesian pore water pressures;
- liquefaction of cohesionless soils and cyclic softening of cohesive soils;
- incorrect seismic hazard/response analysis;
- erosion at the toe due to nearby water courses; and
- excavation at the toe (such as for seepage collection ditches or open pits).

The failure mechanism involves a loss of strength and inability to support the applied loading that leads to deformations. Depending on the scale of deformation, a breach of the dam could occur.

La défaillance des fondations est un mode commun de défaillance pour les barrages de stériles, l'exemple le plus récent étant l'accident survenu sur le site des mines de Cadia, en Australie (2018), du mont Polley, en Colombie-Britannique, au Canada (2014) et au barrage de stériles d'Aznalcollar, sur la mine de Los Frailes, en Espagne (1998). La probabilité de défaillance des fondations augmente avec la complexité des formations géologiques présentes, en particulier lorsqu'elles renferment des couches d'argile fragiles (c'est par exemple le cas au mont Polley, avec son passé glaciaire complexe) ou des plans de litage fragiles peu résistants (cas des couches d'argile intercalées dans du *mudstone* à l'intérieur des séquences gréseuses à Aznocollar). Les argiles légèrement surconsolidées et les résidus argileux résiduels desséchés sont sensibles à la hauteur du barrage de stériles et peuvent atteindre un niveau de consolidation normal au fur et à mesure que le barrage de stériles augmente en hauteur. Le comportement du sol se modifie significativement une fois que la contrainte de préconsolidation est dépassée. Le sol atteint un niveau de consolidation normal et s'il est saturé, une pression interstitielle positive peut apparaître sous l'effet d'une contrainte de cisaillement. Ce phénomène peut entraîner des défaillances qui peuvent survenir rapidement. Les sols meubles, saturés et sablonneux peuvent subir une liquéfaction statique ou cyclique lors d'une charge sismique. Les argiles fragiles peuvent être sujettes à un ramollissement cyclique sous l'effet d'une charge sismique.

Une caractérisation détaillée du site est essentielle pour réduire le risque associé à ce mode de défaillance.

2. Instabilité de la pente du barrage.

L'instabilité de la pente du barrage peut être initiée par:

- l'inclusion de matériaux fragiles dans la partie structurale du barrage, résultant possiblement d'un manque de compactage ou d'un drainage inadéquat;
- la liquéfaction de matériaux non cohésifs et le ramolissement cyclique des matériaux cohésifs;
- une analyse erronée des risques sismiques ou du comportement au séisme;
- une estimation incorrecte des pressions interstitielles attendues dans la gamme des conditions d'exploitation;
- une érosion au pied du barrage due à des cours d'eau adjacents;
- une excavation au pied du barrage (comme un fossé de collecte des eaux d'infiltration ou des puits ouverts);
- un glissement de terrain sur un appui.

Comme dans le cas d'une instabilité des fondations, une instabilité de la pente d'un barrage peut entraîner des déformations susceptibles de provoquer la rupture du barrage.

Les barrages de stériles construits selon la méthode amont et dotés d'une enveloppe structurale fine sont habituellement plus sensibles aux défaillances de pente, car les résidus y sont déposés de manière hétérogène et sont contractants. Ce type d'incident a par exemple été observé au Brésil en 2015 et en 2019. Le risque de liquéfaction statique des barrages réalisés par méthode amont peut devenir préoccupant au fur et à mesure que le barrage gagne en hauteur et que les contraintes statiques augmentent et se concentrent. La liquéfaction cyclique résultant des événements sismiques doit également être prise en considération.

Les barrages réalisés par méthode aval ou de l'axe central sont normalement construits avec des remblais compactés et bénéficient du même contrôle de la qualité que celui appliqué aux barrages conventionnels faits de terre et d'enrochements. Ils peuvent cependant eux aussi subir une défaillance de pente si leur conception ou le contrôle de la qualité n'est pas adéquat.

Foundation failure is a common failure mode for tailings dams with the most recent examples of Cadia, Australia (2018), Mount Polley, British Columbia, Canada (2014), and Los Frailes, Aznalcollar, Spain (1998). The potential for a foundation failure increases in complex geologic formations, particularly in materials that could include weak clay layers (e.g., complex glacial history at Mount Polley), or weak bedding planes (e.g., claystone layers within the mudstone, sandstone sequences at Aznalcollar). Lightly over-consolidated clays and desiccated residual clay soils are sensitive to the height of the tailings dam and may become normally consolidated as the height of the tailings dam increases. Soil behavior changes significantly once the pre-consolidation stress is exceeded. The soil becomes normally consolidated and, if saturated, can result in positive pore pressure generation during shearing. This can result in progressive failures that can occur rapidly. Loose, saturated, sand-like soils may be susceptible to static liquefaction and cyclic liquefaction under seismic loading. Weak clays may be subject to cyclic softening under seismic loading.

Detailed site characterization is essential to reduce the risk of this failure mode.

2. Instability of Dam Slope

Instability of the dam slope can be initiated by:

- Inclusion of weak materials in the structural portion of the dam, possibly due to lack of compaction and/or poor drainage.
- Liquefaction of non-cohesive soils and cyclic softening of cohesive soils.
- Incorrect seismic hazard/response analysis.
- Incorrect estimate of the pore pressures under the range of operating conditions.
- Erosion at the toe due to nearby water courses.
- Excavation at the toe (such as for seepage collection ditches or open pits).
- Landslide at an abutment.

As can occur for instability in the foundation, instability of the dam slope can lead to deformations that could ultimately result in a dam breach.

Upstream tailings dams with thin structural shells are typically more vulnerable to slope failure as the tailings are normally placed in a heterogeneous manner and are contractive. This was observed with dam failure examples in Brazil in 2015 and 2019. Static liquefaction of upstream dams may become a concern as the dam height increases, and static stresses and stress concentrations increase. Cyclic liquefaction due to seismicity must be considered.

Centerline and downstream dams are normally constructed with compacted fills with QA/QC procedures typical of conventional earth and rockfill dams. However, they can still be susceptible to slope failures if design and QA/QC measures are not adequate.

3. Débordement.

Le débordement d'un barrage de stériles peut être initié par l'un des événements suivants:

- crue importante qui excède la capacité du déversoir;
- crue importante et déversoir bloqué (par des débris ou de la glace);
- action des vagues;
- mauvaise gestion des eaux;
- sabotage;
- rupture incontrôlée d'un pipeline de transport des boues de résidus ou de récupération de l'eau susceptible d'entraîner une érosion de la crête du barrage;
- glissement de terrain dans le réservoir (roches, neige ou terre);
- tassement de la crête (résultant de déformations statiques ou sismiques).

Le débordement peut entraîner une érosion de la crête du barrage, mais le degré d'érosion sera fonction de la durée du débordement et de la nature des matériaux qui constituent la crête et la pente du barrage. Il est souvent arrivé qu'un barrage ne cède pas sous l'effet d'un débordement lorsque celui-ci est de courte durée et que la crête n'est pas facilement érodable (possiblement grâce à un couvert végétal). Il est cependant généralement admis qu'un débordement engendrera une érosion importante qui pourra entraîner la rupture du barrage.

L'accident du barrage de stériles de Baie Mare (2000) est un exemple de débordement résultant de chutes de pluie sur la neige, un événement commun sous les climats tempérés froids. L'accident de Merriespruit (1994) est un exemple de revanche inadéquate. Les installations conçues pour stocker les eaux d'inondation (mais dépourvues de déversoirs) peuvent être plus susceptibles de déborder parce qu'il peut s'avérer difficile de mettre en œuvre les mesures d'urgence, telles que le pompage, durant un événement extrême.

4. Formation de renards (érosion interne).

La formation de renards (érosion interne) survient lorsque les gradients hydrauliques sont suffisamment élevés pour transporter les particules fines à l'intérieur de la retenue et qu'aucun filtre n'a été installé pour contrôler ces mouvements. Ce phénomène peut entraîner une érosion et le développement de cavités dans le corps du barrage qui peuvent aboutir à sa rupture.

Les événements initiateurs de la formation de renards comprennent:

- Une incompatibilité des matériaux entre les zones de faible et de forte conductivité hydraulique.
- Des pressions interstitielles élevées et une augmentation des gradients hydrauliques.
- Une fracturation hydraulique résultant d'une mauvaise distribution des contraintes à l'intérieur du barrage, des tassements différentiels ou des déformations apparues à la suite d'événements statiques ou sismiques.
- Présence de conduites traversant le barrage, notamment de tours et de conduites de décantation (infiltrations le long de conduites, effondrement de conduites).
- Éléments souterrains pouvant entraîner une érosion interne.

3. Overtopping

Overtopping of the tailings dam can be initiated by the following means:

- large flood that exceeds capacity of spillway;
- large flood with blocked spillway (by debris or ice);
- wave action;
- operational upset (improper water management);
- sabotage;
- uncontrolled rupture of a tailings slurry delivery or water reclaim pipeline could erode the dam crest;
- landslide into reservoir (rock, snow, or soil); and
- settlement of crest (due to static and/or seismic deformations).

Overtopping can lead to erosion of the crest of the dam, but the degree of erosion is a function of the duration of the overtopping and the nature of the material that forms the crest and dam slope. Several dams have not failed by overtopping because the duration was short and the material at the crest was non-erodible (possibly with vegetation). It is typically assumed that overtopping will cause significant erosion that could result in a breach of the dam.

Baie Mare (2000) is an example of overtopping due to a rain-on-snow event, common in cold temperate climates. Merriespruit (1994) is an example of inadequate freeboard. Facilities that store the flood (no spillway) may be more susceptible to overtopping, as the ability to implement emergency controls, such as pumping, may be hindered during an extreme event.

4. Piping (Internal Erosion)

Piping (internal erosion) occurs when the hydraulic gradients are high enough to move fine particles within the dam fill and there are not adequate filters to control movement of particles. This can lead to internal erosion and the development of voids in the dam body that can ultimately lead to failure.

Initiating events that can lead to piping include:

- Material incompatibility between low and high hydraulic conductivity zones.
- Elevated pore water pressures and increased hydraulic gradients.
- Hydraulic fracturing due to poor stress distribution within the dam, differential settlement, or resulting from deformations due to seismic or static events.
- Pipes through the dam, including decant towers and pipes, (seepage along pipe, collapse of pipe).
- Underground features that could cause internal erosion.

Des renards peuvent se former dans la plupart des barrages, mais il est arrivé qu'après la formation initiale de cavités par érosion interne, les zones du noyau et les zones de filtrage se restaurent d'elles-mêmes et préviennent ainsi la rupture du barrage. Il est cependant prudent de partir du principe qu'une érosion interne peut entraîner une perte de matériaux à l'intérieur du barrage et donc entraîner des déformations qui, si elles sont suffisamment importantes et si le niveau de la retenue est assez élevé, pourront aboutir à la rupture de l'ouvrage.

La défaillance par renards hydrauliques du barrage de stériles d'Omai (1992) est survenue alors que la retenue d'eau s'appuyait sur la face du barrage construit suivant la méthode aval et que le remblai utilisé pour combler l'espace entre le noyau d'argile et l'enveloppe en enrochements n'était pas adéquat pour éviter l'érosion interne qui a entraîné les fines à l'extérieur du noyau.

La retenue des ISR doit être plus éloignée de la zone structurale que dans le cas des barrages d'eau, de manière à réduire le risque de formation de renards s'étendant à partir de l'étendue d'eau, à travers les plages de stériles et à travers le remblai qui soutient la retenue. Cependant, si des inondations peuvent faire monter le niveau d'eau au point que celle-ci entre en contact avec la digue, il faut remédier à ce risque. Ce problème s'applique en particulier aux barrages construits par méthode amont, qui sont plus susceptibles de se fissurer sous l'effet d'un tassement différentiel, et qui ne sont pas équipés d'un filtre bien conçu permettant d'éviter la migration des particules.

5. Effets environnementaux.

Les barrages de stériles sont typiquement conçus et construits pour limiter la contamination des eaux de surface et des eaux souterraines. Les modes de défaillance à cet égard comprennent la libération de produits potentiellement préoccupants par infiltration ou déversement lors d'épisodes orageux. La défaillance des barrières aménagées pour contrer ces déversements peut être due à des trajectoires d'infiltration non anticipées, une construction de mauvaise qualité ou d'autres facteurs. Des capacités insuffisantes de stockage des eaux pluviales peuvent entraîner un débordement ou nécessiter le déversement d'urgence de ces eaux.

Parmi les autres modes de défaillance affectant l'environnement, on peut citer la production de poussières ou l'impact d'eaux contaminées sur la faune.

Les méthodologies permettant d'évaluer précisément les risques associés à ces modes de défaillance sont discutées de manière plus détaillée au chapitre 8 du présent bulletin.

7.6.3. Analyses de soutien à l'évaluation des modes de défaillance

Le Table 7.1 offre des exemples d'analyses et d'aspects qui peuvent être utilisés pour soutenir l'évaluation des modes de défaillance.

Piping can occur in a dam, but there are examples where the internal erosion has occurred, but the core and filter zones have self-healed and prevented a breach of a dam. However, it is prudent to assume that internal erosion can result in loss of material from within the dam that can cause deformations of the dam and, if the deformations are large enough and the pond high enough, a breach of the dam.

The Omai (1992) piping failure occurred when the water pond was against the face of the downstream constructed dam and the filter between the clay core and the rockfill shell was not adequate to prevent piping of fines out of the core.

Compared to water dams, the water pond in a TSF should be maintained farther away from the structural zone of the dam; thereby reducing the risk of piping extending from the water pond, through the tailings beach, and through the embankment that supports the tailings impoundment. However, if flood conditions can raise the water levels so that the pond contacts the retaining embankment, then this risk should be addressed. This consideration is particularly relevant for upstream construction, wherein the embankments are more susceptible to differential cracking and consolidation settlement, usually without the benefit of a well-designed filter to mitigate particle migration.

5. Environmental Effects

Tailings dams are typically designed and constructed to limit surface and groundwater contamination. Potential failure modes include release of constituents of potential concern by seepage, or release during storm events. Failure of seepage barriers to perform as expected may be due to unidentified seepage paths, poor construction, and other factors. Insufficient stormwater containment provisions can lead to overtopping, or the requirement for emergency releases of water.

Other environmental failure modes may include, for example, dust generation or fauna impacts with contaminated water.

Risk assessment methodologies to address the failure modes in detail are further discussed in Section 8 of this Bulletin.

7.6.3. Supporting Analysis for Failure Modes

Table 7.1 provides examples of the analyses and considerations that can be used to inform the failure modes assessment.

Table 7.1
Exemples d'analyses permettant d'étayer la détermination des modes de défaillance

Modes de défaillance	Exemples d'analyses et d'aspects à prendre en compte
Instabilité (mécanismes géotechniques) des pentes liées aux fondations et à la structure du barrage	Paramètres appliqués dans les analyses de stabilité et la modélisation des déformations sous contraintes statiques ou sismiques (section 7.9). Les aspects à prendre en compte comprennent le potentiel de liquéfaction et d'anti-écrouissement (ou écrouissement négatif) dans les matériaux du barrage et de ses fondations et les modifications possibles du drainage.
Débordement	Les analyses hydrotechniques qui tiennent compte des tempêtes engendrant une crue de projet (notamment des événements longs et multiples) et des exigences en matière de revanche. Les aspects à prendre en compte comprennent les changements climatiques, les erreurs d'opération, l'érosion des déversoirs, le blocage des déversoirs, la déformation des crêtes résultant du tassement ou d'une instabilité, les vagues générées dans le réservoir par des glissements de terrain, les ruptures de pipelines de transport des résidus, des erreurs humaines, le sabotage, etc.
Érosion interne	Les analyses d'écoulement tenant compte d'une gamme de paramètres et la détermination des gradients hydrauliques, des vitesses d'infiltration, etc. Les aspects à prendre en compte comprennent : la conception des filtres, le tassement différentiel, la fracturation hydraulique, la préparation du substrat rocheux, les conduites dans le remblai du barrage, la dispersivité des matériaux, l'effet du gel dans la partie supérieure du noyau, etc.
Rejets dans l'environnement	Gamme de paramètres pour la modélisation des écoulements et des conditions prévalant sur le site. Gamme de vitesses d'écoulement potentielles et de quantités de résidus et d'eau libérées avec le temps.

7.7. BASES DE CONCEPTION

Les bases de conception définissent les paramètres et les critères clés qui permettront de faire avancer la conception. Ces paramètres sont établis au début des activités de conception de l'ISR puis mis à jour tout au long de la conception et de l'exploitation du barrage pour refléter les éventuels changements.

Les paramètres de la conception sont élaborés de manière à tenir correctement compte des caractéristiques et des hypothèses clés propres au site. Ils permettent d'atteindre les objectifs définis par les critères de conception (section 7.8). Les paramètres clés comprennent, sans y être limités, le tonnage total de résidus prévu sur l'ensemble du cycle de vie de la mine et leur vitesse de production, les contraintes liées à l'eau, les propriétés des résidus, leur résistance et leur densité, les exigences en matière de sollicitations sismiques et de crue, le climat, la qualité de l'eau, la géochimie des résidus et autres données essentielles. Les bases de conception peuvent également inclure la programmation, l'interaction avec d'autres structures, des contraintes ou autres limitations, les sources de matériaux d'emprunt, etc. Ces paramètres sont établis au début des activités de conception de l'ISR puis mis à jour tout au long de l'exploitation du barrage pour refléter l'amélioration des connaissances.

La mise à jour des bases de conception durant la phase d'exploitation est liée à l'approche basée sur les performances et la connaissance des risques. Au cours de l'exploitation, ces paramètres de conception évoluent lorsque de nouvelles données deviennent disponibles, sont comparées aux hypothèses de conception puis utilisées pour la mise à jour des plans et des processus d'exploitation. La même approche s'applique aux incertitudes potentielles associées aux caractéristiques des fondations du barrage ou aux conditions environnementales.

Table 7.1
Examples of analyses to inform determination of failure modes

Failure Modes	Examples of Analyses and Considerations
Slope instability (geotechnical mechanisms) with the foundation and dam structure	Range of parameters applied within stability analyses and/or deformation modeling including both static and seismic loadings (Section 7.9). Considerations include liquefaction and strain softening potential in dam and foundation materials and potential changes in drainage.
Overtopping	Hydrotechnical analyses that consider IDF storm events (including long duration and multiple events) and freeboard requirements. Considerations include climate change, mis-operation, spillway erosion, spillway blockage, deformation of crest due to settlement or instability, landslide generated waves in the reservoir, tailings pipeline rupture, human error, sabotage, etc.
Internal erosion	Seepage analyses with a range of parameters and determination of hydraulic gradients, seepage velocities, etc. Considerations include filter design, differential settlement, hydraulic fracturing, bedrock preparation, conduits in the dam fill, dispersivity of the sails, frost effects on top of core, etc.
Environmental releases	Range of parameters for seepage modeling and site conditions Range of potential flow rates and taillings/water release over time

7.7. DESIGN BASIS

The Design Basis establishes the key parameters and criteria needed to progress the design. These parameters are established at the start of the TSF design and updated during design and operations to reflect changes.

The design basis parameters are developed to list the key characteristics and assumptions that characterize the site and are adopted in the design to achieve the goals/targets identified in the design criteria (Section 7.8). Key parameters include, but are not limited to, life of mine tonnage and production rate, water constraints, tailings properties, strengths, densities, seismic and flood loading requirements, climate, water quality, tailings geochemistry and other key data. Design Basis could also include items such as scheduling, interaction with other structures, constraints or limitations, borrow sources, etc. These parameters are established at the start of the TSF design and updated during operations to reflect improved knowledge.

Updating the Design Basis during the operational phase is linked with the Performance-Based Risk-Informed approach. During operations, these design parameters continue to be assessed as additional information arises and are compared against design assumptions and used to update the design and operations. The same approach also applies to potential uncertainty with the dam foundation characteristics or environmental conditions.

Les bases de conception sont élaborées par l'ID ou l'ingénieur-concepteur et approuvées par le propriétaire avant le début de la conception. Elles peuvent être présentées au début du processus de conception sous la forme d'un mémorandum de bases du projet puis être progressivement mises à jour dans le rapport de bases du projet au fur et à mesure que la conception avance et tout au long du cycle de vie de l'installation de stockage des résidus.

7.8. CRITÈRES DE CONCEPTION

7.8.1. Généralités

Les critères de conception sont un élément clé d'une conception sécuritaire et ils découlent typiquement des principaux modes de défaillance. Ces critères doivent être définis en fonction des conséquences associées aux modes de défaillance qui sont physiquement possibles et dont l'occurrence a une base technique. Les critères de conception doivent ainsi refléter le classement en fonction du niveau des conséquences d'une rupture (chapitre 4), mais il faut remarquer que celui-ci ne tient pas compte des impacts potentiels subis pour le propriétaire du site. De nombreux propriétaires choisissent de mettre en œuvre des critères de conception plus strictes que ceux découlant directement du classement en fonction des conséquences d'une rupture, en tenant compte en particulier de la continuité des opérations et du permis d'exploitation.

Les critères de conception sont des objectifs explicites ou des cibles définies que la conception doit permettre d'atteindre. Ces critères sont élaborés au début du processus de conception par le propriétaire, conformément aux exigences opérationnelles et réglementaires, en consultation avec l'ID ou l'ingénieur-concepteur. Il est important que les critères de conception soient conformes aux obligations découlant des règlements et des exigences liées à l'obtention des permis et qu'ils tiennent compte des pertes éventuelles que pourra subir le propriétaire en cas de défaillance. La mission prédominante de la structure ainsi que ses objectifs (qui ne sont pas nécessairement tous quantifiables) sont également énoncés avec les critères de conception ou les objectifs de performance.

Les critères de conception peuvent être modifiés au fur et à mesure de la construction, de l'exploitation et de la fermeture de l'installation de stockage des résidus. Généralement, les barrages pour lesquels les conséquences d'une défaillance sont parmi les plus graves nécessitent une rigueur accrue pour les activités de conception, de construction, d'exploitation et de gouvernance.

Les critères de conception pour les barrages d'eau en matière d'inondation et de séisme ont été élaborés pour de nombreuses juridictions partout dans le monde et certaines d'entre elles ont développé des exigences spécifiques pour les barrages de stériles, qui s'alignent néanmoins le plus souvent sur les critères élaborés pour les barrages d'eau. Les critères sont typiquement liés à la probabilité d'occurrence de divers événements sur une année (probabilité annuelle de dépassement); ils peuvent aussi être interprétés comme l'inondation ou le séisme le plus important qui pourrait raisonnablement survenir à l'intérieur d'une période donnée.

Les critères présentés dans les paragraphes qui suivent doivent être interprétés comme des recommandations représentant des seuils **minimaux**. En règle générale, chaque installation doit être évaluée de manière à juger de l'opportunité d'augmenter le critère de conception afin de réduire encore plus le risque. Dans tous les cas, il est impératif de se conformer, au minimum, aux exigences des autorités locales.

Les critères de conception concernant la fermeture peuvent être basés sur des valeurs plus élevées que pour l'exploitation afin de refléter l'exigence de performance sur le long terme. Les autres aspects à prendre en compte sont les suivants:

- Évaluer le pire scénario pour la modification du classement du barrage sur la période post-fermeture de l'ISR. La sélection des critères de conception pour la fermeture doit prendre en compte la possibilité que l'installation soit modifiée sur le long terme, ce qui peut être positif ou négatif. La consolidation et le drainage des résidus peuvent par exemple réduire le risque de liquéfaction et de fluidité tandis que l'élimination de la capacité de stocker l'eau réduit le risque de débordement du barrage.

The Design Basis is developed by the EOR/Design Engineer and accepted by the Owner prior to commencement of the design. The Design Basis may be presented at the start of the initial design process as a Design Basis Memorandum (DBM) and progressively updated as the Design Basis Report, as the design progresses and throughout the TSF life stages.

7.8. DESIGN CRITERIA

7.8.1. General

Design criteria are the key elements of a safe design and are typically related to the main failure modes. The design criteria should consider the consequences of failure modes that are physically possible and have a technical basis for their occurrence. The design criteria should consider the consequence classification (Section 4), noting that the consequence classification does not account for potential impacts to an Owner. Many Owners choose to implement design criteria that are more strict than what is required based solely on the consequence classification, particularly considering business continuity and licence to operate.

The design criteria are explicit goals and/or defined targets that the design needs to achieve. The criteria are developed in accordance with the operational and regulatory requirements and are developed at the beginning of a design process by the Owner of the facility in consultation with the EOR and/or Design Engineer. It is important for the design criteria to meet applicable regulatory and permitting obligations as well as recognizing the potential losses to the Owner in the event of a failure. The overarching purpose of the structure and its objectives (not necessarily quantifiable, but some may be) are also stated with the design criteria and/or performance objectives.

As a tailings facility is constructed, operated, and closed, the design criteria may be modified. Generally, higher consequence classification dams also require a higher standard of care with design, construction/operations, and governance.

The design criteria for flood and earthquake for water dams have been developed for many jurisdictions around the world and some jurisdictions also have specific requirements for tailings dams, which are commonly aligned with water dam criteria. The criteria are typically related to the probability of a certain event happening in any year (AEP); however, this can also be thought of as the size of flood or seismic event that could be expected to occur within a certain time period.

The criteria presented in the following sections should be considered as guidance for **minimum** criteria. As a general principle, each facility should be assessed for the potential to increase the design criteria to reduce risk. In all cases, local jurisdictional requirements should be met or exceeded.

The design criteria for closure may consider a higher criterion than for operations, to reflect the long-term performance requirement. Other considerations are:

- Assess the worst-case scenario for change to the dam classification over the expected post-closure life of the TSF. The selection of the design criteria for closure should consider the potential changes to the facility over the long-term, which may be positive or negative. For example, tailings consolidation and drainage may reduce the risk of liquefaction and "flowability", and removal of the ability to store water reduces the risk of dam overtopping.

- Dans certaines juridictions, il sera parfois possible de reclasser l'ISR fermée pour qu'elle ne soit plus soumise à la réglementation sur la sécurité des barrages; même si c'est le cas, il se peut que cela n'affecte en rien le fait que l'ISR fermée doit satisfaire à des critères plus sévères.

- L'installation de nouvelles communautés dans la région peut par contre augmenter le risque de pertes de vie ou d'impacts à l'encontre des communautés et des infrastructures.

Les critères de conception axés sur les risques de crue et les risques sismiques sont présentés dans les paragraphes suivants. Les directives de conception concernant les facteurs géotechniques de sécurité peuvent être complexes. Elles sont discutées à la section 7.9. Les recommandations de conception concernant les infiltrations et l'eau de surface sont discutées respectivement aux sections 7.11 et 7.12. Les recommandations de conception visant à minimiser les impacts environnementaux potentiels sont discutées à la section 7.13.

7.8.2. Critères de conception relatifs aux crues

La plupart des pays ont adopté des critères et des méthodes pour sélectionner la période de retour de la crue de projet. Il existe à cet effet trois méthodes principales:

- La méthode empirique, basée sur la taille des barrages et de l'installation de stockage, sans référence aux conséquences qu'une défaillance pourrait engendrer en aval.

- La méthode basée sur les conséquences d'une éventuelle défaillance, comme décrite au chapitre 4.

- La méthode basée sur les risques, qui consiste à choisir la crue de projet en fonction des risques et des résultats d'une analyse des risques.

La crue de projet est la crue utilisée pour la conception de l'ISR et les ouvrages connexes, en particulier pour le dimensionnement du déversoir et des ouvrages d'évacuation et pour la détermination des besoins en termes de revanche et de capacité de stockage des eaux en cas de crue extrême. L'installation de stockage des résidus doit être capable de résister aux conditions créées par une telle crue, de tolérer éventuellement quelques dommages et une réduction temporaire de certains facteurs de sécurité sans toutefois que ces dommages entraînent une rupture du barrage.

À l'heure actuelle, la plupart des lignes directrices adoptées par différents pays sont basées sur les résultats de l'analyse statistique des crues ou l'évaluation déterministe de la crue maximale probable (CMP). Compte tenu de la période relativement courte sur laquelle les précipitations et les niveaux de crue ont été enregistrés de manière fiable, il est difficile de prédire les événements extrêmes à partir d'une extension des données observées. L'évaluation des périodes de retour au-delà des périodes d'observation demeure une estimation sujette à des incertitudes considérables.

Des études météorologiques peuvent également être utilisées pour prévoir la hauteur de pluie maximale théorique que l'on peut attendre à un endroit donné en fonction de la topographie, de la température de l'air et d'autres facteurs. Il s'agit de la pluie maximale probable (PMP). Le débit de crue résultant de la PMP est la CMP et celle-ci peut être évalué en envisageant la PMP, à laquelle est ajoutée le cas échéant une fonte des neiges, dans les conditions qui règnent alors dans le bassin versant. La PMP est considérée habituellement comme étant une « limite physique maximale qui ne peut pas être dépassée », mais il faut garder à l'esprit que cette hauteur de précipitation maximale, pour une zone d'étude donnée, n'est qu'une approximation, comme pour les méthodes d'estimation statistique des inondations, à cause de la complexité des phénomènes mis en jeu et du nombre limité de données.

La PDA de la PMP est fonction des méthodes utilisées pour déterminer la PMP. Il faut habituellement poser une hypothèse sur la probabilité de dépassement sur une année pour la CMP pour pouvoir estimer la sévérité des crues extrêmes au-delà des limites crédibles que permet une extrapolation, comme indiqué dans le Table 7.1.

- In some jurisdictions, it may be possible to reclassify the closed TSF so that it no longer needs to comply with dam safety legislation; however, this may not change the requirement that the closed structure meets higher design criteria.

- Settlement of new communities in the area could increase the potential for loss of life or impacts to communities and infrastructure.

Design criteria for flood and seismic design are presented in the next sub-sections. Design guidance for geotechnical Factors of Safety can be complex and these are discussed in Section 7.9. Design guidance for seepage and surface water components are discussed in Section 7.11 and Section 7.12, respectively. Design guidance to minimize potential environmental effects are discussed in Section 7.13.

7.8.2. Flood Design Criteria

Most countries have defined criteria and methods to select the return period of the inflow design flood (IDF), which generally fall into three methods:

- Empirical – based on size of dam and storage without reference to downstream consequences of failure.

- Consequence Based – depending on the assessment of the consequence classification of the dam in the event of failure, as described in Section 4.

- Risk Based – the selection of the design flood based on risk and the findings of a risk analysis.

The IDF is the flood used for design of the TSF and its appurtenant works, particularly for sizing the spillway and outlet works and for determining extreme flood storage and freeboard requirements. The tailings facility must be capable of withstanding the flood conditions, possibly accepting some damage and a temporary reduction in factors of safety, but without causing failure of the dam.

Presently, most of the guidelines of different countries are based on the results of statistical flood analyses or the deterministic evaluation of the PMF. The extension of rainfall data records to predict extreme flood AEP is difficult, considering the relatively short length of the historical record of reliable rainfall and flood flow data. Extensions of AEPs beyond the historical record are therefore only estimates and subject to considerable uncertainty.

Meteorological studies can also be used to predict the maximum theoretical rainfall that can occur at any location based on topography, temperature of the air, and other factors. This is termed the probable maximum precipitation (PMP). The flood runoff resulting from the PMP is referred to as the probable maximum flood (PMF), which can be assessed by applying the PMP, plus snowmelt where appropriate, to assumed antecedent basin conditions in the catchment area. Whilst the PMP is commonly considered as "a maximum physical limit that cannot be exceeded" it should be recognized that, for a particular study area, similar to the statistical flood estimation methods, it is only an approximation due to the physical complexity of the phenomena and limitations in data.

The notional AEP of the PMP is a function of the methods used to derive the PMP. An assumption on the AEP of the PMF is usually needed to allow an estimation of the magnitude of extreme flood events beyond the credible limit of extrapolation, as indicated in Table 7.1.

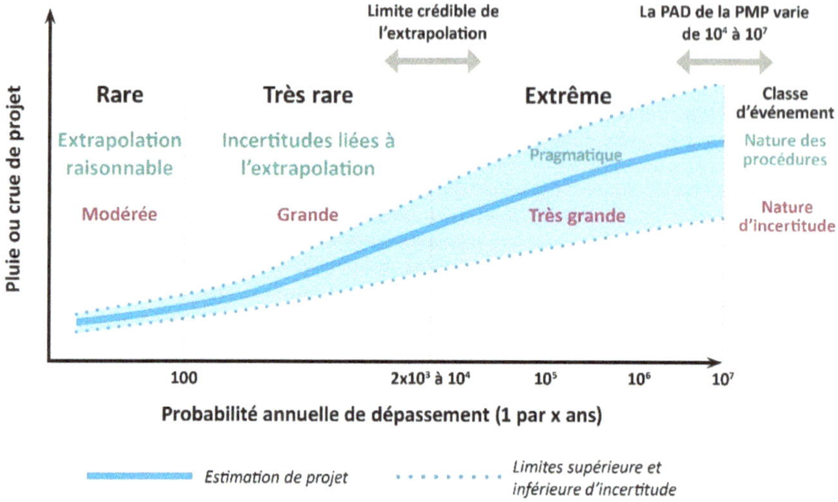

Fig 7.1
Limites de l'incertitude pour les événements de crue extrêmes (Nathan et al, 2019)

Les bulletins B170 et B189 de la CIGB offrent des détails supplémentaires sur l'évaluation des crues.

Le Table 7.2 présente la crue de projet minimale suggérée pour chaque classe de barrage. Il s'agit du critère minimal recommandé durant les périodes d'exploitation et d'entretien actif. Des critères plus sévères sont recommandés pour la phase de fermeture avec entretien passif, même si l'installation est considérée, par certaines juridictions, comme un élément du relief et non plus strictement comme un barrage. Conscients des incertitudes associées à l'amplitude et à la probabilité de la crue, le CSR, l'ingénieur responsable de l'installation de stockage des résidus et l'ID doivent évaluer chaque installation et envisager pour chacune d'entre elles d'augmenter autant que raisonnablement possible le critère de conception.

Table 7.2
Critères de conception minimaux suggérés pour les crues,
pour les phases d'exploitation et d'entretien actif

Classement en fonction du niveau des conséquences	**Critère de crue – Probabilité annuelle de dépassement (PAD)** [1]
	Exploitation et fermeture avec entretien actif
Faible	1/200
Important	1/1000
Élevé	1/3 entre la crue millénale (1/1000) et la CMP
Très élevé	2/3 entre la crue millénale (1/1000) et la CMP
Extrême	CMP

Note:1. Le critère présenté est une recommandation pour le critère minimal suggéré.

La CIGB reconnaît que le Table 7.2 s'écarte des critères de conception pour les crues adoptés par la GISTM, mais l'objectif, pour les deux séries de critères, est que les barrages de stériles soient construits pour résister à des crues de projet suffisamment conservatives. Compte tenu de la difficulté d'estimer les fréquences de crue et de la vaste gamme des PDA associées à des PMP dans le monde entier, la CIGB pense qu'il est nécessaire d'estimer la crue maximale probable (CMP) pour déterminer

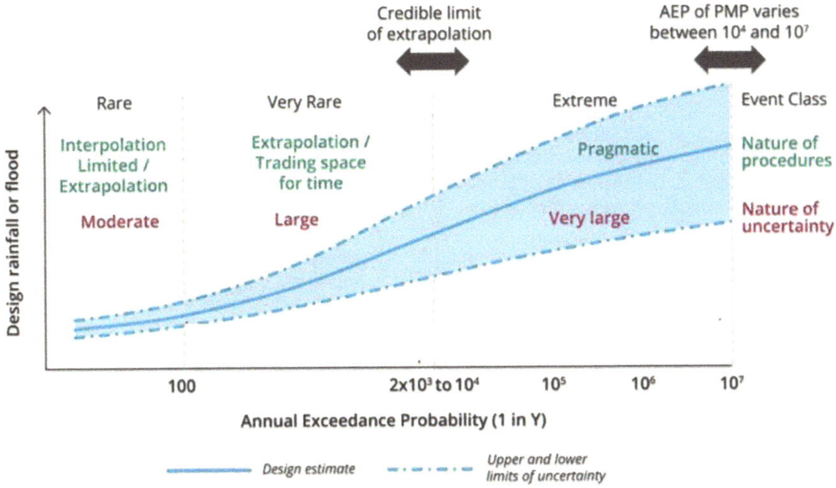

Fig. 7.1
Limits of uncertainty for large floods (Nathan et al, 2019)

ICOLD Bulletins B170 and B189, give further discussion of flood evaluation.

Table 7.2 provides the suggested minimum IDF criteria corresponding to the consequence classification. The criteria represent recommended minimum criteria during the operating and active care periods. Higher criteria are recommended for the passive care closure phase, irrespective that the facility may be considered in some jurisdictions as a landform and not strictly a dam. In understanding the uncertainties in the flood magnitude and likelihood, the AEO, RTFE, and the EOR should assess each facility for the potential to increase the design criteria as far as reasonably practical.

Table 7.2
Suggested minimum flood design criteria for operating and active care phases

Consequence Classification	Flood Criteria -- Annual Exceedance Probability (AEP)[1] Operations and Active Care Closure
Low	1/200
Significant	1/1,000
High	1/3rd between the magnitude of the 1/1,000 flood and the PMF
Very High	2/3rd between the magnitude of the 1/1,000 flood and the PMF
Extreme	PMF

Note: 1) The criteria presented is guidance for suggested minimum criteria.

ICOLD recognizes that Table 7.2 deviates from the Flood Design Criteria adopted by the GISTM, although the objective of both criteria is to design tailings dams for appropriately conservative design floods. However, given the uncertainty in estimating annual flood frequencies and the wide range of estimated AEPs associated with PMP values around the world, ICOLD believes that estimates of the PMF should be performed to determine the magnitude of extreme flood events for most TSFs,

la sévérité des crues extrêmes pour la plupart des ISR, en particulier pour les installations classées « très élevées » et « extrêmes » en termes de gravité des conséquences d'une rupture. En se limitant à une PDA de 1/10 000 comme proposé dans la norme GISTM, on réduit les critères de conception relatifs aux crues dans les pays où la PDA de la CMP est considérée moins probable.

Le critère de conception pour les crues doit également tenir compte de la durée critique de la crue de projet, qui sera utilisée pour le plan de gestion des eaux par évacuation (déversoir) ou stockage. La section 7.12 traite de la détermination de la durée critique et offre des recommandations hydrotechniques supplémentaires à ce sujet.

Autant que possible, la CIGB recommande d'aménager, ou d'au moins prévoir, un déversoir dans le cadre du plan d'intervention en cas d'urgence, comme discuté au paragraphe 10.3.1.

7.8.3. Critères de conception sismiques

Comme pour les crues, l'estimation des charges qui résultent des séismes est une tâche complexe qui doit composer avec d'importantes incertitudes (CIGB, 2016). Comme décrit à la section 5.7, une évaluation des dangers sismiques est requise pour déterminer les paramètres de charge en cas de secousse sismique.

Le Table 7.3 présente plusieurs critères de conception sismiques minimaux pour les phases d'exploitation et d'entretien actif du cycle de vie des ISR. Comme pour les critères relatifs aux crues, chaque installation doit être évaluée de manière à augmenter le plus possible ce critère de conception. Un critère plus élevé doit être envisagé pour la phase d'entretien passif qui suivra la fermeture, en tenant compte du temps prolongé au cours duquel la structure devra rester dans des conditions structurales sécuritaires. Dans certaines juridictions, le SMC (séisme maximal probable) ou le séisme présentant une PDA de 1/10 000 sont choisis pour la fermeture. Le CSR, le responsable de site et l'ID doivent évaluer chaque installation dans l'optique d'augmenter le plus possible ce critère de conception.

Table 7.3
Critères de conception sismiques minimaux

Classement en fonction du niveau des conséquences	**Critères sismiques[1] Probabilité annuelle de dépassement[2] ou Mouvement maximal du sol crédible[3]**
	Exploitation et fermeture avec entretien actif
Faible	1/200
Important	1/1000
Élevé	1/2475
Très élevé	1/5000 ou 50e percentile du SME[1,3]
Extrême	1/10 000 ou 50e percentile du SME[1,3]

Notes:

1. La sélection des déplacements sismiques nominaux du sol suivant la méthode des probabilités ou la méthode déterministe (à partir de scénarios) doit tenir compte de la situation sismique de l'installation ainsi que de la fiabilité et de l'applicabilité de chacune des deux méthodes.
2. Les critères associés aux probabilités de dépassement sur une année (PDA) présentées sont des guides pour les critères minimums suggérés. Chaque installation doit être évaluée de manière à juger de l'opportunité d'augmenter le critère de conception afin de réduire encore plus le risque.
3. Le SMC est basé sur une évaluation déterministe des risques sismiques qui tient compte d'une gamme de scénarios possibles.
4. La sélection d'une PDA de 1/2475 pour le séisme nominal minimum pour la classe « élevée » est basée sur le choix du séisme typique adopté pour les immeubles dans certains codes de la construction, l'application de cette valeur pour la sécurité des barrages dans plusieurs pays et son inclusion dans la norme GISTM.

and particularly for Very High and Extreme Consequence facilities. Limiting flood design to an AEP of 1:10,000 as proposed in the GISTM will reduce flood designs in countries where the AEP of the PMF is considered a lower probability.

The flood design criteria must also consider the critical duration of the IDF, which is to be used for either routing the flood through a spillway or when storing the flood. Determination of the critical duration and additional hydrotechnical guidance is provide in Section 7.12.

Wherever practicable, ICOLD recommends that an emergency spillway be provided, or at least planned for, as part of the emergency response plan, as discussed in Section 10.3.1.

7.8.3. Seismic Design Criteria

As with floods, the estimation of earthquake loadings is a complex matter and includes significant uncertainty (ICOLD, 2016). As described in Section 5.7, a seismic hazard assessment is required to determine the earthquake loading parameters.

Table 7.3 includes suggested minimum seismic design criteria for the operating and active care periods of the TSF lifecycle. As for the flood criteria, each facility should be assessed for the potential to increase the design criteria as far as practical. Higher criteria should be considered for the passive care closure phase, selected with consideration of the extended time that the structure is intended to remain in a safe structural condition. In some jurisdictions, the MCE or the 1 in 10,000 AEP earthquake are elected for closure. The AE, RSP, and the EOR should assess each facility for the potential to increase the design criteria as far as reasonably practical.

Table 7.3
Minimum seismic design criteria

Consequence Classification	Seismic Criteria[1] Annual Exceedance Probability[2] or Maximum Credible Ground Motion[3]
	Operations and Active Care Closure
Low	1/200
Significant	1/1,000
High	1/2,475[4]
Very High	1/5,000 or 50th percentile MCE[1,3]
Extreme	1/10,000 or 84th Percentile MCEA[1,3]

Notes:

1) The selection of the probabilistic or deterministic (scenario-based) design earthquake ground motions should consider the seismic setting and the reliability and applicability of each method.
2) The criteria associated with annual exceedance probabilities (AEP's) presented are guidance for suggested minimum criteria. Each facility should be assessed for the potential to increase the design criteria to further reduce risk.
3) MCE is based upon a deterministic seismic hazard assessment that considers a range of scenarios.
4) The selection of an AEP of 1/2475 as a minimum design earthquake for High Hazard is based on the typical design earthquake for buildings in certain building codes, the application of this value for dam safety in multiple countries, and its inclusion in the GISTM.

Les mouvements du sol associés au SME (approche déterministe) et ceux associés au critère correspondant établi selon la probabilité de dépassement sur une année (approche probabiliste), présentés dans le Table 7.3, peuvent différer de manière importante. Dans les secteurs où l'activité sismique est relativement faible, les failles répertoriées peuvent être associées à des vitesses de glissement extrêmement faibles ou à des intervalles de récurrence très longs. Les mouvements du sol pour le SMC peuvent donc s'avérer irréalistes, car trop élevés et correspondant à un événement associé à une PDA très faible. Dans les régions sismiquement actives, par contre, les mouvements du sol associés au SMC peuvent s'avérer trop faibles puisque la faille en question peut être associée à une vitesse de glissement extrêmement élevée et à un intervalle de récurrence très court et donc à une PDA élevée. En pratique, cela signifie que dans certains cas, le plus faible des deux critères peut s'avérer être le plus approprié. Cependant, dans certaines conditions sismiques, le plus élevé des deux critères pourra s'avérer réaliste et devra donc être adopté. La sélection du critère de conception sismique pour les ISR classées « très élevé » ou « extrême » pour ce qui est du niveau des conséquences d'une défaillance nécessite donc parfois le consensus d'un groupe d'experts en la matière.

7.9. ÉVALUATION DE LA STABILITÉ DE LA PENTE

7.9.1. Introduction

L'évaluation de la stabilité des talus est un élément clé de l'évaluation de la sécurité des installations de stockage des résidus et cet exercice se base le plus souvent sur des « facteurs de sécurité » calculés par des analyses à l'équilibre limite. La stabilité peut aussi être évaluée à l'aide de modèles numériques avancés (analyses non linéaires des déformations) basés sur les relations constitutives entre contrainte et déformation. Bien qu'elle soit mise en œuvre avec succès en Europe, l'analyse des états limites n'est pas fréquemment mise en œuvre dans la pratique et n'est pas décrite dans le présent bulletin. Les méthodes probabilistes peuvent être appliquées à l'aide de l'une quelconque de ces méthodes.

La stabilité d'une pente existante peut également être déduite des données de performance. Cette méthode n'est bien sûr pas utilisable pour les nouvelles installations pour lesquelles aucune donnée de performance n'est disponible et elle n'est pas appropriée pour les installations qui dépendent de la résistance de matériaux au comportement mécanique très fragile, car il n'existe pas de méthode permettant de surveiller, de prévoir ou de détecter l'imminence d'une rupture fragile. Pour les autres barrages, la stabilité de pente peut être déduite de l'examen des données de pression interstitielle (qui doivent rester largement à l'intérieur des gammes prévues) et des données de déformation (qui doivent montrer l'absence de déformation). Cependant, une évaluation de la sécurité du barrage basée sur des données de performance risque de ne pas tenir compte de conditions auxquelles le barrage n'a pas encore été soumis, telles que des niveaux d'eau extrêmes ou des secousses sismiques.

Cette section est axée sur l'analyse à l'équilibre limite pour l'évaluation de la stabilité. Le lecteur y trouvera une brève discussion portant sur l'analyse des déformations non linéaires et l'évaluation basée sur les performances.

L'évaluation de la stabilité de pente doit être soutenue par un modèle de conception géotechnique dont les paramètres pour les matériaux ont été obtenus à partir de mesures objectives et de principes techniques contemporains et défendables qui tiennent compte de la variabilité propre aux divers matériaux, de l'échelle de cette variabilité et des incertitudes concernant leurs comportements. La délimitation des régions et les paramètres de conception à l'intérieur d'une même zone géologique pourront varier suivant le comportement du matériau considéré et la contrainte envisagée. L'annexe A fournit les principes clés du comportement mécanique des matériaux soumis à une contrainte de cisaillement, dont la compréhension est essentielle pour l'évaluation de la stabilité d'une pente. Les analyses doivent tenir compte de la gamme complète des propriétés des matériaux ainsi que des variations possibles de la pression interstitielle, des conditions de nappe pouvant résulter de crues extrêmes et des conditions variables dans le bassin de décantation.

There may be significant differences in the ground motions associated with the MCE (deterministic approach) and the corresponding ground motions indicated by the AEP-based (probabilistic) criteria presented in Table 7.3. In areas of relatively lower seismic activity, the identified faults may have extremely low slip rates and/or long recurrence intervals. As a result, the MCE ground motion may be unrealistically high and would correspond to an event with a very low AEP. Conversely, in seismically active regions, the MCE ground motions may be inappropriately low for design because the identified fault may have an extremely high slip rate and a short recurrence interval and corresponds to a high AEP. In practice, this means that in some cases, the lower of the two criteria may be appropriate. However, in some seismic settings, the larger of the two criteria may be realistic and should be considered. Therefore, the selection of seismic design criteria for Very High and Extreme consequence TSFs may sometimes require a consensus of a panel of seismic experts.

7.9. SLOPE STABILITY ASSESSMENT

7.9.1. Introduction

Assessment of slope stability is a key element of the safety evaluation of tailings dams and is most often based upon Factor of Safety (FOS) values calculated using limit-equilibrium (L-E) analyses. Alternatively, stability analyses can be carried out using advanced numerical models (i.e., non-linear deformation analyses or NDA) that are based on stress-strain constitutive relationships. Despite being used successfully in Europe, limit states analysis is less commonly used in practice and is not addressed in this Bulletin. Probabilistic methods may be applied using either of these methods.

The safety of an existing slope can also be inferred from performance data. This method is not available for the design of new facilities — because no performance data are available — nor is it appropriate for facilities that rely on the strength of highly brittle materials, because there are no methods to monitor and predict or detect such failures in advance. However, for other dams, the safety of the slope can be inferred from an examination of pore pressure data (well within planned ranges) and deformation data (limited to no deformation). However, the safety of the dam based on performance data may not account for conditions that the dam has not yet seen, such as extreme water levels or seismic loading.

This section focusses on L-E analyses for stability and provides limited discussion on non-linear deformation analysis and performance-based assessments.

Slope stability assessment should be supported by a geotechnical design model (GDM) with design material parameters derived using objectively measured data and current and defendable engineering principles that consider material variability, the scale of variability, and the behavior uncertainties. The delineation of regions and the design properties within the same geological setting may vary depending on the material behavior under the particular loading condition. Appendix A provides the key principles of material behavior under shearing, a good understanding of which is essential for carrying out any slope stability assessment. The analyses should consider the range of potential material properties and potential variations in pore pressures/ phreatic conditions due to extreme floods and variable decant pond conditions.

7.9.2. *Méthodes d'évaluation de la stabilité de pente*

La méthode d'équilibre limite est utilisée pour la conception des nouvelles installations et pour évaluer la stabilité des installations existantes. Dans la plupart des cas, les analyses de l'équilibre limite sont considérées suffisantes pour la conception et l'évaluation si le facteur de sécurité calculé pour chaque condition de chargement dépasse la valeur minimale (décrite au paragraphe 7.9.4). De plus, une analyse de l'équilibre limite est généralement suffisante pour les installations dont les fondations et les zones structurales sont faites de matériaux dilatants dans toutes les conditions d'exploitation rencontrées au cours du cycle de vie de l'installation et lorsque suffisamment de données piézométriques appropriées sont disponibles à cet effet.

Cependant, lorsque des matériaux contractants sont présents, et en particulier lorsque des comportements avec écrouïssage négatif (strain softening) ou des comportements fragiles sont possibles, certaines des hypothèses de base de l'analyse de l'équilibre limite pourraient ne pas être correctes et une analyse non linéaire des déformations peut alors être requise pour vérifier que ces déformations ne pourraient pas entraîner une défaillance. Même si les méthodes basées sur l'analyse non linéaire des déformations permettent d'obtenir une représentation plus détaillée de la nature complexe du phénomène de cisaillement et des déformations qui en résultent, elles ne sont pas nécessairement plus efficaces que les méthodes simplifiées basées sur l'analyse de l'équilibre limite à cause de toutes les incertitudes associées aux paramètres décrivant les matériaux dans le modèle d'analyse non linéaire des déformations. La mise en œuvre de ces deux types d'analyse nécessite de la prudence et un bon sens technique.

Lors de l'évaluation d'installations existantes, on pourra souvent utiliser l'analyse de l'équilibre limite comme outil de filtrage pour vérifier si des analyses plus avancées des déformations ou d'autres méthodes d'évaluation de la stabilité doivent être mises en œuvre comme détaillé au paragraphe 7.9.12. Des explications plus avancées sur les avantages, les inconvénients et les limitations des méthodes de l'équilibre limite et de l'analyse non linéaire des déformations sont fournies ci-après.

Il faut procéder avec prudence lorsque des matériaux contractants sont présents dans la zone structurale du remblai ou des fondations. L'analyse de l'équilibre limite ne tenant pas compte de l'influence de la relation contrainte-déformation, il sera peut-être plus approprié d'utiliser une analyse non linéaire des déformations pour évaluer la sécurité du barrage lorsque la résistance au cisaillement dépend fortement de la contrainte, comme discuté aux paragraphes 7.9.2, 7.9.6 et 7.9.7.

Une charge sismique provoque une augmentation des pressions interstitielles et une possible réduction des résistances au cisaillement. Il est donc important d'utiliser des caractéristiques appropriées pour les matériaux et les pressions d'eau interstitielle afin d'évaluer correctement les conditions post-sismiques lorsque l'on construit le modèle de conception géotechnique. Parmi les effets potentiels, on peut citer des phénomènes de ramollissement (écrouïssage négatif) et des surpressions interstitielles qui doivent être pris en considération pour les fondations de l'ISR et les zones structurales des remblais.

Lors de l'évaluation de la stabilité d'une pente, les aspects suivants doivent être pris en considération:

- Les conséquences d'une défaillance.
- La complexité générale du problème.
- La réponse attendue des matériaux soumis au cisaillement (contractants ou dilatants) et l'évolution de cette réponse sous une contrainte de confinement et en fonction du niveau de cette contrainte, y compris la possibilité de mécanismes aboutissant à des ruptures fragiles.
- La variabilité et les incertitudes associées aux propriétés des matériaux, aux conditions souterraines et aux pressions interstitielles.

7.9.2. Slope Stability Assessment Methods

The L-E method is used for the design of new facilities and to assess the stability of existing facilities. In most cases, L-E analyses are viewed as sufficient for design and assessment when the FOS calculated for all loading conditions exceed the minimum values (described in Section 7.9.4). Furthermore, L-E analysis is normally sufficient for facilities where materials comprising the foundation and the structural zones of the tailings dam are expected to be dilative over the full range of operating conditions over the life of the facility and appropriate and sufficient piezometric data are available.

However, when contractive materials are present, especially when significant strain-softening and/or brittle behavior is possible, some of the underlying assumptions of L-E analysis may not be met, and NDA may be required to assess if deformations could lead to failure. While NDA methods inherently allow for more advanced representation of the complex nature of shearing and deformation behavior of soils, they are not necessarily superior to the more simplified limit-equilibrium method because of the range of uncertainties associated with the material parameters for an NDA model. Caution and engineering judgment are required when implementing both types of analysis.

Often in the assessment of existing facilities, L-E analysis may be used as a screening tool to identify whether advanced deformation analyses or alternative methods for assessing the stability of the dam are warranted as detailed in Section 7.9.12. Further discussions on the advantages, disadvantages, and limitations of L-E and NDA methods are provided below.

Caution is required when contractive soils are present in the structural zone of the embankment or foundations. As the strain-stress dependency is not captured in the L-E analysis, NDA's may be appropriate to assess the safety of the dams where the shear resistance is strongly strain-dependent as discussed in Sections 7.9.2, 7.9.6 and 7.9.7.

Seismic loading induces pore pressures and potential reductions in shear strengths, so it is important that appropriate material and pore water pressure characteristics are applied for post-seismic loading conditions when building up the GDM. Potential effects include strain softening and seismic-induced excess pore water pressures that should be considered for the TSF foundations and the structural zones of the embankments.

When undertaking a slope stability assessment, the following should be considered:

- The consequences of failure.
- The overall complexity of the problem.
- The expected soil response to shearing (i.e., contractive/dilative) and its variation with confining stress and stress level, including the potential for brittle failure mechanisms.
- The variability and uncertainty associated with material properties, the subsurface conditions, and the pore pressure conditions.

- Les méthodes de construction et les conditions d'exploitation.

- Le niveau de détails des investigations menées sur le site et de la surveillance géotechnique.

- Les processus évolutifs dépendant des déformations et des chemins de contrainte qui peuvent affecter les propriétés critiques des matériaux telles que les pressions interstitielles et les résistances au cisaillement en cours d'exploitation.

- Les incompatibilités de déformations entre les différents matériaux formant le barrage et ses fondations.

- La possibilité de mise en œuvre d'un système efficace de gestion des risques pour atténuer les risques résiduels découlant des incertitudes associées à ces facteurs sur l'ensemble du cycle de vie du barrage.

Ce paragraphe sur l'évaluation de la stabilité des pentes inclut deux annexes expliquant les principes clés de la mécanique des sols et l'application des facteurs de sécurité aux conditions *in situ*:

- L'annexe A offre des recommandations sur la caractérisation de la résistance au cisaillement et du comportement en déformation des matériaux rencontrés dans les sols naturels et les résidus. Le concepteur doit comprendre et appliquer les concepts décrits dans l'annexe A lors de la sélection des paramètres qui serviront aux analyses de la stabilité par la méthode de l'équilibre limite. L'annexe A comprend également une description du comportement fragile et une définition préliminaire.

- L'annexe B offre des recommandations pour la sélection d'une méthode d'analyse et des facteurs de sécurité minimaux pour les installations de stockage des résidus comportant des matériaux contractants dans leurs zones structurales.

7.9.3. Méthode de l'équilibre limite

La méthode de l'équilibre limite appliquée à l'évaluation de la stabilité d'une pente dérive de la « méthode des tranches ». Plusieurs versions de cette méthode des tranches peuvent être utilisées. Elles diffèrent principalement par l'interprétation des forces intertranches. Les méthodes les plus communes sont mises en œuvre dans divers progiciels commerciaux d'analyse de la stabilité des pentes.

Dans la méthode de l'équilibre limite, la stabilité de la pente est typiquement évaluée pour une ou plusieurs sections (2-D) représentatives. Plusieurs sections sont habituellement analysées de manière à identifier une ou plusieurs sections critiques qui présentent le plus faible facteur de sécurité ou pour lesquelles une défaillance aurait les conséquences les plus graves. Les progiciels modernes basés sur la méthode de l'équilibre limite ont des modules de recherche intégrés qui permettent d'analyser rapidement plusieurs surfaces de défaillance potentielles (circulaire ou non circulaire) lors de la recherche de la surface de cisaillement qui sera associée au plus faible facteur de sécurité. Il faut cependant veiller à ce que les surfaces ainsi mises en évidence restent raisonnables. Ce procédé permet d'identifier les surfaces de cisaillement critiques. Ce sont les surfaces qui, en cas de défaillance ou de mouvement significatif, pourraient provoquer une libération incontrôlée du contenu stocké (eau ou résidus), ce qui aurait des conséquences majeures pour la sécurité de l'installation, immédiatement ou à la suite d'une défaillance progressive. Une défaillance le long de ces surfaces de cisaillement critiques provoque typiquement la perte de la revanche, la perte d'une partie importante de la crête du barrage ou des dommages importants à des éléments critiques de la sécurité du barrage (noyau, filtres, ouvrages de collecte des infiltrations, etc.). Les surfaces de glissement jugées sans conséquence (affaissements très peu profonds en surface) peuvent être écartées.

- The methods of construction and operating conditions.
- Comprehensiveness of site investigations and geotechnical monitoring.
- Time-dependent, deformation-dependent, and stress-path-dependent processes that may affect the critical material properties, such as the operational pore pressures and shear strengths.
- Strain-incompatibility of the different materials forming the dam and its foundation.
- The potential for, and implementation of, an effective risk management system to reduce or mitigate the residual risks associated with the uncertainties of these factors over the lifecycle of the dam.

This section on Slope Stability Assessment includes two Appendices to assist in understanding key principles of soil mechanics and the application of factors of safety to in situ conditions:

- Appendix A provides guidance on characterization of shear strength and deformation behavior of natural soils and tailings materials. The designer must understand and apply the concepts described in Appendix A when selecting the inputs for L-E stability analyses. Appendix A also includes a description of brittleness and a preliminary definition.
- Appendix B provides guidance for selection of analysis methods and minimum FOS values for tailings facilities with contractive materials within the structural zones of the facility.

7.9.3. Limit Equilibrium Method

The L-E method of slope stability is formulated around the "method of slices". Several different L-E methods of slices are available, with the primary difference being in the interpretation of the inter-slice forces. The most common methods are implemented in a variety of commercial slope stability software packages.

L-E slope stability analyses are typically assessed for one or more representative 2-D cross section(s). Multiple sections are usually analyzed to identify one or more critical section(s) that have the lowest FOS and/or have the highest consequences of failure. Modern L-E software packages have built-in search routines that can quickly analyze multiple potential failure surfaces (both circular and non-circular) in a search for the shear surface that yields the lowest FOS, although care must be taken that the resulting surfaces appear reasonable. Through this process, critical shear surfaces are identified that, were they to fail or undergo significant movement, could result in the uncontrolled release of the stored contents (water and/or tailings) and/or would represent a major consequence to the safety of the facility, either immediately or in the form of a progressive failure. Typically, failure along these critical shear surfaces would result in loss of freeboard, loss of a significant portion of the dam crest, or significant damage to critical dam safety features (e.g., core, filter, seepage collection features, etc.). Slip surfaces that are deemed inconsequential (e.g., very shallow surface slumps) may be dismissed.

Le facteur de sécurité calculé lors de l'analyse de l'équilibre limite est typiquement défini comme étant le facteur de réduction requis pour réduire la résistance au cisaillement des matériaux de manière à atteindre un état d'équilibre limitant entre les forces de mise en charge et de résistance. Le facteur de sécurité calculé lors de l'analyse des équilibres limites est le même pour chaque tranche et pour l'ensemble de la surface de glissement, ce qui constitue une simplification puisque le facteur de sécurité pour chaque tranche varie et qu'un transfert important de charge peut survenir lorsque des matériaux susceptibles de subir un ramollissement sont présents. Cette simplification fait partie des limitations de l'approche basée sur l'analyse de l'équilibre limite décrites de manière plus détaillée dans le paragraphe 7.9.11. Cependant, compte tenu de sa simplicité et des bons résultats généralement obtenus lorsque des paramètres appropriés sont choisis, cette méthode reste appropriée pour la plupart des études de conception. S'il est nécessaire d'estimer quantitativement les mouvements, une analyse non linéaire des déformations sera requise.

7.9.4. Facteurs de sécurité cibles pour les analyses de stabilité basées sur l'équilibre limite

La stabilité de la pente des barrages est habituellement évaluée à l'aide de facteurs de sécurité minimaux spécifiés pour les cas de charge les plus communs. L'amplitude de ces charges est liée à la classe de l'ISR. Cette approche, dite « basée sur les normes », est utilisée par la plupart des règlements et directives de sécurité sur les barrages dans l'optique de définir les exigences minimales en matière de sécurité.

Le Table 7.4 présente les facteurs de sécurité ciblés pour deux conditions d'instabilité principales: statique et post-liquéfaction. Ces valeurs cibles sont généralement considérées comme étant des valeurs minimales, à moins qu'une justification soit fournie pour l'adoption d'une valeur inférieure. Ce paragraphe et l'annexe B offrent des recommandations permettant de décider des éventuels ajustements à apporter à ces valeurs cibles.

Table 7.4
Facteurs de sécurité cibles

Condition de stabilité	Facteur de sécurité minimal ciblé
Conditions statiques	1,5
Conditions de post-liquéfaction[1]	1,1

Note: 1. Pour les terrains de type argileux et les roches argileuses litées, le facteur de sécurité minimum pour le cas avec une résistance au cisaillement résiduelle doit être le même que pour le cas post-liquéfaction

Les facteurs de sécurité ciblés mentionnés dans le Table 7.4sont basés sur l'hypothèse que de bonnes pratiques reconnues internationalement ont été adoptées pour ce qui est de la caractérisation du site, de la sélection des paramètres et des approches suivies pour la conception et qu'un MCG a été élaboré comme discuté au paragraphe 7.9.1.

7.9.5. Conditions de stabilité

Des analyses de stabilité sont habituellement effectuées pour les situations suivantes:

- À la fin de la construction du barrage d'appui et de l'ISR.
- Durant l'exploitation normale de l'ISR.
- Après des pluies extrêmes et lorsqu'il faut plusieurs semaines ou plusieurs mois pour réduire le niveau d'eau dans l'ISR.
- Lorsque l'exploitation de l'ISR a été temporairement suspendue.

The FOS calculated in L-E analysis is typically defined as a reduction factor that is required to reduce the shear strength of materials to bring the driving and resisting forces into a state of limiting equilibrium. The calculated FOS in an L-E analysis is the same for each slice and for the entire slip surface, which is a simplification, as the FOS for each slice varies, and significant load transfer can occur when strain-softening materials are present. This simplifying assumption is one of several limitations to the L-E approach described further in Section 7.9.11. However, because of its simplicity and generally favorable track record when appropriate input parameters are selected, the L-E method is suitable for most design cases. If quantitative estimates of movement are required, an NDA would be necessary.

7.9.4. Target Factors of Safety for Limit Equilibrium Stability Analyses

Slope stability of dams is typically assessed using minimum FOS criteria specified for the most common loading conditions, the magnitudes of which are related to the dam classification of the TSF. This approach is referred to as the "standards-based" approach and is used by most dam safety regulations or guidance documents to define the minimum safety requirements.

Table 7.4 provides target FOS for two principal stability conditions: static and post-liquefaction. The targets are generally considered as minimum values unless justification is provided for a lower value. This section and Appendix B provides guidance to assess where adjustments may be made to these targets.

Table 7.4
Target factors of safety

Stability Condition	Target Minimum Factor of Safety
Static Conditions	1.5
Post-Liquefaction Conditions[1]	1.1

Note: 1) In clay soils and shales the residual shear strength case should target the same minimum FOS as the post-liquefaction case

The target FOS in Table 7.4 assume that leading international practice has been adopted with respect to the site characterization, selection of parameters, and design approaches, and that a GDM has been developed as discussed in Section 7.9.1

7.9.5. Stability Conditions

Stability analyses are typically conducted for the following situations:

- TSF end of starter dam construction and construction phases.
- TSF normal operations.
- TSF after an extreme rainfall event and when it takes several weeks or months to reduce the water level.
- TSF with temporarily suspended operations.

- Lorsque l'ISR fait l'objet de travaux et de maintenance (fermeture avec entretien actif).
- Lorsque l'ISR est fermée et sous entretien passif.

Une éventuelle liquéfaction déclenchée lors d'une mise en charge statique est prise en compte dans l'évaluation de la stabilité post-liquéfaction.

Les analyses de stabilité basées sur la méthode de l'équilibre limite doivent être effectuées en appliquant des résistances au cisaillement appropriées qui reflètent la gamme de contraintes et les comportements attendus des matériaux contenus dans les fondations et les zones structurales du barrage. Pour les barrages constitués de matériaux dilatants, les résistances maximales à utiliser pour la modélisation de la stabilité devraient être celles correspondant à de faibles déformations, à moins que l'on soupçonne une incompatibilité du comportement contrainte-déformation entre certains matériaux.

Pour les barrages qui contiennent des éléments contractants dans leur enveloppe ou dans leurs fondations et qui peuvent être (ou devenir) saturés ou partiellement saturés, il faut envisager d'utiliser des paramètres de résistance au cisaillement non drainé (voir l'annexe A pour de plus amples recommandations sur la caractérisation des sols contractants). Si des matériaux contractants sont présents dans le barrage ou dans ses fondations, il peut être approprié d'envisager la possibilité qu'un événement déclencheur entraîne une mise en charge et un cisaillement non drainés dans les éléments contractants. Pour les matériaux contractants, la résistance au cisaillement non drainé est habituellement inférieure à la résistance en conditions drainées et une mise en charge et un cisaillement non drainés contrôleront généralement, dans ce cas, l'évaluation de la stabilité.

Une analyse en conditions drainées des matériaux contractants pourrait fournir des résultats trompeurs et non conservatifs puisqu'il est improbable qu'un barrage comportant des éléments contractants subisse une défaillance en conditions drainées. Une idée fausse, mais répandue veut qu'une fois que la construction d'un barrage est terminée et que les surpressions interstitielles résultant de la construction ont été dissipées, les matériaux contractants du barrage puissent être considérés comme étant « drainés » et que les paramètres de contrainte effective soient appropriés pour les futures analyses de stabilité de la pente. Cependant, si un événement initiateur entraîne une mise en charge et un cisaillement non drainé, le matériau peut rapidement passer de conditions drainées à des conditions non drainées avec l'apparition de surpressions interstitielles induites par le cisaillement (voir l'annexe A) et les résistances non drainées contrôleront alors la stabilité.

Les événements déclencheurs typiques d'une défaillance non drainée en conditions statiques comprennent les situations suivantes:

- Élévation d'un barrage de stériles entraînant une charge supplémentaire de matériau appliquée au barrage et une concentration des contraintes le long d'éventuelles surfaces de défaillance associées à l'élévation du barrage, ce qui peut générer des surpressions interstitielles qui peuvent engendrer un cisaillement non drainé.
- Réduction de la charge induite par les sols sur le talus aval ou le pied du barrage (par érosion, nivellement de la pente ou excavation). Cela peut entraîner des déformations du barrage ou de ses fondations qui peuvent générer des surpressions interstitielles et des contraintes de cisaillement non drainé.
- Développement de plusieurs zones d'érosion importante sur le talus aval d'un barrage, suite à une ou plusieurs précipitations extrêmes, qui peuvent modifier les conditions de contrainte et de déformation dans le barrage.
- Érosion d'importantes parties du barrage et des résidus durant un épisode de débordement suite à une crue, qui pourra modifier les conditions de contrainte et de déformation.
- Déformation et contrainte de cisaillement dans des matériaux contractants ou des matériaux ductiles pouvant être soumis à de fortes contraintes. Une telle situation peut entraîner une modification de l'état des contraintes des matériaux dans la partie haute du barrage et conduire à une liquéfaction statique d'éléments contractants.

- TSF in care and maintenance (active care closure).
- TSF in passive care closure.

Liquefaction triggered during static loading is addressed in the post-liquefaction stability condition.

L-E stability analyses should apply appropriate shear strength properties that reflect the range of loading conditions and behaviors expected of the soils comprising the foundation and structural zones of the dam. For dams that comprise dilative soils, the selected peak strength to be used in the stability modelling should be at low strains unless there are potential concerns with strain incompatibility between materials.

For dams that have contractive elements in the dam shell or foundation and that may be (or may become) saturated or partially saturated, undrained shear strength parameters must be considered (refer to Appendix A for further guidance on contractive soil characterization). If contractive soils are present in the dam and/or foundation, it may be appropriate to assume that there could be an initiating event that could result in undrained loading and shearing in the contractive elements. For contractive soils, the undrained shear strength is typically lower than "drained strength parameters" and would thus indicate that undrained loading and shearing conditions will generally control the stability assessment.

A "drained analysis" of contractive materials could provide misleading and non-conservative results since it is unlikely that a dam with contractive elements will fail in a drained manner. A common misconception is that after a dam is constructed and the excess pore pressures resulting from construction have dissipated, the contractive materials in the dam may be considered "drained" and effective-stress parameters are appropriate for future slope stability analysis. However, if an initiating event results in undrained loading and shearing, then the material can quickly transition from a drained to undrained condition as shear-induced excess pore pressures are generated (see Appendix A) and the undrained strengths will control stability.

Typical initiating events for undrained failure under static conditions include:

- Raising of a tailings dam, thus adding soil load to the dam, resulting in an increase in loading and stress concentrations along potential failure surfaces associated with higher dam heights, which can induce excess pore water pressures that can lead to undrained shearing.
- Reduced soil loads at the downstream slope or toe (by erosion, slope re-grading, or excavation). This can lead to deformations of the dam and/or foundation that induce excess pore water pressures and undrained shearing.
- Development of significant erosion features on the downstream slope of a dam due to an extreme precipitation event(s), that can change the stress and deformation conditions in the dam.
- Erosion of significant portions of the dam and tailings during an overtopping flood event that can change the stress and deformation conditions.
- Deformation and shear straining in materials at the base of a dam that are contractive or are ductile and can experience large strains. This can cause a change in stress state of the materials in the upper portions of the dam, resulting in static liquefaction of contractive elements.

- Défaillance progressive (contraintes excessives appliquées sur une zone localisée dans les sols ou les roches provoquant un transfert de contraintes et une défaillance des zones adjacentes), en particulier lorsque des mécanismes de fluage interviennent. Une rupture par fluage peut démarrer en conditions drainées, mais peut s'accélérer et aboutir à des cisaillements non drainés.

- Modifications des pressions interstitielles à l'intérieur du barrage ou de ses fondations. De telles modifications peuvent entraîner une augmentation des contraintes effectives et provoquer des déformations capables d'amorcer un événement non drainé.

- L'élévation du niveau phréatique qui entraîne une réduction de la contrainte effective moyenne.

7.9.6. Conditions de stabilité post-liquéfaction

La liquéfaction est définie comme étant un phénomène par lequel un sol saturé ou partiellement saturé perd une fraction importante de sa résistance et de sa rigidité sous l'action d'une contrainte, habituellement une secousse sismique ou autre modification soudaine des contraintes, et se comporte alors comme un liquide (Hazen, 1918). La liquéfaction des matériaux non cohésifs dans le barrage ou ses fondations peut être provoquée par un événement sismique, une modification des contraintes ou des déformations (liquéfaction statique). La possibilité de liquéfaction durant un événement sismique dépend de la susceptibilité du sol à se liquéfier et de l'amplitude du séisme. L'amplitude de l'événement sismique est intégrée dans le critère de conception. Il est important de faire remarquer qu'en cas de séisme important, même les sols normalement considérés denses peuvent subir une liquéfaction cyclique.

La possibilité qu'une liquéfaction statique survienne dépend de la susceptibilité du sol à ce phénomène, mais aussi de sa résistance au cisaillement, de la contrainte de cisaillement statique qui lui est appliquée, de ses caractéristiques en matière de déformation et de l'amplitude de celles-ci. Une description plus détaillée de la liquéfaction statique est fournie dans l'Annexe B.

Si la liquéfaction est possible, les analyses de stabilité pour les conditions post-liquéfaction doivent partir de l'hypothèse que les sols potentiellement liquéfiables se liquéfieront complètement; on doit alors appliquer une résistance résiduelle post-liquéfaction. Les conditions de stabilité post-liquéfaction peuvent s'avérer critiques pour la stabilité. Si le facteur de sécurité calculé pour les conditions de stabilité post-liquéfaction est inférieur à 1,1, il est conseillé de suivre l'approche décrite dans l'Annexe B pour approfondir l'analyse et définir la réponse appropriée face au risque associé à ces conditions.

7.9.7. Résistance résiduelle dans les argiles et les résidus argileux

Le terme « résistance résiduelle » n'est pas employé de manière cohérente au sein de la communauté des géotechniciens. Dans le présent bulletin, ce terme désigne la résistance minimale du sol après passage par une résistance maximale puis déformation suffisante pour atteindre cette résistance au cisaillement minimale. Comme décrit dans les paragraphes précédents, dans le cas des sols pulvérulents, le terme « résistance résiduelle non drainée » désigne la valeur minimale atteinte après déclenchement de la liquéfaction. Cet usage de l'adjectif « résiduelle » peut aussi être appliqué à certaines argiles ou sols argileux présentant une forte teneur en eau, typiquement supérieure à 80 % de la limite de liquidité.

Une fois qu'une argile a subi un cisaillement tel qu'elle a atteint sa résistance résiduelle, elle se maintiendra à ce niveau et ne se renforcera pas avec le temps. Les sols pulvérulents peuvent par contre se renforcer avec le temps avec la dissipation de la pression interstitielle en excès.

- Progressive failure (over-stressing of a local zone in the soil or rock, leading to stress transfer and failure of adjacent zones), especially when creep mechanisms apply. Creep rupture can commence as a drained process but can accelerate and transition to undrained shearing.

- Changes in the pore pressure conditions in a dam or foundation. This can cause the effective stresses to increase and result in deformations that initiate the undrained event.

- A rising phreatic surface that results in a reduction in mean effective stress.

7.9.6. *Post Liquefaction Stability Conditions*

Liquefaction is defined as a phenomenon whereby a saturated or partially saturated soil substantially loses strength and stiffness in response to an applied stress, usually earthquake shaking or other sudden change in stress condition, causing it to behave like a liquid (Hazen, 1918). Liquefaction of cohesionless soils in the dam or foundation can be initiated by a seismic event or through stress changes and deformations (static liquefaction). The potential for liquefaction during a seismic event is based on the susceptibility of the soil to liquefaction and the magnitude of the seismic event. The magnitude of the seismic event is established as part of the design criteria. It is important to note that under large seismic events, soil that may normally be considered dense could potentially experience cyclic liquefaction.

The potential for static liquefaction is based on the susceptibility to liquefaction, but also the shear strength, applied static shear stress, and deformation characteristics and the magnitude of the deformations. Further description of static liquefaction is provided in Appendix B.

If liquefaction can occur, then stability analyses for the post-liquefaction condition assume that the potentially liquefiable soils fully liquefy, and a post-liquefaction residual strength should be applied. The post liquefaction stability condition may be the critical case governing the stability. If the calculated FOS for the post-liquefaction stability condition is less than 1.1, then Appendix B should be consulted on the approach to further analysis and the appropriate response to the risk associated with this condition

7.9.7. *Residual Strength in Clay and "Clay Like" Tailings*

The term "residual strength" is not used consistently in the geotechnical engineering community, but in this bulletin the term "residual strength" is used to refer to a minimum value of soil strength after the soil has reached and exceeded a yield (i.e., peak) strength and has deformed to such an extent as no further reduction in shear strength occurs. As described in the previous sections, for cohesionless soils, the term residual undrained strength refers to a minimum value that is reached after liquefaction is triggered. This application of the term residual may also be applied to certain clays or clay-like soils with a very high moisture content, typically greater than 80 percent of the liquid limit.

Once a clay has been sheared to a point where the residual strength has been reached, the clay will continue to exist at that residual strength and will not regain strength over time. With cohesionless soils, the strength may increase over time as excess pore pressures dissipate.

Les argiles, les roches argileuses et les matériaux plastiques dans les fondations d'un barrage peuvent avoir subi des contraintes de cisaillement suite à des processus géologiques qui créent des zones ou des couches qui présentent une résistance résiduelle et qui seront donc généralement primordiale pour l'analyse de stabilité. Dans ces argiles précisaillées, les particules d'argile ont été réorientées de manière à se faire face et aucun cisaillement supplémentaire ne pourra faire diminuer davantage le volume du matériau. En d'autres termes, la possibilité que la résistance passe par un maximum avant de diminuer jusqu'à une valeur résiduelle n'existe plus parce que ce processus s'est déjà produit. Si un précisaillement a effectivement eu lieu, il se peut que le facteur de sécurité cible doive être supérieur à 1,1, suivant l'incertitude et la variabilité de la caractérisation de la résistance des zones d'argile précisaillées.

Si aucun précisaillement n'a eu lieu, la résistance maximale de l'argile est utilisée pour les conditions de stabilité statique et la résistance résiduelle de l'argile est vérifiée avec un facteur de sécurité cible de 1,1.

Les résidus dont le comportement s'apparente aux argiles peuvent présenter une résistance résiduelle suivant des sollicitations sismiques et cet affaiblissement peut survenir rapidement et ressembler à la liquéfaction de résidus sablonneux.

7.9.8. Conditions de stabilité supplémentaires

Le Table 7.4 présente les facteurs de sécurité ciblés pour les conditions statiques et les conditions de post-liquéfaction. Ce paragraphe traite des autres conditions de stabilité typiquement requises par les règlements:

- Fin de construction;
- Vidange rapide;
- Cas de charges sismiques et post-sismiques pour les barrages comportant des matériaux dilatants.

Fin de construction

Des conditions de fin de construction sont appliquées par convention aux barrages d'eau pour tenir compte du fait que des pressions interstitielles induites par les travaux se développent fréquemment dans les fondations ou les remblais avant la mise en service du barrage. Le facteur de sécurité minimal pour les conditions de fin de construction d'un barrage d'eau a été fixé à 1,3 puisqu'il s'agit d'une condition temporaire, qu'il n'y a pas encore d'eau ou d'autres matériaux dans la retenue et que toute défaillance n'aurait donc que des conséquences très minimes.

Dans le contexte des barrages de stériles, la condition de fin de construction pourrait s'appliquer à la construction du barrage d'appui de l'installation de stockage avant déposition de résidus. Cette condition pourrait également s'appliquer à d'autres barrages miniers avant déposition de résidus.

Dans certains cas, la condition de mise en charge correspondant à la fin de la construction a été appliquée à tort à la réhausse continue du dépôt de résidus, cette réhausse ayant été vue comme faisant partie de la « construction ». Comme noté ci-dessus, pour les barrages de stériles en construction ou en phase de réhausse, le facteur de sécurité à cibler est de 1,5.

Lors de la réhausse d'un barrage de stériles, il est nécessaire de vérifier la stabilité du talus amont de la réhausse. Un facteur de sécurité cible de 1,3 peut être adopté pour ce talus à condition que le confinement ne puisse être compromis.

Clay, clay shales, or plastic soils in the foundation of a dam may have undergone shearing due to geologic processes that created zones/layers that are at residual strength and will generally control the stability analysis. For these pre-sheared clays, the clay particles become reoriented to achieve a predominantly face-to-face orientation and no further volume change will occur with additional shearing. In other words, the potential for reaching a peak strength followed by a reduction to a residual value is precluded because it has already occurred. If pre-shearing has occurred, then the target FOS may need to be higher than 1.1, depending on the uncertainty and variability of the strength characterization of the pre-sheared clay zone(s).

If pre-shearing has not occurred, then the peak strengths of the clay are used for the static stability condition and the residual strength of the clay is checked against a targeted FOS of 1.1.

Residual strength in "clay like" tailings can result from seismic weakening which may occur rapidly and can mimic the behaviour of liquefaction of "sand like" tailings.

7.9.8. Additional Stability Conditions

Table 7.4 provides target FOS for static and post-liquefaction conditions. This sub-section addresses other stability conditions that are typically requested in regulations:

- End of construction;
- Rapid drawdown; and
- Seismic and post seismic loading for dams with dilative soils.

End of Construction

End of construction conditions are conventionally applied to water dams to recognize that construction-induced pore pressures frequently develop in foundations and/or embankments prior to placing a dam into service. The minimum FOS for End of Construction conditions for a water dam has typically been set as a minimum of 1.3 because this is a temporary condition and there is no water or other contents impounded, meaning that the consequences of a failure would be low.

In the context of tailings dams, the End of Construction condition could apply to the construction of a starter dam of a tailings dam before water and tailings are impounded. This condition could also apply to other mining dams before water and solids are impounded.

In some cases, the End of Construction loading condition has been misapplied to ongoing raises of tailings since it was judged that the tailings dam was under "construction". As noted above, for tailings dams under construction or being raised, the target FOS should be 1.5.

When a tailings dam is being raised, the stability of the upstream slope for the raise should be checked. A target FOS of 1.3 can be accepted for this slope provided there is no potential for loss of containment.

Vidange rapide

Une vidange rapide de la retenue peut être préoccupante pour un barrage de stériles dans les phases initiales de son exploitation, avant l'établissement des plages. La récupération et le traitement de l'eau peuvent entraîner un abaissement rapide du niveau. Si cette situation peut se réaliser, le concepteur doit spécifier un facteur de sécurité approprié qui tiendra compte de la fréquence et de l'amplitude de ces vidanges et des conséquences d'une éventuelle défaillance de la pente en amont qu'ils pourront engendrer. Cette approche s'applique également aux autres barrages miniers qui n'ont pas de plage en amont.

Cas de charge sismiques et post-sismiques des barrages comportant des matériaux dilatants

Pour les barrages construits avec des matériaux dilatants sur des fondations également dilatantes qui ne se liquéfieraient pas durant un événement sismique, il est possible d'évaluer la stabilité post-sismique de l'ouvrage en estimant la pression interstitielle générée durant l'événement sismique puis en calculant un facteur de sécurité. L'analyse à effectuer est complexe et le phénomène en question n'est souvent pas celui qui contrôle la stabilité. L'évaluation de la stabilité devrait plutôt se concentrer sur les déformations attendues à la suite d'un événement sismique et il est donc préférable d'effectuer une analyse des déformations plutôt qu'une analyse de la stabilité.

La CIGB n'encourage pas l'utilisation des analyses pseudo-statiques comme indicateur pour évaluer les déformations pouvant résulter d'une charge sismique, même si cette méthode a déjà été mise en œuvre pour limiter les déformations. La méthode d'analyse pseudo-statique a été remplacée par des approches plus efficaces pour l'estimation des déformations. Cependant, comme de nombreux règlements sur la sécurité des barrages continuent à exiger l'application de cette méthode, elle doit être appliquée et interprétée correctement lorsqu'elle est mise en œuvre.

7.9.9. Ajustements des facteurs de sécurité cibles

Les facteurs de sécurité cibles présentés dans le **Erreur ! Source du renvoi introuvable.** doivent être considérés comme des cibles initiales qui pourront être ajustées pour tenir compte de plusieurs facteurs.

Des facteurs de sécurité cibles plus élevés pourront être adoptés pour tenir compte des considérations suivantes:

- Conception en vue d'une fermeture passive qui tient compte de l'effet des incertitudes sur le long terme.
- Incertitudes élevées concernant les conditions géologiques, les propriétés des matériaux ou les pressions interstitielles au cours des premières étapes de la conception.
- Pésence de matériaux fragiles ou susceptibles de donner lieu à un anti-écrouissement et qui pourraient être affectés par des concentrations de contraintes et des déformations excessives localisées.
- Possibilité de modifications des propriétés des matériaux ou des conditions de charge avec le temps.

Il est possible d'adopter des facteurs de sécurité plus faibles pour les conditions statiques par la mise en œuvre intégrale de la méthode observationnelle (paragraphe 7.5.2) soutenue par un MCG détaillé. La méthode observationnelle ne pourra cependant pas être utilisée à cet effet si des matériaux au comportement fragile sont présents dans le barrage ou ses fondations et si aucune mesure ne peut être mise en œuvre pour améliorer le facteur de sécurité au cas où des performances défavorables seraient observées. L'adoption de facteurs de sécurité plus faibles peut être justifiée par des méthodes statistiques et des approches basées sur la fiabilité.

Rapid Drawdown

Rapid drawdown could potentially be a concern for a tailings dam in the initial stages of operations before beaches are established. Reclaim and water treatment requirements may draw the pond down quickly. If this condition could occur, then the designer should specify a suitable target FOS that accounts for the frequency and magnitude of the drawdown and considers the consequences of failure of the upstream slope due to rapid drawdown. This also applies to other mining dams that do not have a beach upstream of them.

Seismic and Post-Seismic Loading for Dams with Dilative Soils

For dams that are built of dilative soils on a dilative foundation which would not experience liquefaction during a seismic event, it is possible to assess the post seismic stability by estimating pore pressure generation during the seismic event and calculating a FOS. This is a complex analysis and often is not the controlling case for stability. Rather, the focus of the stability assessment should be on expected deformations resulting from a seismic event and, therefore, a deformation analysis should be undertaken rather than a stability analysis.

ICOLD does not support the use of pseudo-static analysis to provide an indication of deformations due to earthquake loading, although the method has historically provided been used to limit deformation. The pseudo-static analysis method has been superseded by better approaches for estimating deformations. However, as many dam safety regulations continue to require the pseudo-static method, it should be properly applied and interpreted.

7.9.9. *Adjustments to Target FOS*

The target FOS presented in Table 7.4 should be considered as initial targets that may be adjusted after consideration of several factors.

Higher FOS targets could be adopted to account for the following considerations:

- Design for Passive Closure to account for uncertainties over time.
- High degree of uncertainty in geologic conditions, material properties, or pore pressure conditions such as may occur in early stages of design.
- Presence of sensitive and/or strain-softening soils that could be adversely affected by localized stress concentrations and excessive deformation.
- Potential for changes to soil properties or loading conditions with time.

Lower FOS for static conditions can be adopted through comprehensive implementation of the Observational Method (Section 7.5.2) supported by a detailed GDM. The Observational Method, however, cannot be used for this purpose if there are brittle materials in the dam or foundation and if measures cannot be implemented to improve the FOS if adverse performance is observed. The adoption of lower FOS can be supported by statistical methods and reliability approaches.

Lorsque des argiles ou des roches argileuses ayant déjà subi un cisaillement sont présents dans les fondations et qu'une résistance au cisaillement résiduelle a été attribuée à la couche en question, il est possible d'envisager l'adoption d'un facteur de sécurité ciblé plus faible puisque certaines des incertitudes associées au calcul de ce facteur ont été levées.

7.9.10. Analyses de stabilité tridimensionnelle à l'aide de la méthode de l'équilibre limite

Il peut arriver que la stabilité des pentes soit mieux calculée par un modèle tridimensionnel (3-D) que par un modèle bidimensionnel (aussi bien avec des analyses de type équilibre limite que des analyses non linéaires des déformations). De telles situations comprennent par exemple les remblais dans les vallées qui se rétrécissent ou qui s'élargissent et les courbures de digues convexes ou concaves. Les facteurs de sécurité cibles choisis et appliqués pour les analyses 3-D devraient généralement être les mêmes que ceux identifiés pour les analyses 2-D. Les valeurs cibles présentées dans le Table 7.4 ont cependant été élaborées en fonction de l'expérience accumulée avec les modèles de stabilité des pentes en 2-D et toute mise en œuvre d'analyses 3-D doit s'accompagner d'une prise en compte détaillée des conditions qui prévalent sur le site. Les incertitudes supplémentaires découlant de la résistance au cisaillement le long des extrémités de la masse en glissement peuvent entraîner une augmentation du facteur de sécurité cible. La modélisation tridimensionnelle ne doit pas être utilisée sur des géométries simples pour remplacer les analyses 2-D dans le seul but d'augmenter le facteur de sécurité déterminé à partir de ces dernières.

7.9.11. Limitations des analyses d'équilibre limite

Les principales limitations des analyses d'équilibre limite sont les suivantes:

- Les principes de base sur lesquels elles reposent ne tiennent pas compte des contraintes et des déplacements.
- Le facteur de sécurité calculé ne couvre pas les déplacements de matériaux anticipés le long de la surface de glissement.
- Le facteur de sécurité concerne l'intégralité de la surface de cisaillement sans égards aux zones qui peuvent subir des contraintes excessives dépassant leurs résistances maximales.
- Le cisaillement et les contraintes normales calculées sur la surface de cisaillement sous chaque tranche ne sont pas réalistes.

Compte tenu de ces limitations, il faut rester prudent et envisager de mettre en œuvre une analyse non linéaire des déformations dans les situations suivantes:

- Présence de matériaux susceptibles de perdre une grande partie de leur résistance ou de matériaux au comportement fragile.
- Présence d'éléments du barrage internes ou souterrains, ou de couches intercalées de matériaux présentant des caractéristiques de contrainte-déformation très différentes qui engendrent une incompatibilité de déformation.
- Un mécanisme de fluage est possible.

7.9.12. Évaluation de la sécurité par analyse non linéaire des déformations

Les analyses non linéaires des déformations utilisant des logiciels basés sur la méthode des éléments finis (MEF) ou la méthode des différences finies qui simulent le comportement contrainte-déformation des sols peuvent mieux représenter la stabilité de la pente d'un remblai que les méthodes

For the case where a pre-sheared clay or clay shale exists in the foundation and a residual shear strength has been assigned to this layer, then it is possible to consider a lower target FOS since some of the uncertainty associated with the FOS calculation has been removed.

7.9.10. Three-Dimensional Stability L-E Analyses

There are occasions where slope stability assessment may be better represented by a three-dimensional (3-D) model rather than a two-dimensional model (whether in L-E or NDA analyses). Examples of such situations include embankments in narrowing or widening valleys and sharp convex or concave embankment bends. The selection and application of FOS targets for 3-D analyses should generally follow those identified for 2-D analyses. However, the targets shown in Table 7.4 have been developed based on experience gained with 2-D slope stability models and the use of 3-D analysis must carefully consider the specific site conditions. Added uncertainty associated with shearing resistance along the ends of the sliding mass may prompt an increase in the target FOS. Three-dimensional modelling should not be used in simple geometries to replace 2-D analysis in an effort to increase the FOS from that determined from the 2-D analysis.

7.9.11. Limitations of Limit Equilibrium Analyses

The key limitations of L-E analyses are:

- The underlying principles do not account for strains and displacements.
- The calculated FOS does not satisfy displacement compatibility of materials along the slip surface.
- The FOS is for the entire shearing surface with no consideration to localized zones that may be over-stressed beyond the peak strength.
- Shear and normal stresses calculated on the shear surface under the individual slices are unrealistic.

Due to these limitations caution must be exercised and NDA should be considered when there are:

- Materials for which significant strength loss and/or brittle behavior could be expected.
- Complex subsurface/internal features of the dam or interbedded layers of materials with very different stress-strain characteristics resulting in strain incompatibility.
- Creep mechanisms may be possible.

7.9.12. Safety Evaluation with Non-Linear Deformation Analyses

Non-linear deformation analyses (NDA) using finite-element (FEM) or finite-difference (FDM) computer software that simulates the stress-strain behavior of soils can better represent an embankment slope stability than the more simplified L-E methods as long as the required input data

plus simplifiées d'analyse d'équilibre limite à condition que les données d'entrée nécessaires soient disponibles et incorporées au modèle. Ces simulations numériques avancées s'appuient sur une « grille » bi ou tridimensionnelle de points ou d'éléments qui représentent l'arrangement géométrique de l'installation modélisée avec les liens constitutifs représentant les relations non linéaires entre les contraintes effectives, la pression interstitielle et les contraintes survenant *in situ*. L'analyse non linéaire des déformations peut être utilisée pour représenter à la fois les conditions statiques et les conditions dynamiques (sismiques). La principale différence entre ces deux analyses (statique et dynamique) réside dans la méthode d'application de la charge responsable du cisaillement dans le barrage modélisé (plusieurs autres différences moins importantes peuvent néanmoins exister).

Dans le cas d'une analyse dynamique, les déformations estimées résultant du séisme sont simulées en appliquant une série chronologique appropriée de l'accélération, de la vitesse ou du déplacement à partir des mouvements du sol provenant de l'enregistrement d'un séisme à la base d'un modèle après établissement d'un équilibre statique et des contraintes statiques. Les modèles sont utilisés pour calculer les contraintes, la variation de la pression interstitielle et les déformations associées qui en résultent suivant le modèle constitutif choisi et la formulation spécifique de la plateforme numérique (c'est-à-dire le logiciel). La modélisation dynamique des barrages de stériles, des barrages d'eau et autres remblais est mise en œuvre depuis les années 1960 et la littérature technique abonde d'articles sur ce sujet. Le Bulletin 155 (CIGB, 2013) et l'USSD (2022) offrent d'excellentes recommandations sur l'application de l'analyse non linéaire des déformations aux barrages, notamment aux barrages de stériles.

La complexité des modèles constitutifs disponibles pour une intégration aux logiciels de modélisation peut varier grandement, tout comme leur capacité technique à représenter divers aspects du comportement du sol. L'utilisateur doit bien connaître les bases théoriques des modèles constitutifs utilisés, comprendre leurs limites, et s'assurer que les aspects critiques du comportement du sol pour les matériaux modélisés sont bien capturés. Une bonne connaissance du comportement du sol et des limites de chaque modèle constitutif lors de l'approximation du comportement réel est au moins aussi importante que la compréhension des subtilités du logiciel qui exécute la simulation. Certains modèles constitutifs conçus pour évaluer le déclenchement de la liquéfaction cyclique dans les sables et les limons indiquent par exemple souvent un déclenchement durant l'agitation, suivi d'une dilatation et d'une augmentation importantes de la résistance après la fin d'une mise en charge cyclique, ce qui s'aligne sur les comportements communément observés lors des tests en laboratoire. Ce type de comportement post-sismique parfois indiqué par les modèles peut néanmoins contredire les observations empiriques, telles que celles effectuées lors d'une rétroanalyse de rupture par écoulement, ce qui indique qu'une perte soutenue de résistance (liquéfaction) peut être commune dans les résidus déposés hydrauliquement.

Lorsque la simulation dynamique d'un barrage met en évidence la possibilité d'une liquéfaction ou d'une perte de résistance, il est bon de vérifier les performances post-sismiques en effectuant une analyse avec gravité activée, relativement simplifiée, avec un autre modèle constitutif. La vérification consisterait à utiliser la même configuration de modèle et à assigner un lien constitutif élastique parfaitement plastique avec des propriétés de résistance résiduelle à l'état liquéfié pour les zones qui se sont liquéfiées. La gravité est ensuite activée dans le modèle qui simule les déformations lui permettant d'atteindre un équilibre statique. Les modèles de déformation en liquéfaction statique peuvent également être utilisés à l'aide d'une approche similaire et en appliquant des résistances à l'état liquéfié aux sols saturés contractants. La liquéfaction statique peut être déclenchée par divers scénarios de mise en charge, pas seulement sismiques, et les structures à haut risque doivent être conçues de manière à rester stables dans ces conditions.

Cette technique peut également être appliquée pour évaluer les déformations résultant de la « liquéfaction statique » des barrages de stériles, comme discuté à l'annexe A. En théorie, si l'on dispose du modèle constitutif approprié, le déclenchement de la liquéfaction statique et le comportement ultérieur en déformation peuvent être évalués à l'aide des analyses non linéaires des déformations. À l'heure actuelle, la possibilité qu'une séquence de mise en charge survienne et aboutisse à une liquéfaction statique est cependant très difficile à prévoir ou à rejeter de manière catégorique.

are available and incorporated into the model. These advanced numerical simulations rely on a two-dimensional or three-dimensional "mesh" of points and/or elements that represent the geometrical arrangement of the modeled facility along with constitutive relationships to represent the non-linear, interdependent relationships between effective stress, pore pressure, and strain that occurs in situ. Non-linear deformation analyses can be used to represent both static and dynamic (i.e., seismic) conditions. The primary difference between static and dynamic NDA is in the method of applying a load to induce shearing in the dam being modeled (although there may be several lesser-order differences).

For a dynamic analysis, estimated deformations resulting from earthquake loading are simulated by applying an appropriate time history record of acceleration, velocity, or displacement from an earthquake ground motion record to the base of a model after static equilibrium and static stresses are established. The models are used to calculate the stresses, strains, pore pressure response and associated deformations that result based on the constitutive model selected and the specific formulation of the numerical platform (i.e., computer software). Dynamic modeling of tailings dams, water dams, and other embankments have been performed since the 1960's, and there is extensive documentation on their use in the technical literature. ICOLD Bulletin 155 (ICOLD, 2013) and USSD (2022) provide excellent guidance on the application of NDA to dams, including tailings dams.

Constitutive models available for use within the modelling software can vary widely in their complexity and technical capabilities to represent various aspects of soil behavior. The end user must be well-versed on the theoretical basis of the constitutive models being used, understand the limitations of the constitutive model, and ensure that the critical aspects of soil behavior for the materials being modeled are being appropriately captured. An understanding of soil behavior and the limitations of each constitutive model in approximating actual behavior is at least as important as understanding the intricacies of the computer software running the simulation. For example, some constitutive models intended for evaluating cyclic liquefaction triggering in sands and silts often indicate cyclic liquefaction triggering during shaking followed by significant dilatancy and strength gain after the end of cyclic loading, consistent with behaviors commonly observed in laboratory testing. However, this type of post-seismic behavior sometimes indicated by the models can be in contrast to empirical evidence, such as flow failure back-analyses, indicating that sustained strength loss (i.e., flow liquefaction) can be common in hydraulically deposited tailings.

When liquefaction or other significant post-peak strength loss has been indicated in a dynamic simulation of a dam, it is good practice to check the post-seismic performance using a relatively simplified gravity turn-on analysis with an alternate constitutive model. The check would use the same model configuration and assign an elastic-perfectly-plastic constitutive relationship with residual/liquefied strength properties to those zones that have liquefied. Gravity is then turned on in the model, and the model is allowed to deform and come to static equilibrium. Additionally, static-liquefaction deformation models may also be performed using a similar approach and applying liquefied strengths to contractant saturated soils. Static liquefaction can be triggered by a wide variety of loading scenarios, not just those associated with earthquake loading, and high-risk structures should be designed to remain stable under these conditions.

This same technique can also be applied to assess deformations resulting from so-called "static liquefaction" in tailings dams as discussed in Appendix A. In theory, with the right constitutive model, the initiation of static liquefaction and subsequent deformation behavior can be evaluated using NDAs. However, the potential for development of a loading sequence that leads to static liquefaction is currently very difficult to categorically disprove and/or predict.

Même si les analyses non linéaires des déformations permettent éventuellement d'améliorer la qualité de l'évaluation par rapport aux analyses d'équilibres limites, il n'est pas garanti que les résultats seront meilleurs, car les techniques de modélisation des déformations ne cessent d'évoluer. Les modèles de simulation des déformations sont intrinsèquement complexes et nécessitent de fixer des paramètres pour lesquels les incertitudes sont souvent plus importantes que celles associées aux entrées utilisées pour les analyses d'équilibres limites. Ces incertitudes qui entachent les paramètres d'entrée conduisent à des incertitudes d'amplitudes au moins aussi grandes sur les résultats du modèle. Les modèles de simulation des déformations ne doivent être mis en œuvre que par un spécialiste expérimenté de la modélisation qui possède une connaissance détaillée du comportement du sol et qui est conscient de la relation entre le comportement du modèle et le comportement réel des matériaux.

Les plateformes numériques MEF/MDF peuvent également être utilisées pour calculer un facteur de sécurité à l'aide de la méthode de la réduction de la résistance au cisaillement (SSR) appliquée à l'analyse de la stabilité des pentes pour obtenir un facteur de sécurité semblable à celui obtenu par une analyse des équilibres limites. La technique SSR consiste à appliquer un facteur à la résistance au cisaillement qui amène la pente au seuil de défaillance (comme dans le cas d'un calcul effectué à l'équilibre limite). Les résistances au cisaillement de tous les matériaux pris en compte dans le modèle MEF/MDF sont réduites par l'application du même facteur de réduction de la résistance au cisaillement, qui est ajusté jusqu'à l'atteinte du seuil d'instabilité. Une pente est considérée comme « instable » dans le cadre de l'utilisation de la technique SSR si le modèle ne converge pas sur une solution dans un intervalle de tolérance spécifié à l'avance. Cette méthode peut donner des indices sur l'emplacement possible de surfaces de glissement critiques qui pourraient s'ajouter à celles fournies par les analyses basées sur la méthode de l'équilibre limite. La modélisation SSR peut s'avérer très utile dans des situations où certaines géométries internes de la levée de terrain permettraient le développement de surfaces de glissement irrégulières. Le facteur de sécurité présenté dans le Tableau 7.4 peut être appliqué à l'approche SSR.

La modélisation des déformations peut s'avérer très utile pour l'évaluation des barrages de stériles en cours de réhausse, lorsque des matériaux ayant une résistance qui varie en fonction de la contrainte appliquée et des déformations ont une influence sur la résistance globale de la pente. La surveillance des déformations et des pressions interstitielles peut être utilisée pour caler le modèle au cours du temps et permettre de mieux connaître le comportement local des matériaux. Les critères de déformation doivent être établis en tenant compte du tassement de la crête qui peut entraîner des débordements et endommager des zones étroites du barrage, telles que les filtres ou les noyaux. L'application de la « méthode observationnelle » et des modèles constitutifs associés peut, dans certains cas, permettre l'utilisation de valeurs plus faibles pour les facteurs de sécurité déterminés à l'aide des analyses conventionnelles basées sur la méthode de l'équilibre limite.

7.9.13. Évaluation de la stabilité en fonction des performances

Comme noté précédemment, l'approche basée sur l'analyse de l'équilibre limite présente plusieurs limitations pour l'évaluation de la stabilité d'un barrage. Les analyses de l'équilibre limite conviennent pour l'évaluation de la stabilité d'un nouveau barrage pour lequel il n'existe aucune donnée de performance. Une évaluation de la stabilité en fonction des performances peut être effectuée pour les barrages construits et rehaussés depuis plusieurs années, à condition que la stabilité de l'ouvrage ne dépende pas de la résistance maximale de matériaux au comportement fragile.

Le calcul des facteurs de sécurité par l'analyse de l'équilibre limite doit être complété par des analyses non linéaires des déformations lorsque celles-ci et les états de contrainte, les pressions interstitielles et autres comportements mesurés peuvent fournir un meilleur éclairage sur les performances et la stabilité du barrage. Dans le cadre d'une approche basée sur les performances, les cibles initiales pour les facteurs de sécurité doivent être évaluées et modifiées en fonction du comportement des matériaux présents en prenant en compte le niveau de risque et les incertitudes.

Le paragraphe 7.5.3 offre une discussion plus détaillée sur la conception basée sur la performance de l'ouvrage vis-à-vis des risques considérés.

While NDA's have the potential to provide an improved assessment compared to an L-E analysis, an improved outcome is not guaranteed as the state of practice for deformation modelling is evolving. Deformation models are inherently complex with input parameters that often have significant and potentially greater uncertainty than the typical inputs to an L-E analysis. Uncertainty in the input parameters leads to at least the same degree of uncertainty in the output of the model. Deformation models should only be undertaken by, or under the direct oversight of, an experienced modeler with a comprehensive understanding of soil behavior and a recognition of the relation between modeled behavior and real-world behavior.

The FEM/FDM numerical platforms can also be used to calculate a FOS using the Shear Strength Reduction (SSR) method of slope stability analysis, to arrive at a factor of safety similar to the result of an L-E analysis. The SSR technique involves applying a factor to the shear strength that brings a slope to the verge of failure (similar to the L-E calculation). The shear strengths of all the materials in the FEM/FDM model are reduced by the same shear strength reduction factor, which is adjusted until instability is attained. A slope is considered unstable in the SSR technique if the model does not converge to a solution within a specified tolerance. This method can provide insights to the possible location of critical slip surfaces that complement the critical slip surfaces provided by L-E analyses. SSR modeling can be most useful in scenarios where internal geometries in the embankment create the potential for irregular slip surfaces to develop. The same target FOS criteria presented in Table 7.4 can be applied to the SSR approach.

Deformation modelling can be a very valuable tool for assessment of a tailings dam that is being raised and where there are stress-strain dependent soils that influence the strengths. Monitoring of deformations and pore pressures can be used to calibrate the model over time, leading to an improved understanding of the soil behavior. Deformation criteria should be established that consider aspects such as crest settlement that can lead to overtopping and damage narrow zones of fill, such as filters or cores. Application of the "observational method" with the associated constitutive models may, in certain cases, support the use of lower FOS values evaluated using conventional L-E analyses.

7.9.13. Performance-Based Stability Evaluation

As noted above, there are several limitations to the L-E approach for assessing the stability of a dam. The L-E analyses are appropriate for new dams designed without performance data available. A performance-based stability evaluation can be undertaken for dams built and raised over several years, provided the stability of the dam does not rely on peak strength of brittle soils.

Limit equilibrium FOS calculations should be supplemented by NDA where deformations, stress states, pore water pressures and other measured behaviors may provide a better indication of performance and safety of the dam. In a performance-based approach, the initial FOS targets should be evaluated and modified based on the behavior of the materials involved and recognizing the level of risk and uncertainty.

Section 7.5.3 provides further discussion on the Performance Based Risk Informed Design.

7.10. ÉVALUATION DE LA STABILITÉ SISMIQUE

Plusieurs aspects de l'analyse et de la conception sismique ont été abordés dans les sections précédentes, l'évaluation des charges sismiques couvrant certains aspects de l'analyse de la stabilité des pentes. La présente section offre un résumé général de l'approche permettant d'évaluer la stabilité sismique des barrages de stériles.

La conception sismique des barrages de stériles comporte deux volets principaux: 1) l'évaluation de la possibilité de déclencher la liquéfaction du fait de conditions cycliques et 2) l'évaluation de la possibilité de voir apparaître des déformations et des dommages connexes sur le remblai. Les évaluations sismiques nécessitent la détermination des mouvements du sol engendrés par un séisme. Ces mouvements sont déterminés dans le cadre d'une analyse sismique comme décrit à la section 5.7 et le séisme de projet doit être choisi comme expliqué au paragraphe 7.8.3.

7.10.1. Évaluation du potentiel de liquéfaction cyclique

Les procédures utilisées pour l'évaluation du potentiel de déclenchement cyclique de la liquéfaction sont bien documentées dans la littérature (voir par exemple NASEM, 2021) et ne seront donc pas détaillées dans le présent bulletin. Les évaluations sont habituellement effectuées sur la base des résultats des essais de pénétration au cône sismique (SCPT) qui comportent à la fois des essais conventionnels CPT et le profilage des vitesses des ondes de cisaillement. Des méthodes similaires basées sur des essais de pénétration standard au cône (SPT) peuvent également être adoptées, mais ne sont généralement pas recommandées pour les résidus, car les essais SCPT fournissent une plus grande résolution et permettent généralement d'obtenir une caractérisation plus robuste à un moindre coût pour la plupart des applications. Jefferies et Been (2016) ont publié des commentaires utiles sur la liquéfaction cyclique et la pratique standard actuelle utilisée pour évaluer le déclenchement de la liquéfaction et ont présenté une autre approche. La possibilité de liquéfaction peut également être évaluée dans le cadre d'une modélisation numérique basée sur l'analyse non linéaire des déformations ou d'autres approches numériques similaires.

7.10.2. Analyses de la stabilité sismique et des déformations

Si une liquéfaction a été détectée (résultant d'un mécanisme déclencheur cyclique ou «statique» ou des deux à la fois), il faut utiliser la résistance post-liquéfaction (résiduelle) au cisaillement pour les matériaux liquéfiés et vérifier le facteur de sécurité prévu par rapport au critère de post-liquéfaction mentionné au paragraphe 7.9.4. Bien qu'il faille envisager des évaluations basées sur la résistance des matériaux au comportement fragile après l'atteinte d'un maximum même dans les cas où les évaluations indiquent qu'aucun événement déclencheur n'est prévu comme noté précédemment, les analyses du déclenchement cyclique de la liquéfaction restent des outils utiles pour estimer la probabilité d'un tel déclenchement lors d'un séisme, une donnée utile pour évaluer le risque global associé à une structure existante. Il est important de faire remarquer que même si aucun déclenchement de liquéfaction résultant d'une charge cyclique n'est prévu lors d'un séisme, tout séisme peut entraîner une perte de résistance. Ce phénomène concerne tout particulièrement les argiles (qui ne sont généralement pas affectées par la liquéfaction), ainsi que certains matériaux dilatants, pour lesquels les charges sismiques peuvent provoquer des déformations qui peuvent elles-mêmes entraîner un ramollissement et une défaillance cyclique. Cette perte de résistance peut entraîner un cisaillement local capable d'engendrer ensuite un écoulement par liquéfaction dans les matériaux au comportement fragile à l'intérieur des remblais. Les résultats des analyses du déclenchement cyclique de la liquéfaction ne doivent donc pas être utilisés pour éliminer toute possibilité de déclenchement d'un écoulement par liquéfaction dans les matériaux au comportement fragile ou au comportement avec ramollissement sous l'effet d'une charge sismique. Si une perte de résistance est attendue, le même critère de stabilité est appliqué. Les analyses de ce type peuvent être effectuées en utilisant la méthode de l'équilibre limite ou l'analyse non linéaire des déformations.

7.10. EARTHQUAKE ASSESSMENT (SEISMIC STABILITY)

Several aspects of earthquake (seismic) analysis and design have been addressed in previous sections because the evaluation of earthquake loading overlaps with certain aspects of slope stability analysis. This section provides an overall summary of the approach to evaluating earthquake stability for tailings dams.

There are two basic components of earthquake design for tailings dams: 1) an evaluation of the potential for cyclic triggering of liquefaction and 2) evaluation of potential deformations and related damage to the embankment. Earthquake ground motions required for the earthquake evaluations should be developed from a seismic hazard analysis as described in Section 5.7 and the design earthquake selected as described in Section 7.8.3.

7.10.1. Cyclic Liquefaction Evaluation

Procedures for assessment of cyclic triggering of liquefaction are well-documented in the literature (e.g., NASEM, 2021) and are not elaborated in this Bulletin. These assessments are usually made based on the results of seismic cone penetration testing (SCPT), which includes both conventional CPT data and shear wave velocity profiling. Similar methods based on Standard Penetration Test (SPT) are also possible, but generally discouraged for tailings, since the SCPT provides greater resolution and generally provides a more robust characterization for lower cost in most applications. Jefferies and Been (2016) provide useful commentary on cyclic liquefaction and the current standard of practice for evaluating liquefaction triggering and present an alternative approach. Liquefaction potential can also be assessed as part of a numerical modeling effort using non-linear deformation analysis (NDA) or similar software platforms.

7.10.2. Earthquake Stability and Deformation Analyses

If liquefaction is indicated (either due to a cyclic or a "static" trigger mechanism or both) then the post-liquefaction (residual) shear strength of the soil should be applied to the liquefied materials and the predicted FOS checked against the Post-Liquefaction criterion in Section 7.9.4. Although evaluations considering post-peak strengths for brittle materials should be considered even in cases where triggering assessments indicate that triggering is not expected as noted in prior sections, cyclic liquefaction triggering analyses are valuable tools for evaluating the likelihood of triggering in the event of an earthquake, which is useful to assess overall risk of an existing structure. It is important to note that even if liquefaction triggering due to cyclic loading is not indicated during an earthquake, some strength loss could occur during earthquake shaking. This is particularly relevant in clays (which are generally not prone to liquefaction), as well as in some dilative materials, where earthquake loading may lead to deformations which can lead to strain softening and cyclic failure. This loss of strength could result in localized shearing that could subsequently trigger flow liquefaction in brittle materials within the embankment section. As such, cyclic liquefaction triggering analyses should not be used to rule out any possibility of flow liquefaction triggering in brittle or strain softening materials in the event of earthquake loading. If strength loss is indicated, then the same stability criteria apply. These types of analyses may be performed using either L-E or NDA methods.

Pour les barrages qui ne devraient pas donner lieu à la liquéfaction ou à des pertes importantes de résistance (barrages comprenant des matériaux dilatants construits sur des fondations efficaces et non liquéfiables), mais qui seront probablement exposés à d'importantes charges sismiques, il est possible d'évaluer la stabilité sismique à l'aide d'une méthode basée soit sur une analyse simplifiée des déformations soit sur une analyse non linéaire des déformations. Des analyses simplifiées (références en annexe) peuvent être effectuées pour estimer l'amplitude de la déformation attendue en cas de secousse sismique. Dans les régions de haute sismicité, où les mouvements du sol considérés pour la conception sont relativement importants, il est plus courant d'utiliser une analyse non linéaire des déformations. Cette approche est particulièrement opportune si a) la déformation estimée par une analyse simplifiée et supérieure à environ 1 mètre ou à environ 1 % de la hauteur maximale ou b) des éléments singuliers du barrage – noyaux fins ou configurations géométriques complexes pour lesquels il est important d'effectuer des analyses à plus haute résolution qui indiqueront l'emplacement probable des déformations – sont sensibles aux déformations. Il faut noter qu'une analyse simplifiée n'est appropriée que dans les cas où aucune liquéfaction ni perte importante de résistance n'est prévue durant les secousses, tandis que les analyses non linéaires des déformations peuvent être effectuées avec ou sans liquéfaction.

Il n'existe à l'heure actuelle aucun critère prescriptif pour les déformations admissibles qui pourrait être appliqué dans toutes les situations. Le diagnostic de « performances acceptables » durant une secousse sismique ne doit être posé qu'après révision rigoureuse par des experts indépendants ayant l'expérience de l'évaluation des déformations dues aux séismes. Généralement, l'objectif du séisme de projet (parfois aussi baptisé le « séisme maximum pour l'évaluation de sécurité » [voir le Bulletin 148 de la CIGB] est de prévenir la libération incontrôlée du contenu de l'installation, un certain niveau de dommages pouvant être considéré acceptable si ces dommages ne peuvent entraîner une défaillance progressive et qu'ils peuvent être raisonnablement réparés avant de reprendre l'exploitation.

7.11. GESTION DES INFILTRATIONS

7.11.1. Pressions interstitielles, filtres et drainage

Il est nécessaire de bien comprendre les phénomènes d'infiltrations qui se développent dans les remblais, les culées, les fondations et sous la retenue pour concevoir correctement le barrage. L'analyse des infiltrations doit tenir compte d'une éventuelle sous-consolidation des résidus, due par exemple à une pression interstitielle élevée, mais aussi à des pressions faibles dues à des gradients de pente (plutôt qu'à un gradient hydrostatique). Pour les analyses de stabilité de pente, la consolidation sous charge normale et la pression interstitielle induite par cisaillement sont des mécanismes importants qui sont discutés à la section 7.9. La section présente concerne les conditions d'infiltration et d'écoulement des eaux souterraines qui s'installent à cause des écoulements dans le barrage et ses fondations. Contrairement aux barrages d'eau, la conception des barrages de stériles doit tenir compte des phénomènes d'infiltration continue provenant des boues de résidus déposées par buses de déversement, de l'eau libérée lors de la consolidation qui finit dans le bassin de décantation et de l'hétérogénéité typique des résidus déposés par couches présentant des conductivités hydrauliques variables. Cette variabilité et la présence éventuelle de plusieurs sources d'eau rendent difficile l'analyse normale des infiltrations en 2-D et l'évaluation faite avec les modèles d'infiltration doit donc prendre en considération cette éventuelle variabilité.

La connaissance du régime des eaux souterraines, guidée par la modélisation des infiltrations, aide à choisir l'emplacement des instruments [piézomètres] qui permettront de suivre les performances du barrage tout au long de son cycle de vie. Il est également nécessaire de déterminer la différence entre le niveau de la nappe et le niveau piézométrique puisque ces niveaux peuvent ne pas être égaux, suivant les propriétés du sol, en particulier lorsqu'un drainage vertical a lieu ou que des surpressions interstitielles se sont développées sous l'effet de la mise en charge. De nombreux outils sont disponibles pour effectuer les évaluations hydrogéologiques et la méthode doit être choisie en fonction des données et des renseignements connus concernant l'ISR ainsi que des propriétés hydrogéologiques des secteurs environnants.

For dams where liquefaction and/or significant strength loss is not expected (e.g., dams comprised of dilative materials constructed on competent, non-liquefiable foundations) but where significant earthquake loading is expected, the seismic stability can be evaluated either using simplified deformation analyses or NDA methods. Simplified analyses (Reference Annex) may be used to estimate the magnitude of deformation expected during earthquake shaking. In areas of high seismicity, where design ground motions are relatively large, NDA is more commonly used. This is especially true if (a) the estimated deformation calculated using a simplified analysis is greater than about 1 metre or more than approximately 1% of the maximum height, or (b) there are unusual features of the dam that are sensitive to deformations — thin cores or complicated geometric configurations — where a higher resolution analysis, indicating where deformations are likely to occur, is important. It should be noted that simplified analyses are relevant only when no liquefaction or significant strength loss is expected during shaking. NDA can be used for cases with or without liquefaction.

There are currently no prescriptive criteria for allowable deformations that can be applied universally. The assessment of "acceptable performance" during earthquake shaking should be made with careful oversight of independent reviewers experienced in earthquake deformation assessments. Generally, the objective for the design earthquake (sometimes called the "safety evaluation earthquake", see ICOLD Bulletin 148) is to prevent uncontrolled release of the contents of the facility, although some level of damage may be considered acceptable, provided that the damage would not lead to a progressive failure and that the damage can be reasonably repaired prior to resuming operations.

7.11. SEEPAGE DESIGN

7.11.1. Pore Pressures, Filters and Drainage

An understanding of the seepage that develops through the embankments, abutments, foundations, and impoundment footprint is required for design. Seepage analyses need to account for under-consolidation of tailings, e.g., elevated pore pressure as well as lower pressures due to downward gradients (as opposed to hydrostatic gradient). For slope stability analyses, normal loading consolidation and shear-induced pore pressure are important mechanisms, and these are considered in Section 7.9. This section addresses the seepage and groundwater conditions that develop due to flow of water through the dam and foundation. Unlike water dams, tailings dams need to consider factors such as ongoing infiltration due to spigotted slurry tailings; consolidation release water that reports to the decant pond; and the typical heterogeneity of deposited tailings with variable hydraulic conductivity layers. The variable conditions and multiple water sources make the normal 2-D seepage analyses challenging and assessment of seepage models should consider the potential variability.

An understanding of the groundwater regime, guided by seepage modelling, aids in the selection of instrumentation (piezometers) locations to monitor performance of the dam during its lifecycle. It is also necessary to understand the difference between the phreatic surface and pore pressure as they may or may not coincide, depending on the soil properties, particularly if vertical drainage is occurring or if excess pore pressures developed due to loading. Numerous tools are available for hydrogeological assessments, and the selected method should be appropriate for data and information known about the TSF and hydrogeological properties of the surrounding areas.

Sur le moyen et le long terme, un des aspects importants à considérer est la modification éventuelle des activités minières et la manière dont cette modification se répercute sur le régime hydrogéologique qui prévaut autour de l'ISR. Il peut s'agir par exemple d'un arrêt des dépôts dans l'ISR ou du démantèlement des puits de pompage dans la zone autour de l'ISR. Ces activités peuvent affecter les niveaux et l'écoulement de l'eau souterraine et toute modification de ce type doit faire l'objet d'une investigation dans le cadre de l'évaluation. Il faut aussi évaluer les conditions de fermeture et les impacts à long terme qu'aura le site fermé sur le régime des eaux souterraines. Cette précaution est importante pour toutes les ISR et elle s'applique également aux résidus stockés au fond de fosses d'exploitation minière, où les variations saisonnières du niveau de la nappe phréatique exposent les résidus déposés à des conditions d'eaux souterraines transitoires.

Des drains et des couches de drainage sont utilisés dans les barrages pour limiter la hausse du niveau phréatique afin d'améliorer la stabilité et de réduire le risque d'érosion interne dans la pente aval du barrage. Les principes de drainage sont décrits dans le Bulletin 97 de la CIGB, « Barrages de stériles: conception du drainage ». Des éléments de drainage peuvent également être nécessaires pour contrôler les sous-pressions dues aux conditions artésiennes. Le zonage et l'installation des filtres d'un barrage doivent maximiser les avantages que présentent les résidus pour réduire les gradients hydrauliques en limitant l'aménagement de remblais présentant une conductivité hydraulique élevée près des résidus.

Le système de filtres pour la fermeture doit être conçu en fonction de l'évolution potentielle des gradients hydrauliques, qui peuvent diminuer dans le cas d'une fermeture sèche, et de l'éventuel blocage géochimique des filtres par des précipités associés à la géochimie des résidus.

7.11.2. Mesures de conception visant à minimiser les infiltrations

La minimisation des infiltrations peut se faire par a) un contrôle sécuritaire du barrage visant à abaisser le niveau phréatique, à réduire les gradients hydrauliques et les débits d'infiltration (comme discuté dans la section précédente) ou b) un contrôle environnemental visant à minimiser l'infiltration d'eaux contaminées dans le milieu récepteur (voir la section 7.13 du présent bulletin). Le contrôle des infiltrations dans un barrage s'appuie typiquement sur l'aménagement de zones de faible conductivité hydraulique et, dans certains cas, de la pose de membranes géosynthétiques. Les barrages équipés d'une géomembrane peuvent nécessiter un litage compatible avec les résidus sur le plan de la filtration, au cas où il y ait des défauts dans le revêtement.

Les méthodes visant à minimiser les infiltrations dans les fondations comprennent l'aménagement de rideaux étanches (p. ex., des parois moulées ou d'injection), de tranchées ou de puits d'interception et de puisards ou de barrages en aval des points d'exfiltration. Les rideaux sont utiles dans les secteurs où des zones d'infiltration préférentielles, de conductivité hydraulique élevée, existent dans les fondations. Les argiles *in situ* peuvent présenter une conductivité hydraulique relativement élevée à cause de la présence de fissures, de galeries racinaires, etc., et cette perméabilité pourra être réduite par des travaux de remaniement et de compactage. Il existe plusieurs possibilités de revêtements de faible conductivité hydraulique: l'argile compactée, des matériaux mélangés à de la bentonite, des géomembranes telles que les feuilles de polyéthylène haute densité ou polyéthylène basse densité linéaire (PEHD ou PEBDL), les géocomposites synthétiques bentonitiques (GSB) doublures d'argile géosynthétiques (DAG) et les matériaux bitumineux. Les géomembranes et les autres systèmes de revêtement pour résidus bien construits présentent des taux de fuite extrêmement faibles, de l'ordre de 0,001 l/s/km^2. La durée de vie des revêtements synthétiques peut être limitée, mais les systèmes bien conçus peuvent offrir des durées de vie nominales de plusieurs centaines, voire plusieurs milliers d'années. À long terme, il faut cependant tenir compte de l'effet de la dégradation du revêtement et de la libération connexe de contaminants. Pour décider du bien fondé d'installer un système de revêtement technique, tel qu'une géomembrane ou un revêtement en composite, il faut évaluer les avantages qu'apporterait une telle solution. Les résidus présentent typiquement une très faible conductivité hydraulique, en particulier ceux situés à la base de l'ISR où la consolidation a réduit l'indice des vides et donc les conductivités hydrauliques.

Of importance in the medium- to long-term, is the change in mining activity and how it may influence the hydrogeological regime around the TSF. Examples include ceasing deposition into a TSF and decommissioning of dewatering bores in the areas around the TSF. These activities can affect groundwater levels and flows and changes to these activities should be investigated as part of the assessment. Consideration should also be given to assessing closure conditions and the long-term impacts on the groundwater regime. While this is important for all TSFs, this is also applicable to below-groundwater, in-pit TSFs, where seasonal groundwater variations expose deposited tailings to transient groundwater conditions.

Drains and/or drainage layers in the dam are used to maintain a lower phreatic surface to improve stability and reduce the risk of piping on the downstream slope of the dam. The design of drainage is described in ICOLD Bulletin 97, "Tailings Dams Design of Drainage". Drainage components may also be required to control uplift pressures due to artesian conditions. Design of dam zonation and filters should maximize the benefit of the tailings to reduce the hydraulic gradients by limiting the use of high hydraulic conductivity fill zones adjacent to the tailings.

Filter requirements for closure should consider potential changes to the hydraulic gradients, which may decrease with a dry closure alternative, and the potential for geochemical clogging of filters due to precipitates associated with the geochemistry of the tailings.

7.11.2. Design Measures to Minimize Seepage

Minimization of seepage may be (a) a dam safety control to lower the phreatic surface, reduce hydraulic gradients and seepage flow rates (as discussed in the preceding section; and/or (b) an environmental control to minimize potential seepage of contaminated water to the receiving environment (refer to Section 7.13 of this Bulletin). Seepage controls in a dam typically include low hydraulic conductivity soil zones and, in some cases, geosynthetic liners. Geomembrane lined dams may need to consider a bedding that is filter compatible with the tailings, in case there are defects in the liner.

Methods to minimize foundation seepage include cut-offs (e.g., slurry trenches and grouting), interception trenches or wells, and collection sumps/dams below points of seepage. Cut-offs are useful in areas where preferential seepage zones of higher hydraulic conductivity exist within the foundations. In situ soils (clays) may have relatively high hydraulic conductivity due to fissures, root holes etc. and hydraulic conductivity may be reduced by re-working and compaction. Low hydraulic conductivity liners include many options: compacted clay, bentonite mixed soils, geomembranes such as high density and linear low-density polyethylene (HDPE or LLDPE), geosynthetic clay liners (GCL), and bituminous materials. Well-constructed geomembrane/tailings liner systems have been shown to have extremely low leakage rates, on the order of 0.001 L/s/km^2. Synthetic liner systems may have limited life expectancy, although well designed and specified liners can have a design life in terms of hundreds or possibly thousands of years. However, the long-term effect of liner degradation and potential future release of contaminants needs to be considered. When considering the potential need for an engineered lining system, such as a geomembrane or a composite liner, it is necessary to quantify the benefit of such a solution. Tailings typically have a very low hydraulic conductivity, particularly the tailings at the base of the TSF where consolidation has reduced void ratios and thus hydraulic conductivities.

L'option d'installer un système de revêtement technique avec drains ne doit être adoptée qu'après la prise en considération des risques associés à un drainage souterrain et la nécessité de recueillir et de gérer les infiltrations qui passent à travers les résidus. Les drains peuvent eux-mêmes offrir une trajectoire d'écoulement pour les infiltrations vers les défauts du sous-revêtement. Les systèmes de drainage interne peuvent être sujets à des défaillances et les plans de conception doivent donc limiter l'utilisation des systèmes de drainage souterrains et des géomembranes. Des pressions plus élevées pourraient augmenter les infiltrations et donc gêner la consolidation des résidus.

Des revêtements de retenue et des éléments de faible conductivité hydraulique dans le barrage et la retenue peuvent également être requis pour limiter les impacts environnementaux associés à la géochimie des eaux interstitielles des résidus, comme décrit à la section 7.13.

7.12. CONCEPTION HYDROTECHNIQUE

7.12.1. Introduction

La gestion de l'eau associée à l'ISR doit permettre d'assurer à la fois la sécurité du barrage et le respect de l'environnement dans un contexte opérationnel où la capacité de stockage de l'eau est sans cesse modifiée par les résidus déposés et les réhausses successives du barrage et où la qualité de l'eau n'est pas suffisante pour permettre un rejet direct dans l'environnement.

Le stockage des résidus doit s'effectuer en laissant suffisamment de marge au niveau des structures et de l'exploitation pour pouvoir gérer et stocker l'eau, en prévoyant notamment:

- Un bassin de contenance minimale pour permettre la décantation des fines et, dans certains cas, l'assainissement géochimique des eaux de recirculation;
- Le stockage temporaire des apports hydriques saisonniers normaux (saison des pluies ou périodes de fonte des neiges);
- Dans les climats froids: a) un stockage de l'eau tenant compte de la formation de glace et permettant le dépôt sous la glace et b) la prise en compte de la disponibilité réduite de l'eau de procédé due au gel et des effets du cycle gel-dégel sur les barrages de confinement;
- Le stockage temporaire d'eau de procédé susceptible d'endommager l'environnement en cas de déversement direct lors d'une « crue de projet environnementale » (CPE);
- Le stockage ou la dérivation de la crue de projet pour protéger l'intégrité des barrages de confinement.

La Figure 7.3 montre la section en coupe d'un barrage de stériles typique avec les niveaux d'eau schématiques correspondant à la situation d'exploitation normale et à un épisode de crue.

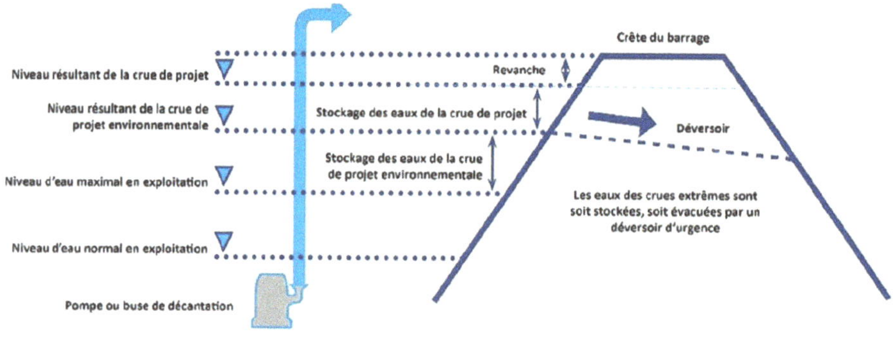

Fig 7.3
Niveau de l'eau en période d'exploitation normale et lors d'une crue

Consideration of an engineered lining system with drains should address the risks associated with underdrainage, as seepage through the tailings would need to be collected and managed. The drains may also provide flow paths for seepage to be directed to defects in the under-liner. Internal drainage systems may be prone to failure, so design should consider limited use of underdrain/ geomembrane systems. The higher pressures could increase seepage loss and reduce the consolidation of the tailings.

Impoundment liners and low hydraulic conductivity elements in the dam and impoundment may also be required to limit environmental effects associated with the geochemistry of the tailings pore water as described in Section 7.13.

7.12. HYDROTECHNICAL DESIGN

7.12.1. Introduction

Water management for the TSF needs to allow for both dam safety and environmental safety in an operational situation where the water storage capacity is continually being modified by the deposited tailings and dam raises, and water quality is often unsuitable for release to the environment.

When storing tailings, there must be allowance in design and operations that leaves adequate room for water storage, including:

- A minimum water pond to allow settling of fines and, in some cases, for geochemical attenuation of reclaim water.
- Temporary storage of normal seasonal inflows (rainy season or snowmelt periods).
- In cold climates: (a) storage of water to account for ice formation and to allow deposition below the ice; and (b) effects of ice reducing availability of process water and freeze-thaw effects on containment dams.
- Temporary storage of process water that could cause environmental harm if released, known as the Environmental Design Flood (EDF).
- Storage or routing of the Inflow Design Flood (IDF) to ensure the integrity of the containment dams.

Figure 7.3 shows a section through a generic tailings dam with the operating and flood water levels depicted schematically.

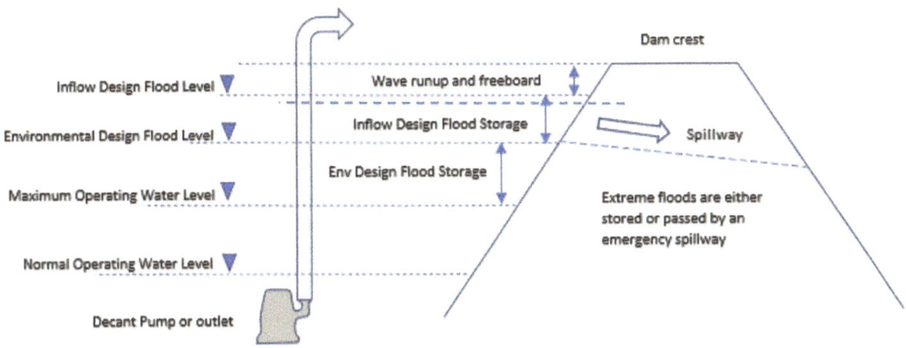

Fig 7.3
Schematic showing operating and flood levels

La cote normale d'exploitation est contrôlée soit par un système de pompage soit par un système de décantation par gravité. La cote normale peut subir des fluctuations dues aux variations saisonnières et aux conditions environnementales qui peuvent entraîner des périodes d'accumulation de l'eau dans la retenue. Ces apports doivent être gérés de manière à maintenir le niveau entre la cote normale et la cote maximale d'exploitation. Dans certains cas, la cote normale d'exploitation peut être abaissée pour que la retenue puisse accueillir des arrivées d'eau temporaires. La cote maximale d'exploitation est choisie pour faire en sorte de disposer d'une capacité de stockage suffisante pour accueillir les arrivées d'eau saisonnières, ces dernières pouvant être très faibles durant les mois les plus secs de l'année.

Au besoin, une capacité de stockage supplémentaire est maintenue entre la cote maximale d'exploitation et un déversoir pour absorber une crue de projet environnementale (CPE).

Le niveau de crue nominal est fixé de manière à ce que l'ISR soit capable de stocker les eaux de crue ou de les évacuer par l'intermédiaire d'un déversoir ou d'un ouvrage de sortie similaire. Les eaux d'une crue de projet environnementale ou d'une crue de projet temporairement stockées doivent être ensuite éliminées par le système de décantation ou de pompage dans des délais appropriés, une mesure qui peut être appuyée par une évaluation des risques afin d'assurer un stockage adapté aux crues de projet.

Les cotes d'exploitation de la retenue doivent être basées sur un bilan hydrique suffisamment détaillé, qui pourra être mis à jour tout au long du cycle de vie de l'installation.

Une revanche suffisante couvrant l'écart entre la cote nominale et la crête du barrage doit être prévue pour empêcher les vagues de passer par-dessus cette dernière. Il peut s'avérer opportun de remonter la revanche de manière à tenir compte du vent (dans les grandes retenues), des incertitudes de calcul ou d'un possible tassement de la crête avec le temps, en particulier si l'érosion peut entamer le remblai.

La décantation des fines et l'assainissement des eaux de procédé nécessitent normalement un niveau d'eau minimal dans la retenue, mais il est habituellement préférable de minimiser la taille du bassin de décantation et de maximiser la taille des plages constituées de résidus.

7.12.2. Crue de projet environnementale (CPE)

La crue de projet environnementale est la crue maximale qui doit pouvoir être gérée sans déversement d'eaux non traitées dans l'environnement. Le stockage de l'eau durant ce niveau de crue nécessite des capacités de stockage allant au-delà de celles requises pour la cote maximale d'exploitation.

La sélection de la période de retour et de la durée de la CPE et d'autres facteurs tels que la fonte des neiges doit tenir compte de facteurs tels que la qualité de l'eau qui pourrait être déversée dans l'environnement, les exigences réglementaires, la fréquence et la durée des débordements, les caractéristiques de mélange et de débit en aval ainsi que la perception du public. La sélection de la CPE est donc spécifique à chaque site et doit s'effectuer:

- en consultation avec les autorités;
- en tenant compte des impacts environnementaux qui dépendent de la fréquence, de l'amplitude et de la durée de déversements peu fréquents;
- en tenant compte de la dilution pouvant résulter de l'arrivée d'eaux de crue dans les eaux réceptrices;
- en tenant compte des coûts associés aux divers degrés de contrôle environnementaux.

La période de retour de la CPE s'étend typiquement de 10 à 200 ans, mais des critères plus exigeants pourront être requis suivant les conditions qui prévalent sur le site et les exigences découlant de la réglementation locale. La durée appropriée pour la CPE varie typiquement de quelques jours à quelques mois suivant la capacité d'assimilation des eaux réceptrices et, le cas échéant, du système de traitement des eaux. Une méthodologie basée sur l'évaluation des conséquences d'un déversement est présentée dans ANCOLD (2019).

The Normal Operating Water Level (NOWL) is controlled by either a pump system or a gravity decant system. The NOWL can be subject to fluctuations due to seasonal variations and environmental conditions, resulting in periods when water accumulates in the impoundment. These inflows must be managed between the normal operating level and the maximum operating water level (MOWL). In some cases, the NOWL may be drawn down further to accommodate temporal inflows. The MOWL is selected to ensure that sufficient storage is provided to accommodate average seasonal inflows, which can then be drawn down during the drier months of the year.

Where applicable, an additional storage capacity is maintained between the MOWL and an outlet spillway to contain an EDF.

The IDF level is established to either store the IDF or to route the IDF through a spillway or similar outlet structure. Where the EDF or IDF are temporarily stored, water must be removed by the decant or pump system over an appropriate time period, which could be supported by a risk assessment to assure appropriate storage for design floods.

Operating water levels should be based on an appropriately detailed water balance, which can change over the life cycle of the facility.

Wave runup and freeboard, between the maximum IDF and the dam crest, should be provided to prevent wave action overtopping the crest. It may be appropriate to add additional freeboard to allow for wind set-up in larger storages, for uncertainties of calculation, and/or potential for dam crest settlement, particularly if erosion may cause embankment breaching.

Although there will normally be some minimum level of water storage required to allow settlement of fines or process water attenuation, it is usually desirable to minimize the decant pond size and to maximize the extent of tailings beach development.

7.12.2. Environmental Design Flood (EDF)

The EDF is the flood that is to be managed without release of untreated water to the environment. Retention of water during the EDF requires storage capacity above the MOWL.

The selection of the return period and duration of the EDF and other factors such as snow melt, must consider factors such as: the water quality that could be released and regulatory requirements; frequency and duration of overflow events; downstream mixing and the environmental sensitivity of the receiving environment; and, downstream flows and public perception. The selection of an appropriate EDF is therefore site-specific and should be derived through:

- Consultation with regulatory agencies;
- consideration of environmental effects associated with the frequency, magnitude and duration of an infrequent release;
- consideration of dilution that may be available from flood flows in the receiving water; and
- consideration of the costs associated with varying degrees of environmental control.

Typical EDF return periods range from 1 in 10 years to 1 in 200 years, but more stringent criteria may be required depending on the site conditions and local regulatory expectations. The appropriate EDF duration typically ranges from days to months depending on the assimilative capacity of the receiving water and, when available, the capacity of the water treatment system. A methodology based on a consequence assessment of spill is presented in ANCOLD 2019.

La cote maximale d'exploitation doit être déterminée pour chaque ISR et lorsqu'elle est excédée, des procédures opérationnelles appropriées et des parties pertinentes du plan d'intervention en cas d'événement déclencheur (comme décrit au paragraphe 8.4) doivent être mises en œuvre.

7.12.3. Crue de projet, durée critique et revanche

La crue de projet est la crue la plus importante (maximum, volume, forme, durée, date) que le barrage de stériles et ses installations connexes (déversoir) sont capables d'absorber sans débordement de la retenue. La détermination de la période de retour de la crue de projet est discutée au paragraphe 7.8.2 du présent bulletin.

La détermination de la crue de projet doit aussi tenir compte des considérations techniques suivantes:

- Les crues de projet surviennent typiquement durant des périodes qui ont été précédées par des précipitations ayant saturé les sols, ce qui aboutit à des conditions caractérisées par des coefficients d'écoulement volumétrique élevés (supérieurs à 90 %).

- Les événements antérieurs et la durée critique peuvent avoir une influence sur les exigences concernant le stockage des eaux de crue et leur détournement.

- Les crues de projet peuvent varier de manière saisonnière. Sous les climats froids, par exemple, les averses sur la neige peuvent parfois engendrer des événements susceptibles de provoquer la crue la plus critique.

- Fonctionnalité des déviations et d'autres facteurs, tels que les glissements de terrain localisés, dus à de fortes précipitations ou au gel/neige, obstruant les structures de dérivation.

- La fonctionnalité des déversoirs, qui peut être affectée par la formation ou l'accumulation excessive de glace.

La crue de projet doit tenir compte de la durée critique de la crue. Lorsqu'il est prévu d'évacuer les eaux par l'intermédiaire d'un déversoir, la durée critique correspondra à la durée du laminage des eaux de crue à travers la retenue.

Lorsqu'il est prévu de stocker la crue de projet, la détermination de la durée critique doit tenir compte des facteurs suivants:

- La durée potentielle d'un ou plusieurs orages extrêmes, en tenant compte de la capacité d'intervenir en urgence pour libérer l'eau dans les conditions qui prévaudront probablement lors d'un tel événement extrême qui excède les capacités de la conception. La durée de gestion des eaux de la crue de projet (durée critique) peut être de quelques jours à quelques semaines.

- La capacité de construire un déversoir d'urgence à un endroit qui n'affecte pas la sécurité du barrage.

- La probabilité que le barrage puisse survivre à un débordement.

- Les risques additionnels associés au stockage d'une quantité d'eau supplémentaire.

Dans la mesure du possible, il est bon d'aménager un déversoir d'urgence pour évacuer les eaux de la crue de projet. Lorsque ce n'est pas possible, des mesures d'urgence basées sur des bouchons fusibles ou l'excavation d'urgence de déversoirs doivent être prévues et inscrites dans les plans d'urgence.

The MOWL should be identified for each TSF and when exceeded, appropriate operational procedures and relevant portions of the Trigger Action and Response Plan (TARP), as described in Section 8.4, should be initiated.

7.12.3. Inflow Design Flood, Critical Duration and Freeboard

The inflow design flood (IDF) is the most severe inflow flood (peak, volume, shape, duration, timing) for which the tailings dam and associated facilities (spillway) are designed to protect the dam from overtopping. Determination of the IDF return period is addressed in Section 7.8.2 of this Bulletin.

Other technical considerations for the IDF include:

- IDFs typically occur during periods where antecedent precipitation results in saturated ground conditions, which lead to high volumetric runoff coefficients (e.g., greater than 90%).
- Antecedent events and the critical duration can influence the flood storage and flood routing requirements.
- IDFs may vary seasonally. For example, in cold climates rain-on-snow events may or may not be critical IDF events.
- Functionality of diversions and other factors, such as localized landslides, due to high rainfall or freezing/snow, plugging diversion structures.
- Functionality of spillways, such as ice jamming or ice formation.

The IDF needs to consider the critical duration of the flood. Where the design flood is to be passed through a spillway, the critical duration will be determined by flood routing through the impoundment.

When the IDF is to be stored, determination of the critical duration should consider:

- Potential duration of extreme storms or multiple storms, considering the emergency response capability to release water under the likely conditions of the extreme event exceeding design allowances. Critical durations can vary from days to weeks.
- The ability to construct an emergency spillway in a location that would not jeopardize the safety of the dam.
- The likelihood that the dam could survive an overtopping event.
- The added risks associated with the storage of additional water.

Wherever practicable, it is good practice to provide an emergency spillway to route the IDF. Where this is not practical, emergency measures such as fuse plugs or emergency excavated spillways should be planned for and included in emergency plans.

Si les eaux de la crue de projet sont stockées dans l'ISR, l'ouvrage doit être conçu en tenant soigneusement compte des risques de débordement et en permettant l'évacuation de l'eau stockée sur un laps de temps réaliste qui dépendra de la vitesse d'abaissement du niveau et de l'hydrologie du secteur (la probabilité d'occurrence d'une succession de gros orages). Si l'on envisage l'aménagement d'un déversoir d'urgence nécessitant certaines mesures, comme l'excavation d'une section de la crête du barrage, les plans de préparation aux situations d'urgence devront tenir compte des conséquences à prévoir si ces mesures ne sont pas prises. Lorsqu'il est prévu de stocker temporairement les eaux de la crue de projet, le barrage doit être conçu de manière à offrir un stockage sécuritaire et, dans le cas des barrages construits suivant la méthode amont, la largeur minimale de la plage pourra être spécifiée. Des recommandations concernant l'estimation du volume des eaux de crue sont présentées dans le Bulletin B187 de la CIGB.

La détermination de la revanche minimale doit tenir compte de la topographie environnante, du bassin versant, de la possibilité de défaillances en cascade en amont, de l'évacuation d'urgence des eaux et du profil de la retenue, en particulier:

- Le déferlement potentiel de vagues sous l'effet du vent et de dommages par érosion;
- Un tassement potentiel engendrant un affaissement de certaines sections sur la crête du barrage;
- Des épisodes de gel et de dégel dans la partie haute du barrage, en particulier si une zone du noyau est susceptible de geler.

Le déferlement de vagues et les ondes de tempête ou l'élévation du niveau de l'eau induits par le vent dépendent d'une part du degré de synchronisation des vents forts avec les fortes précipitations et d'autre part de la taille de l'ISR et des bassins versants contributeurs. Ces deux facteurs dépendent eux-mêmes de la région, de la profondeur et de la surface de la retenue ainsi que de la forme des plages de résidus. Des méthodes permettant de calculer la revanche nécessaire en fonction de ces facteurs sont disponibles dans de nombreuses directives axées sur les barrages d'eau. Indépendamment de la méthode de détermination de la revanche, celle-ci ne devrait pas être inférieure à 1,0 m.

Une revanche plus haute peut être envisagée pour contenir l'eau et les résidus déplacés en cas d'événements naturels tels que des glissements de terrain ou des avalanches de neige si de tels incidents sont possibles sur le site.

7.12.4. Bilan hydrique

Un modèle du bilan hydrique de l'ISR permet de suivre les apports et les pertes d'eau tout au long du cycle de vie de l'installation et d'optimiser ainsi l'utilisation de l'eau. Le transport de l'eau dans les résidus constitue l'une des composantes les plus importantes du bilan hydrique, l'insertion de l'eau dans les espaces interstitiels étant responsable de la plus grande partie des pertes en eau. L'eau restante est pour l'essentiel recyclée vers l'unité de traitement ou déversée dans le milieu environnant si un tel rejet est approprié. Une certaine quantité d'eau sera également perdue par évaporation ou par infiltration. Les apports d'eau comprennent les écoulements circoncis aux bassins versants liés à l'ISR et la contribution des eaux souterraines. L'ISR est aussi souvent utilisée pour absorber les écoulements provenant d'autres secteurs perturbés par les activités minières et ces apports doivent être pris en compte dans le bilan hydrique.

Le bilan hydrique doit comporter les éléments suivants:

- Gestion des ruissellements: la zone de gestion des résidus est souvent séparée des bassins versants et des cours d'eau environnants pour minimiser les exigences de gestion des eaux de contact et les exigences de conception relatives aux crues. La capacité nominale de débit des ouvrages de dérivation doit être fixée en fonction des crues prévues et des avantages éventuels que pourrait présenter une réduction des apports d'eau à l'ISR. Les ouvrages de dérivation ne peuvent habituellement contribuer que de manière limitée à la prise en charge des eaux de la crue de projet

If the IDF is stored in the TSF, then the design must carefully consider the risk of overtopping and allow for removal of the stored water over a realistic time period established by considering the drawdown rate and the hydrology of the area (the likelihood of successive large storms). If an emergency spillway is considered that requires measures be taken to pass the IDF (such as excavating a section of the embankment crest), emergency preparedness plans should include allowances for the consequences resulting if those measures are not taken. Where the IDF is to be temporarily stored, the dam design must be suitable for safe storage and, for upstream constructed dams, a minimum beach width could be specified. Guidance on flood volume estimation is presented in ICOLD Bulletin B187.

Determination of minimum freeboard should consider surrounding topography, catchment area, potential for cascading failure inflows or emergency water releases, and impoundment layout, including:

- Potential wind-induced wave run-up and damage from erosion.
- Potential settlement resulting in low sections on the dam crest.
- Freeze and thaw effects in the upper portion of the dam, particularly if there is a frost-susceptible core zone.

Wave runup and wind-induced storm surge or set-up of the water surface may be influenced by the timing of high wind in relation to high precipitation and the size of the TSF and the contributing catchment areas. Both depend on the area, shape of the water surface and water depth, and the tailings beach. Methods to calculate the required freeboard for these are available in numerous guidelines for water dams. Notwithstanding the determination of freeboard, a minimum criterion of 1.0 m should be considered.

Additional freeboard could be considered to contain displaced tailings and water when there is a risk of natural hazards such as landslide or snow avalanches.

7.12.4. Water Balance

A water balance model for the TSF is used to track the ongoing water losses and gains during the life of the facility and for optimizing the use of water. Tailings transport water is one of the larger components of the water balance with water loss to tailings voids often being the largest water loss, and much of the remainder being recycled to the process plant or discharged to the environment, if appropriate. Water will also be lost through evaporation and/or seepage. Water gains may include runoff from the TSF catchment areas and groundwater inflow. The TSF is also often used to attenuate water flows from other disturbed areas associated with the mine and these inflows must be accounted for in the water balance.

Components of Water Balance to be considered include:

- Stream Management - The tailings area is often separated from the surrounding catchment areas and water streams to minimize contact water management and flood design requirements. The design flow capacity of diversion works should relate to the relevant predicted flood flows and the benefit of reducing water inflows to the TSF. The diversion works typically have limited capacity to pass the IDF and, therefore, the inflows need to be considered in managing the design flood. The potential failure of

et les apports correspondants doivent donc être pris en compte pour la gestion de celle-ci. Un système de dérivation a toutes les chances de défaillir (à cause d'une capacité insuffisante, de glissements de terrain locaux, de blocages dus au gel ou à la neige, etc.) lors d'une crue extrême et il faut donc tenir compte des apports d'eau supplémentaires qui arriveront au barrage de stériles.

- Précipitations: les précipitations peuvent constituer des apports en eau importants, les écoulements provenant des bassins versants se mélangeant à l'eau de procédé dans l'ISR. Ces apports doivent être calculés par les méthodes d'estimation hydrologique habituelles. Il faut tenir compte des apports hydriques provenant a) des surfaces terrestres, que ce soit des écoulements directs ou indirects (pompés), b) des plages de résidus et c) de la zone de la retenue elle-même. Dans les régions recevant des précipitations saisonnières élevées, les coefficients d'écoulement doivent tenir compte de la teneur en eau préalable des sols. Dans les régions pouvant être touchées par la neige, l'estimation des scécoulements doit tenir compte des chutes de pluie sur la couverture de neige et du degré de gel du sous-sol.

- Eau de décantation des résidus: les résidus déposés se consolident progressivement et une part importante de l'eau contenue dans les boues se retrouve dans le bassin de décantation. Le dépôt subaérien est généralement associé à une augmentation de la densité du décantât, contrairement à ce qui est observé lors d'un dépôt subaquatique. Au fur et à mesure que les résidus s'assèchent, la tension de l'eau dans les pores peut engendrer des forces de consolidation importantes qui peuvent éventuellement contribuer à l'expulsion d'eau.

- Évaporation: l'évaporation à partir des plages et des étangs de résidus peut représenter une part importante des pertes en eau. Il est possible d'évaluer ces pertes à partir des résultats de mesures en bac d'évaporation en utilisant les facteurs d'ajustement appropriés. Pour les plages humides, on part généralement de l'hypothèse que l'évaporation y est égale à celle qui caractérise la surface d'un lac. Des salinités supérieures à celle de l'eau de mer peuvent réduire l'évaporation de manière importante. Plus important encore, la formation d'une croûte de sel à la surface des résidus crée une barrière qui ralentit l'assèchement des plages et fait obstacle à la libération de l'eau associée à la consolidation.

- Infiltrations: les infiltrations prennent place à travers les remblais, les fondations et les sols à l'intérieur du périmètre de la retenue. Les pertes par infiltration peuvent s'avérer insignifiantes par rapport au bilan hydrique général, mais leur impact environnemental peut être important si ces eaux d'infiltrations sont contaminées.

7.12.5. Récupération de l'eau

L'eau peut être récupérée par l'intermédiaire d'un système de pompage fixe ou flottant ou un système gravitaire. Les stations de pompage flottantes offrent une bonne flexibilité d'exploitation puisqu'elles s'adaptent automatiquement à tout changement du niveau d'eau. Le dimensionnement des pompes devra tenir compte des volumes accumulés lors des crues importantes. Il est également possible d'installer des décanteurs gravitaires flottants ou des décanteurs à siphon si la hauteur d'eau le permet.

On utilise souvent des structures de décantation fixes comprenant des tours en béton ou en acier équipées de sorties contrôlables à différents niveaux. Les tours de décantation doivent être conçues en tenant compte des forces d'entraînement vers le bas que pourront entraîner le tassement par sédimentation des résidus, une charge sismique ou d'autres circonstances opérationnelles. Les plans de conception de ces structures doivent décrire la manière dont elles seront démantelées lors de la fermeture du barrage. Les conduits qui traversent le remblai ont déjà causé des défaillances par érosion interne. Si ce type de conduite d'évacuation est utilisé, il faut prêter une attention particulière à sa conception et à sa construction de manière à réduire le risque associé à ce type de défaillance et planifier l'inspection interne régulière de ces systèmes.

a diversion system (due to lack of capacity, local landslides, freeze/snow plugging, etc.) is likely during extreme flooding and the added inflow to the tailings dam should be considered.

- Precipitation – Precipitation can be a major component of water inflow, with catchment runoff mixing with process water in the TSF. Run-off calculations should be made in accordance with normal hydrological methods. Run-off from the (a) contributing land surfaces, either as direct or indirect (pumped) catchments, (b) any tailings beaches and (c) the pond area itself, will need to be considered. In regions with highly seasonal precipitation, runoff coefficients need to take account of pre-existing soil moisture conditions. In regions with snow, runoff needs to consider rain-on-snow events and frozen conditions in the subsoil.

- Tailings Decant Water - Tailings consolidate as they are deposited with a significant portion of slurry transport water reporting directly to the decant pond. Typically, there is an increase in initial settled density with sub-aerial deposition as opposed to sub-aqueous deposition. As tailings dry, the capillary tension in the pores may cause major consolidation forces, which may or may not add to released water.

- Evaporation - Evaporation from tailings beaches and ponds can lead to significant water losses. Losses from ponds can be evaluated from pan-evaporation data using appropriate adjustment factors. A common assumption for wet beaches is to assume beach evaporation is equal to lake evaporation. Salinities above that of sea water may reduce evaporation significantly. More importantly, the formation of a salt crust on the tailings surface creates a barrier which slows further drying of the beach and impedes release of consolidation water.

- Seepage - Seepage will occur through the embankments, foundations, and impoundment footprint. Seepage losses may not be significant in the overall water balance, but the environmental impact of contaminated seepage may be a significant factor.

7.12.5. Water Recovery

Recovery of water may be achieved by a fixed or floating pump system or a gravity system. Floating pump stations allow flexibility of operation with water level changes being easily accommodated. Pump sizing may need to cope with volumes accumulated in severe flood events. Floating gravity decants or siphon decants can also be developed if adequate head is available.

Fixed decant structures are often used and typically comprise concrete or steel tower structures with controllable outlets at various levels. The structural design of tower decants should consider the potential down-drag forces applied to the structure by consolidation settlement of the tailings, seismic loading and other risks during operation. The design should address how the structure will be decommissioned on dam closure. Pipes through the embankment have been the cause of internal erosion failures under tailings dam embankments. If this type of outlet pipe is provided, particular care is needed in design and construction to reduce the risk of this type of failure, and routine internal inspections should be undertaken.

7.13. CONCEPTION ENVIRONNEMENTALE

La conception environnementale d'une ISR doit tenir compte des impacts potentiels de l'installation sur les eaux de surface et les eaux souterraines réceptrices, de l'émission potentielle de poussières et des impacts possibles sur la flore et la faune associés aux eaux ou aux plages de la retenue. La crue de projet environnementale discutée au paragraphe 7.12.2 du présent bulletin est choisie de manière à protéger au mieux les eaux de surface réceptrices durant l'exploitation de l'ouvrage. Les aspects concernant les eaux souterraines sont discutés aux sections 5.6 et 7.11.

La conception environnementale est une composante importante de la fermeture puisqu'elle vise à assurer la stabilité géochimique et écologique à long terme de l'ISR. Comme discuté au paragraphe 6.2.3, la caractérisation géochimique des résidus et de l'eau de procédé sont des étapes essentielles qui permettent d'informer la conception pour ce qui est des vitesses d'infiltration admissibles et du plan de fermeture.

Il convient d'identifier les constituants potentiellement préoccupants associés à l'eau interstitielle des résidus qui pourraient être problématiques pour l'environnement. Au minimum, la qualité de l'eau de procédé doit être comparée aux objectifs fixés pour les milieux récepteurs potentiels en matière de qualité de l'eau (eau potable, écosystèmes aquatiques, eau destinée au bétail ou aux animaux d'élevage, etc.).

Les contaminants présents dans l'eau souterraine peuvent être soumis à une forme ou une autre d'atténuation par divers processus naturels incluant leur dégradation, le ralentissement de leur migration, leur absorption, leur dispersion et leur dilution. L'écoulement des contaminants à travers des zones non saturées est particulièrement important à cet égard, en particulier si les sols ou les roches altérées sont riches en argile. L'estimation des capacités d'absorption des cyanures et des métaux par les sols peut être complétée par des essais en laboratoire.

Une analyse des infiltrations et la détermination éclairée d'une vitesse d'infiltration acceptable aux fins de protection de l'environnement doivent faire partie intégrante de la conception du barrage et de la retenue. Les mesures de contrôle des infiltrations doivent être basées sur une estimation de la vitesse « admissible » des infiltrations dans le milieu récepteur. Dans certains cas, il pourra être possible de baser les estimations de qualité sur la mesure de la qualité de l'eau de décantation; il devient cependant de plus en plus souvent nécessaire de prévoir le sort des contaminants (contenus dans les eaux d'infiltration des résidus) qui atteignent le milieu environnant. La détermination des vitesses d'infiltration admissibles doit bénéficier de l'éclairage offert par des conseillers techniques tels que des géochimistes, des hydrogéologues et des spécialistes de l'environnement (milieux aquatiques).

Un programme de surveillance de la qualité des eaux de surface et des eaux souterraines doit être en place. Lorsqu'un traitement de l'eau est requis avant son déversement, il est important de déterminer la qualité des influents de procédé et des eaux évacuées, les critères (de qualité et de débit) pour les eaux déversées, les événements météorologiques nominaux, etc.

La qualité de l'air peut également être problématique pour certaines ISR, la poussière générée sur les plages de résidus exposées pouvant nécessiter des mesures de contrôle spécifiques, telles qu'un dépôt contrôlé par des robinets, des irrigateurs par aspersion, des agents poisseux ou la présence de végétation.

Les mesures de conception destinées à atténuer les impacts sur la qualité de l'eau doivent être évaluées et peuvent notamment comprendre:

- Un traitement avant déversement dans l'ISR, visant par exemple à éliminer l'utilisation de cyanures ou à traiter les eaux jusqu'à ce que la toxicité ne soit plus problématique;
- Un traitement visant à séparer et à gérer les résidus, en séparant par exemple par flottation les sulfures afin de réduire le volume des résidus potentiellement acidogènes;

7.13. ENVIRONMENTAL DESIGN

Environmental design of the TSF considers the potential effects of the TSF on the receiving surface and ground water quality, the potential for dust emissions, and potential effects on flora and fauna associated with the TSF impoundment water or beach. The Environmental Design Flood discussed in Section 7.12.2 of this Bulletin is established to protect the receiving surface water during operations. The groundwater aspects are discussed in Section 5.6 and Section 7.11.

Environmental design is an important component of closure to provide long term geochemical and ecological stability of the TSF. As discussed in Section 6.2.3, geochemical characterization of the tailings and process water is required to inform the design with respect to potentially permissible seepage rates and the closure plan.

Constituents of potential concern that may be associated with the tailings pore water, with respect to the environment, should be identified. As a minimum, the process water quality should be compared against potential receiving environment water quality objectives (e.g., drinking water, aquatic life, livestock water, etc.).

Contaminants in groundwater may be subject to attenuation by various natural processes including decay, biological and/or chemical breakdown, retardation/absorption, dispersion, and dilution. Flow through unsaturated zones, particularly if the soils or weathered rocks have high clay content, is particularly important in this regard. Estimates of cyanide and metals absorption characteristics in soils may be augmented with laboratory-scale tests.

A seepage analysis and an understanding of what rate of seepage may be acceptable for environmental purposes should be integrated into design of the dam and impoundment. The "allowable" seepage rate to the receiving environment should be estimated to support engineering design of seepage control measures. In some cases, it may be possible to base estimates of quality solely on the measured quality of decant water; however, it is becoming increasingly necessary to predict the fate of contaminants (contained within the tailings seepage water) in the surrounding environment. Determination of allowable seepage rates should be informed by technical advisors such as geochemists, hydrogeologists, and environmental (aquatic) specialists.

A monitoring program for surface and ground water quality should be in place. Where water treatment for discharge is required, it is important to determine the quality of process influent and discharge water, criteria for discharge (quality and flow), design meteorological events, etc.

Air quality may also be a concern with some TSFs, with dust generation from exposed tailings beaches possibly requiring special control, such as from controlled spigotting, spray irrigators, tackifiers, or vegetation.

As far as possible, design measures to mitigate potential water quality effects should be assessed and could include:

- Treating process prior to discharge in the TSF, for example by eliminating use of cyanide or treating to levels where toxicity is not of concern;
- Processing to segregate and manage tailings, for example flotation separation of sulphides to reduce volumes of potentially acid generating tailings;

- L'addition de minéraux ou de produits chimiques visant à neutraliser la réactivité des sulfures, par exemple en ajoutant du calcaire pour augmenter l'alcalinité;

- Le compactage et la saturation des résidus sulfureux visant à atténuer le drainage acide et métallifère (DAM) potentiel en inhibant l'oxydation.

Ces mesures doivent également être envisagées dans le cadre du plan de fermeture comme discuté au chapitre 3. Lorsque des risques inacceptables mettant en danger des milieux récepteurs sensibles sont identifiés, des mesures de contrôle appropriées et des mesures d'atténuation doivent être élaborées. Ces mesures de contrôle peuvent inclure l'installation de systèmes de revêtement, des ouvrages d'interception des infiltrations et des puits d'interception.

Il est souhaitable d'effectuer des échantillonnages et des contrôles réguliers des contaminants dans les eaux d'infiltrations de l'ISR afin de vérifier si les mesures de contrôle mises en œuvre fonctionnent comme prévu. La concentration des constituants potentiellement préoccupants doit être évaluée en fonction des normes environnementales et des seuils fixés dans le cadre de l'évaluation des risques.

- Adding minerals or chemicals to neutralize the reactivity of sulphides, such as adding limestone to increase alkalinity; or

- Compaction and/or saturation of sulfidic tailings to inhibit oxidation to mitigate the acid and metalliferous drainage (AMD) potential.

These considerations should also be considered as part of the closure design as discussed in Section 3. Where unacceptable risks to sensitive receptors are identified, appropriate controls and mitigating actions should be designed. Such controls could include liner systems, seepage interception works and dewatering bores.

Groundwater sampling and monitoring for contaminants in seepage from the TSF should be carried out regularly to verify if implemented controls and actions are functioning as expected. The level of constituents of potential concern should be reviewed against environmental requirements and supporting trigger limits set out as part of a risk assessment.

8. GESTION DES RISQUES

8.1. INTRODUCTION

La gestion des risques comprend leur évaluation, l'identification et la mise en œuvre des mesures et des contrôles nécessaires à leur prévention et à leur atténuation ainsi que la surveillance des indicateurs appropriés qui permet de vérifier que les risques sont gérés efficacement.

Pour permettre des prises de décisions et une conception efficaces tenant compte des risques, comme discuté aux sections 7.5 et 7.6, les risques doivent être identifiés, évalués et contrôlés à chacune des phases du cycle de vie de l'ISR.

L'évaluation des risques peut être un processus complexe et les sections qui suivent offrent des conseils sur les étapes génériques à suivre pour mener à bien cette tâche dans le cas des barrages de stériles. Des recommandations détaillées sur l'évaluation des risques présentés par les barrages sont offertes dans de nombreuses recommandations internationales, notamment les bulletins de la CIGB (130,156,189), ANCOLD (2022), USACE (2018) et USBR (2019).

8.2. ÉVALUATION DES RISQUES

8.2.1. Généralités

L'objectif de l'évaluation des risques est de bien comprendre les risques associés à une ISR, d'identifier les mesures de contrôle potentielles et de faciliter les prises de décision connexes. Dans certaines juridictions, l'évaluation des risques peut faire partie du processus d'application du règlement.

L'évaluation des risques résumée dans cette section est alignée sur les principes présentés dans les bulletins 130 et 156 de la CIGB. Elle consiste à mettre en œuvre une séquence de mesures visant à identifier, analyser et évaluer les risques:

- L'identification des risques consiste à trouver, à reconnaître et à décrire les risques.
- L'analyse des risques est un processus visant à comprendre la nature, les sources et les causes des risques identifiés afin d'estimer le niveau de risque.
- L'évaluation des risques est un processus qui consiste à examiner les risques et à jauger leur importance puis à envisager les mesures de contrôle et d'atténuation nécessaires pour satisfaire aux exigences de la réglementation, de la législation ou du propriétaire.

Le niveau et la complexité des évaluations des risques vont du simple dépistage à l'analyse détaillée et doivent aborder les aspects suivants:

- Objet et objectifs de l'évaluation;
- Conséquences potentielles d'une défaillance;
- Qualité et quantités des diverses données disponibles;
- Ressources disponibles.

Quels que soient le type et le niveau de l'évaluation des risques réalisée, les données utilisées et les méthodes adoptées doivent être transparentes et cohérentes afin d'aboutir à des résultats permettant de comparer tous les risques étudiés pour un barrage unique ou une série de barrages.

8. RISK MANAGEMENT

8.1. INTRODUCTION

Risk management comprises the assessment of risk including identification and implementation of preventative and mitigative measures and controls, and the monitoring of appropriate indicators to ensure that the risk is managed effectively.

To enable effective risk-informed decision making and risk informed design, discussed in Section 7.5 and 7.6, risks should be identified, assessed, evaluated, and controlled through all life phases of the TSF.

Risk assessment can be a complex process and the following sections provide guidance on the generic steps in risk assessment for tailings dams. Detailed guidance on risk assessment for dams is provided in numerous international practice guidelines including ICOLD Bulletins (130,156,189), ANCOLD (2022), USACE (2018) and USBR (2019).

8.2. RISK ASSESSMENT

8.2.1. Overview

The objective of risk assessment is to develop an understanding of the risks associated with a TSF, identify potential risk control measures and assist with decision making. In some jurisdictions risk assessments may be part of the regulatory process.

The risk assessment summarised in this section is aligned with the principles presented in ICOLD Bulletin 130 and Bulletin 156, and consists of a sequential process of risk identification, risk analysis and risk evaluation where:

- Risk identification is a procedure to find, recognize, and describe the risks.
- Risk analysis is a process to understand the nature, sources, and causes of the identified risks to estimate the level of risk.
- Risk evaluation is process of examining and judging the significance of risk and evaluating the risk control measures to assist with decisions over risk control actions that are required meet the legal, statutory and other requirements of the owner.

The level and complexity of risk assessments range from screening to detailed and both the type and the level of assessment should depend on the following aspects:

- Purpose and objective of the assessment;
- Potential consequence of a failure;
- Quality and quantity of the various input information; and
- Available resources.

Irrespective of the type and level of the risk assessment, the inputs and methods must be transparent and consistent to provide comparative outcomes that allow for a meaningful interrogation and comparison of all assessed risks for one dam or a portfolio of dams.

8.2.2. Identification des risques

Identification des dangers

Les dangers, ou événements déclencheurs sont les sources pouvant donner lieu à des impacts négatifs sur les vies humaines, les biens, les entreprises et l'environnement. Les dangers peuvent être des événements initiateurs externes tels que des séismes, des crues, des glissements de terrain, etc., ou des événements internes tels qu'une augmentation de la charge avec la réhausse du barrage, la présence de matériaux fragiles dans les fondations du barrage, des actions humaines ou des erreurs d'exploitation.

Vu qu'il est souvent impossible, dans la pratique, d'évaluer l'effet de tous les dangers, on commence habituellement par identifier tous les dangers existants ou pouvant survenir sur le site de l'ISR. On élimine ensuite lors d'évaluations ultérieures les dangers qui ne pourraient pas physiquement se réaliser.

Identification des modes de défaillance

Les modes de défaillance décrivent comment chaque danger peut engendrer un effet néfaste (p. ex., comment un barrage peut défaillir). Les processus physiques et les conditions requises pour que le mode de défaillance survienne et donne lieu aux effets néfastes constituent le mécanisme de défaillance. Les modes de défaillance et les mécanismes de défaillance sont décrits dans la section 7.6.

Évaluation des conséquences

Une évaluation appropriée des conséquences d'une défaillance, par exemple une déformation importante avec ou sans déversement d'eau ou de résidus, doit être effectuée pour aider à l'évaluation des conséquences d'une défaillance. Les conséquences d'une défaillance peuvent être appréciées en étudiant divers scénarios et analyses de ruptures, comme décrit au chapitre 9. Le type et la description des conséquences d'une défaillance dépendent du type et du niveau de l'évaluation des risques. Les conséquences d'une défaillance sont habituellement explicitées en les classant par catégories, comme résumé au paragraphe 4.3.1. Dans le cas des installations de stockage des résidus miniers situées près d'une frontière internationale, il est nécessaire de considérer les possibles impacts et les effets transfrontaliers.

Il est admis qu'il n'est pas possible d'évaluer le risque de rupture d'un barrage en tenant compte de tous les modes de défaillance répertoriés lors de l'évaluation des risques. Les conséquences d'une défaillance du barrage sont donc communément basées sur des « défaillances représentatives » qui représentent plusieurs modes de défaillance par « beau temps » et « en conditions de crue », comme décrit au chapitre 9. Les défaillances représentatives typiquement utilisées pour l'évaluation des conséquences peuvent ne pas être suffisantes pour une évaluation des risques quantitative et détaillée, auquel cas un ou plusieurs modèles spécifiques de rupture du barrage pourront être requis pour certains modes de défaillance.

8.2.3. Analyse des risques

L'objectif de l'analyse des risques est d'exprimer les risques associés à un barrage de stériles par leur association logique aux dangers identifiés, aux modes de défaillance et aux conséquences potentielles. Le Bulletin 130 mentionne trois types principaux d'analyse des risques: l'analyse fondée sur des normes, l'analyse qualitative et l'analyse quantitative. L'applicabilité d'un type particulier d'analyse des risques dépend du contexte, des objectifs de l'évaluation des risques et des données disponibles.

Dans le cadre d'une analyse fondée sur les normes, les risques ne sont pas exprimés explicitement et la sécurité du barrage est assurée en adoptant les charges nominales et les coefficients de sécurité définis en fonction des conséquences d'une possible défaillance de la structure ou d'un accident connexe.

8.2.2. Risk Identification

Hazard identification

Hazards, or initiating events, are the sources of potential adverse effect to life, health, property, business and/or the environment. Hazards can be external initiating events such as earthquakes, floods, landslides, etc., or internal events such as increasing loads as the dam is raised, weak materials in the foundation or dam, or human actions and mis-operation.

As it is impractical and often impossible to assess the effect of all hazards, hazard identification for the purpose of risk assessment typically starts with identification of all hazards that could exist or occur at the TSF. Hazards which are not physically possible may be removed from further assessment.

Failure Mode Identification

Failure modes describe how the hazards can result in the adverse effects (e.g., how a tailings dam can fail). The physical process and states required for the failure mode(s) to develop and lead to adverse effects is referred to as the failure mechanism. Both the failure modes and failure mechanisms are described in Section 7.6.

Estimation of consequences

An appropriate assessment of the consequence of failure, for example a major deformation with or without release of water and/or tailings, should be carried out to assist with the estimation of consequences of failure. The consequence of failure can be informed using various breach scenarios and analyses which are described in Section 9. The type and description of failure consequence depends on the type and level of the risk assessment. The consequences of failure are typically expressed using the consequence categories as outlined in Section 4.3.1. For tailings facilities located near country borders, transboundary impacts/effects should be considered.

It is acknowledged that it is not possible to carry out a dam breach assessment that reflects every failure mode that is included in the risk assessment. Therefore, the consequences of dam failure are commonly based on "representative dam breaks" that represent several failure modes under Sunny Day and Flood conditions as discussed in Section 9. Representative dam breaks typically used for the consequence assessment may not be sufficient for the purpose of detailed, quantitative risk assessment and a specific dam break model(s) may be required for specific failure modes.

8.2.3. Risk Analysis

The objective of the risk analysis is to express the risks presented by a tailings dam through a logical association of the identified hazards, the failure modes, and the potential consequences. Bulletin 130 recognizes three main types of risk approaches for dams being Standard-based, Qualitative and Quantitative. The applicability of a particular risk analysis depends on the context and objectives of the risk assessment and the available data.

In the Standard-based approach, risks are not explicitly expressed, and the dam safety is achieved through considering design loads and safety coefficients informed by the potential consequence of the structure failure or the hazard it possesses.

L'analyse qualitative des risques traite explicitement des dangers, des modes de défaillance et des conséquences sans quantifier mathématiquement les probabilités et les incertitudes associées. L'analyse qualitative des risques s'énonce donc à l'aide de termes qualitatifs tels que « négligeable », « improbable », « insignifiant », « majeur », « catastrophique », etc. La matrice exposant les probabilités et les conséquences de chaque risque est la forme la plus simple d'une analyse qualitative des risques. C'est celle qui est communément adoptée par les propriétaires de barrages de stériles pour classer les risques sécuritaires de leurs ouvrages et les conséquences d'une éventuelle défaillance.

L'analyse des modes de défaillance et de leurs effets (AMDE) est une technique plus formelle d'analyse qualitative des risques basée sur l'identification des modes de défaillance potentiels et de leurs événements déclencheurs potentiels (dangers). L'évaluation utilise une méthode inductive partant de conditions ou d'une défaillance initiales et estimant la probabilité et la portée des effets et des conséquences qui peuvent logiquement en découler.

Les méthodes AMDE peuvent être basées sur des analyses utilisant des arbres de défaillance ou des arbres d'événements pour présenter les modes de défaillance. Un arbre de défaillance présente graphiquement la combinaison logique des états et conditions du système qui contribuent à l'occurrence d'un événement spécifique non voulu. L'arbre d'événements utilise les opérateurs logiques OU et ET tandis que l'arbre d'événements présente les conséquences possibles de l'événement initial sous la forme d'un diagramme de branchements binaires.

Une analyse quantitative des risques nécessite d'exprimer les conditions et les événements conduisant à la défaillance d'un barrage de stériles sous la forme de distributions de probabilités qui sont ensuite intégrées à l'aide de la méthode de Monte-Carlo ou d'une autre méthode numérique pour calculer la probabilité d'ensemble des défaillances. Compte tenu de la difficulté de définir les fonctions de distribution de probabilités requises pour chacune des composantes du système et de la documentation limitée concernant les défaillances passées, aucun modèle de barrages de stériles ni aucune méthode d'analyse de la fiabilité structurale de ces ouvrages n'étaient disponibles lors de la rédaction du présent bulletin. Faute de telles méthodes d'analyse, les évaluations quantitatives des risques présentés par les barrages de stériles sont typiquement réalisées en assignant des probabilités de défaillance par des méthodes mettant en œuvre des arbres logiques ou de défaillances, des relations empiriques, des convictions personnelles et l'expertise technique. Tout en restant conscient de ces limites, on qualifie souvent ces méthodes de méthodes semi-quantitatives.

Les résultats fournis par ces évaluations semi-quantitatives des risques sont utiles si ces dernières sont réalisées de manière cohérente, transparente et reproductible pour la comparaison des risques présentés par un éventail de barrages et d'autres structures ou activités. L'évaluation semi-quantitative des risques peut également participer à la prise de décisions concernant des mesures pratiques raisonnables visant à réduire les risques posés par les barrages de stériles, mais il faut tenir soigneusement compte des limites et des incertitudes associées aux probabilités de défaillance et aux conséquences ainsi quantifiées.

L'élément le plus important de l'analyse des risques est l'identification des mesures de contrôle des risques, qui vise à réduire la probabilité d'occurrence d'un événement ou ses conséquences néfastes, ou les deux. Les mesures de contrôle des risques doivent être directement liées aux modes de défaillance envisagés dans le cadre de l'évaluation des risques et informer la définition et le contrôle des risques comme décrit de manière plus détaillée à la section 8.3.

8.2.4. Évaluation des risques

L'évaluation des risques comprend l'examen des risques associés à l'ISR, l'estimation de leur importance et la décision de mettre éventuellement en œuvre des mesures visant à les contrôler. Le processus de prise de décision dépasse largement le domaine technique et fait appel à des notions de valeurs, de sécurité publique et d'exigences réglementaires. Il n'est pas physiquement possible d'éliminer tous les risques associés aux barrages de stériles et l'acceptation des risques résiduels dépend du cadre réglementaire et de la volonté des parties prenantes et de la société d'accepter ces risques en échange des avantages associés à la présence de l'ISR.

The qualitative risk analysis explicitly deals with hazards, failure modes and the consequence without mathematically quantifying the likelihoods and uncertainties. As such, qualitative risk analysis operates with qualitative statements such as *negligible*, *unlikely*, *insignificant*, *major*, *catastrophic*, etc. The likelihood versus consequence matrix is the simplest form of a qualitative risk analysis commonly used by tailings dam owners to rank the tailings dam safety concerns and the failure consequence.

A more formal qualitative risk analysis technique is the Failure Modes and Effect Analysis (FMEA), which is based upon identification of potential failure modes, their potential initiating events (hazards) and assessment of an inductive method based on postulating the initiating conditions or faults and logically analyzing the estimated probability and range of effects and consequences.

The FMEA methods may be supported by Fault Tree (FTA) or Event Tree (ETA) analysis presenting the failure mode(s). The FTA graphically presents the logical combination of system states and conditions contributing to a specific unwanted event. While FTA uses the logical operators OR and, the ETA typically presents the possible outcomes of the initiating event as a binary branched diagram.

A quantitative risk analysis requires expressing the conditions and events leading to the tailings dam failure in the form of probability distributions, which are then integrated using Monte-Carlo or other numerical methods to calculate the overall probabilities of failures. Due to the difficulties in setting the required probability distribution functions for all the system components and limited documentation of past failure, representative models for tailings dams and structural reliability methods were not available at the time of writing this Bulletin. Instead of structural reliability methods, quantitative risks assessments for tailings dams are typically carried out by assigning the likelihoods of failure using methods involving logical event or fault trees, empirical relationships, personal beliefs and engineering judgement. Recognizing these limitations, such methods are often referred to as being semi-quantitative.

The result of semi-quantitative risk assessments are useful, if undertaken using consistent, transparent and repeatable methodology, for comparing risks in a portfolio of dams and comparing risks presented by dams and other structures or activities. Semi-quantitative risk assessment may also assist with decision making over reasonably practicable measures to reduce the risks posed by the tailings dam but the limitations and uncertainties associated with quantifying the probabilities of failure and consequences should be carefully considered.

The most important element of the risk analysis is the identification of risk control measures, which aim to reduce either the likelihood of an occurrence or its adverse consequences, or both. The risk control measures should be directly linked with the failure modes considered as part of the risk assessment and inform the definition of and the risk controls further outlined in Section 8.3.

8.2.4. Risk Evaluation

Risk evaluation comprises examining and judging the significance of the risk presented by the TSF and deciding whether — and which — risk control measures should be implemented. The decision-making process goes well beyond the technical realm and into the areas of values, value judgement, public safety and legal requirements. It is not physically possible to eliminate all risks presented by tailings dams and the acceptance of the residual risks depends on the legal framework and willingness of the stakeholders and society to accept the risks in order to secure benefits from the TSFs presence.

Pour aider les propriétaires à prendre les décisions adéquates en matière de contrôle des risques, des critères de tolérabilité des risques sont publiés dans certaines juridictions et l'exigence de faire en sorte que tous les risques soient réduits de manière à être « aussi faibles que possible dans la pratique » ou « autant qu'il est raisonnablement possible de le faire » a été adoptée par de nombreux pays ainsi que dans le cadre de la norme GISTM. Les concepts de base du critère de tolérabilité basé sur des risques « aussi faibles que possible dans la pratique » ou réduits « autant qu'il est raisonnablement possible de le faire » sont détaillés ci-après, mais le processus complet d'évaluation des risques dépasse la portée du présent bulletin.

Critères de tolérabilité (ou d'intolérabilité)

Dans certaines juridictions, des recommandations sont disponibles pour déterminer si un niveau de risque doit être considéré comme socialement « intolérable » ou « inacceptable » et nécessitant donc d'être réduit, quelles que soient les ressources requises pour y parvenir. Les critères de tolérabilité sont habituellement liés à la mortalité de base dans la société et indiquent lorsque l'ISR est susceptible de devenir le principal danger menaçant la communauté exposée. Les risques sociétaux intolérables ou inacceptables sont souvent illustrés graphiquement sous la forme d'une zone sur un graphique de type F-N (USACE (2019), ANCOLD (2003/2022), USBR (2011)), où N représente le nombre de morts potentiel au sein du public à la suite de la défaillance du barrage et F représente la probabilité d'occurrence annuelle estimée de la défaillance du barrage responsable d'un tel accident.

Une idée fausse, mais communément répandue, consiste à prendre pour acquis que les risques en dehors de la zone d'intolérabilité ou sous la limite de tolérabilité sont « tolérables ». Ces risques ne doivent en fait être considérés comme étant « tolérables » que s'il a été montré que les mesures additionnelles qui permettraient de les contrôler ne sont pas raisonnablement applicables.

Que signifie l'expression « raisonnablement praticable »?

Pour décider si une mesure de réduction d'un risque est « raisonnablement praticable », il est nécessaire de comparer les avantages apportés par cette mesure aux sacrifices (temps, coûts, personnel, matériaux, risques supplémentaires introduits, options perdues, de manière directe, indirecte ou intangible, etc.) nécessaires à sa mise en œuvre tout en tenant compte de la probabilité de succès de la mesure en question. Une mesure d'atténuation de risque est généralement considérée comme étant « raisonnablement praticable » si elle peut être contrôlée, gérée et vérifiée par le propriétaire et si les sacrifices à faire pour sa mise en œuvre ne sont pas exagérément disproportionnés par rapport aux avantages qu'apporterait la réduction du risque correspondant. La définition légale de ce qui constitue une mesure raisonnablement praticable peut varier d'une juridiction à l'autre et les spécialistes doivent se tenir informés des exigences en vigueur dans leur juridiction.

Le concept de « disproportion exagérée » nécessite d'être examiné plus en détail, mais une telle discussion dépasse la portée de ce bulletin et le lecteur est invité à se référer à ANCOLD (2022) pour davantage de détails.

Aussi faible que possible dans la pratique (ALARP) et autant qu'il est raisonnablement possible de le faire (SFAIRP)

Bien que les concepts « SFAIRP » et « ALARP » ne soient pas exactement échangeables dans les textes réglementaires, les normes et les recommandations pertinentes, ces deux acronymes font référence à l'identification et à la mise en œuvre de mesures raisonnablement praticables de réduction des risques. Dans la pratique, et dans le contexte du présent bulletin, les évaluations menées suivant l'un ou l'autre principe (ALARP ou SFAIRP) peuvent être considérées comme étant équivalentes et construites sur le même concept de mesures de réduction des risques raisonnablement pratiques.

To assist the owners with the decision making over further risk control measures, risk tolerability criteria are provided in some jurisdictions, and the requirements of all risks to be reduced to As Low as Reasonably Practicable (ALARP) or So Far As Is Reasonably Practicable (SFAIRP) have been introduced in numerous countries as well as in the GISTM. The basic concepts of the tolerability criteria, ALARP and SFAIRP are outlined below but the entire process of risk evaluation is beyond the scope of this Bulletin.

(In)tolerability criteria

In some jurisdictions, guidance is available on the level of risk that might be considered "intolerable" or "unacceptable" to society and are considered so high that they must be reduced irrespective of the resources required to achieve the reduction in risk. The tolerability criteria are typically linked with the background mortality of the society and indicate when the TSF may become the dominant hazard for the impacted community. The intolerable or unacceptable societal risks are often shown graphically as a zone in an F-N plot (USACE (2019), ANCOLD (2003/2022), USBR (2011)), where N represents the number of potential casualties amongst the general public caused by the dam failure and the F presents the estimated annual probability of the dam failure leading to the loss of life.

It is a common misconception to assume that risks that are outside the zone of intolerable risks or below the limit of tolerability line are tolerable. Instead, the risks outside the intolerable region may be considered tolerable only if all further risk control measures were demonstrated not to be reasonably practicable.

What is reasonably practicable?

The argument whether a risk reduction measure is "reasonably practicable" requires weighting of the benefits from the risk reduction measure against the sacrifice (direct, indirect and intangible time, cost, personnel, materials, introduced hazards and risks, lost opportunity etc.) needed as well as the likely success of the risk reduction measure. A risk reduction measure is generally considered reasonably practicable if it can be controlled, managed and verified by the owner and the sacrifice for such measure is not grossly disproportionate to the benefit of the risk reduction gained. The legal definitions of what is "reasonably practicable" may vary in different jurisdictions and the practitioner should be aware of the specific requirements.

The concept of gross disproportionality requires further discussion outside the scope of this bulletin and the reader is referred to ANCOLD (2022) for further details.

ALARP and SFAIRP

Although SFAIRP and ALARP may not be fully interchangeable where the exact term is established in the relevant legislation standard, guideline etc. both acronyms refer to the process identifying and implementing the reasonably practicable risk reduction measures. For practical use, and in the context of this bulletin, both ALARP and SFAIRP evaluations can be considered as being equivalent built upon the same concept of reasonably practicable risk reduction measures.

8.2.5. Évaluation et gestion continues

Les résultats de l'évaluation des risques doivent être régulièrement révisés, à une fréquence appropriée, pour déterminer s'il reflète les performances réelles de l'ISR et les conditions qui prévalent sur le site. Cela permet également de vérifier si les activités de gestion permettent de réaliser les objectifs fixés en matière de contrôle et de gestion des risques. Si une quelconque des conditions mises en évidence lors de la dernière évaluation des risques s'avère avoir changé, ou si de nouvelles données sont disponibles depuis cette évaluation, l'évaluation des risques doit être mise à jour. Habituellement, un dossier d'évaluation comportant un registre des risques est tenu à jour durant tout le cycle de vie de l'ISR de manière à pouvoir tenir compte de tout changement, d'une meilleure connaissance des conditions du site et des pratiques en cours dans l'industrie, une approche fondamentale qui respecte les principes d'une gestion en fonction des risques et axée sur les performances.

8.3. OPTIONS DE CONTRÔLES DES RISQUES ET DE SURVEILLANCE

8.3.1. Développement du contrôle des risques

Pour atteindre les objectifs de rendre les risques présentés par une ISR aussi faibles que possible dans la pratique (ALARP), des mesures de contrôle sont élaborées pour éliminer ces risques, ou au moins les réduire. Ces mesures doivent tenir compte des modes de défaillance identifiés dans le cadre de l'évaluation des risques et elles doivent être vérifiables.

Les paragraphes qui suivent présentent quelques considérations concernant le développement, la mise en œuvre et la vérification des mesures de contrôle des risques.

8.3.2. Types de contrôle

Les mesures de contrôles des risques sont habituellement réparties en deux groupes:

- Les contrôles préventifs, qui éliminent ou réduisent la probabilité d'un incident ou d'un mécanisme pouvant entraîner une défaillance.
- Les contrôles d'atténuation, qui visent à réduire les conséquences d'une défaillance.

Certaines mesures peuvent viser à la fois la prévention et l'atténuation. Par exemple, réduire la quantité d'eau surnageante peut contribuer à diminuer la probabilité d'avoir des talus instables et des phénomènes d'érosion interne (contrôle préventif) et à atténuer les déversements en cas de rupture de l'ouvrage (contrôle d'atténuation).

Tenant compte des différents potentiels de réduction des risques que présentent les différentes mesures de contrôle, l'industrie des mines a adopté le concept de « contrôles critiques » qui désigne les mesures susceptibles d'empêcher l'occurrence d'un incident grave ou de minimiser les conséquences d'un tel incident. Les contrôles critiques éclairent l'élaboration du plan d'action en cas d'élément déclencheur, décrit de manière plus détaillée à la section 8.4.

Les contrôles critiques sont cruciaux pour éviter certains événements non voulus, réduire leur probabilité d'occurrence ou minimiser leurs conséquences. Les contrôles critiques éclairent l'élaboration du plan d'action en cas d'élément déclencheur, décrit de manière plus détaillée à la section 8.4. Ces contrôles critiques peuvent inclure à la fois des contrôles préventifs et des contrôles d'atténuation ainsi qu'une évaluation visant à déterminer si un contrôle donné est un contrôle critique répondant aux critères suivants:

- l'absence de ce contrôle ou sa mise en œuvre défectueuse se traduirait-elle par une augmentation du risque malgré l'existence d'autres contrôles?
- ce contrôle permet-il de surveiller plusieurs causes d'occurrence d'un événement initiateur ou d'atténuer plusieurs conséquences d'une rupture?

8.2.5. *Ongoing assessment and management*

The outcomes of the risk assessment should be reviewed at an appropriate frequency to determine if the profile reflects the actual performance of the TSF and onsite conditions, as well as to demonstrate if management activities are achieving the objective of risk control and management. If any of the conditions assumed in the risk assessment are found to have changed, or if additional information has been made available since the previous risk assessment, the risk assessment should be updated. Typically, a risk assessment and a register of risks is maintained throughout the TSF lifecycle to reflect ongoing changes, advanced knowledge of site conditions, and the state of practice, which is fundamental to the principles of risk-informed performance-based management.

8.3. RISK CONTROLS AND MONITORING OPTIONS

8.3.1. *Development of risk controls*

To align with the objective of reducing risks to ALARP, risk controls are developed to eliminate, or where not possible, reduce the risks presented by a TSF. To achieve this, risk controls should be directly linked to the failure modes identified as part of the risk assessment process, and the risk controls must be verifiable.

The following sections provide an overview of considerations for the development, implementation and verification of risk controls.

8.3.2. *Types of controls*

Risk controls are typically separated into the following two groups:

- Preventative Controls, which eliminate or reduce likelihood of a hazard or processes leading to failure.
- Mitigative controls, which reduces the consequences of failure.

Some risk controls can be both Preventative or Mitigative. As an example, reducing supernatant pond can achieve the reduction of both the likelihood of slope instability and internal erosion (Preventative Control) and the potential for flow release in the event of breach (Mitigative Control).

Recognising the different risk reduction potential of different risk controls, the mining industry adopted the concept of Critical Controls, which are controls that can either prevent a serious incident occurring in the first place or minimize the consequences if a serious incident were to occur. The Critical Controls inform the Trigger Action Response Plan (TARP), further described in Section 8.4. Critical.

A decision tree framework for selection of Critical Controls, presented in ICMM (2015) is reproduced in Figure 8.1. Critical Controls are crucial to preventing an unwanted event or reducing the likelihood or consequence of the event. The Critical Controls inform the Trigger Action Response Plan (TARP), further described in Section 8.4. Critical Controls may include both the Preventative and Mitigative Controls and an assessment to determine if a given control is a Critical Control is related to the following:

- Would the absence or failure of the control significantly increase the risk, despite the existence of other controls?
- Does the control address multiple causes or mitigate multiple consequences?

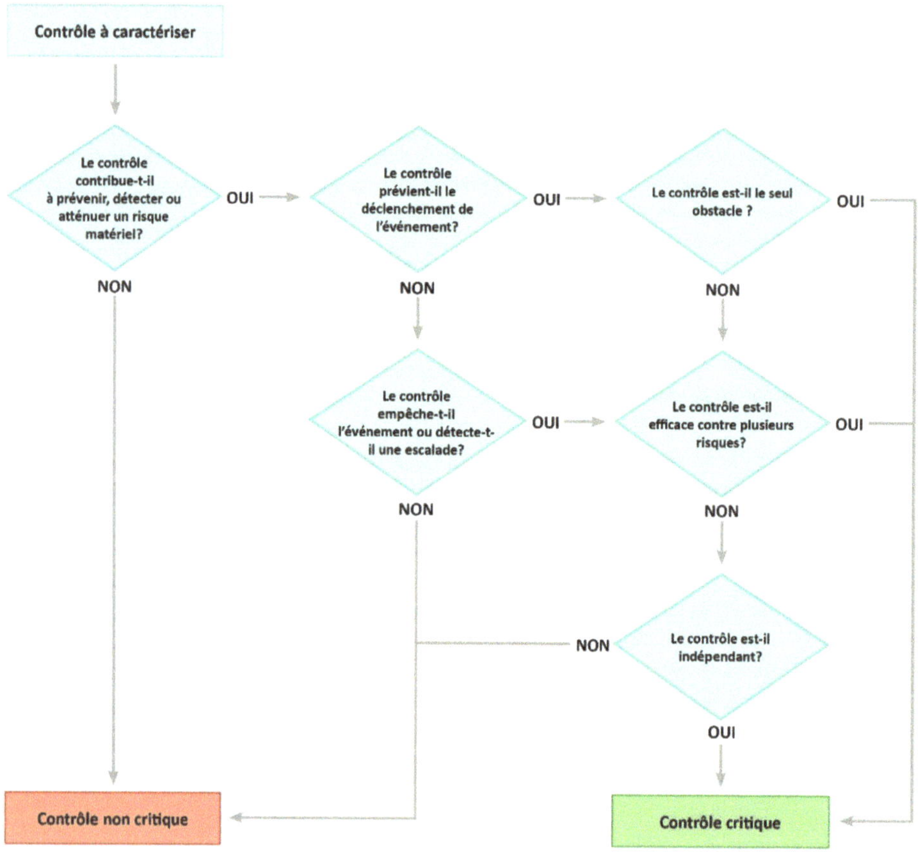

Fig 8.1
Protocole de sélection des contrôles critiques (ICMM, 2015)

Les mesures de contrôle des risques qui ne peuvent être qualifiées de « critiques », mais dont la mise en œuvre participe à l'efficacité des contrôles critiques peuvent être qualifiées de « contrôles de soutien ».

8.3.3. Mise en œuvre des mesures de contrôle des risques

Une fois les mesures de contrôle élaborées, elles doivent être mises en œuvre dans le cadre du système de gestion des résidus miniers (section 2.3), des processus standards d'exploitation et des plans d'action en cas d'élément déclencheur (section 8.4). La mise en œuvre des mesures de contrôle des risques doit être documentée de manière claire et communiquée aux parties prenantes pertinentes pour contribuer à une gestion de qualité et démontrer la conformité de l'exploitation aux normes en vigueur.

8.3.4. Vérification des mesures de contrôle des risques

Toutes les mesures de contrôle en place doivent être vérifiables quant à leur mise en œuvre effective et leur efficacité. Il faut distinguer les mesures de contrôle des mesures de vérification.

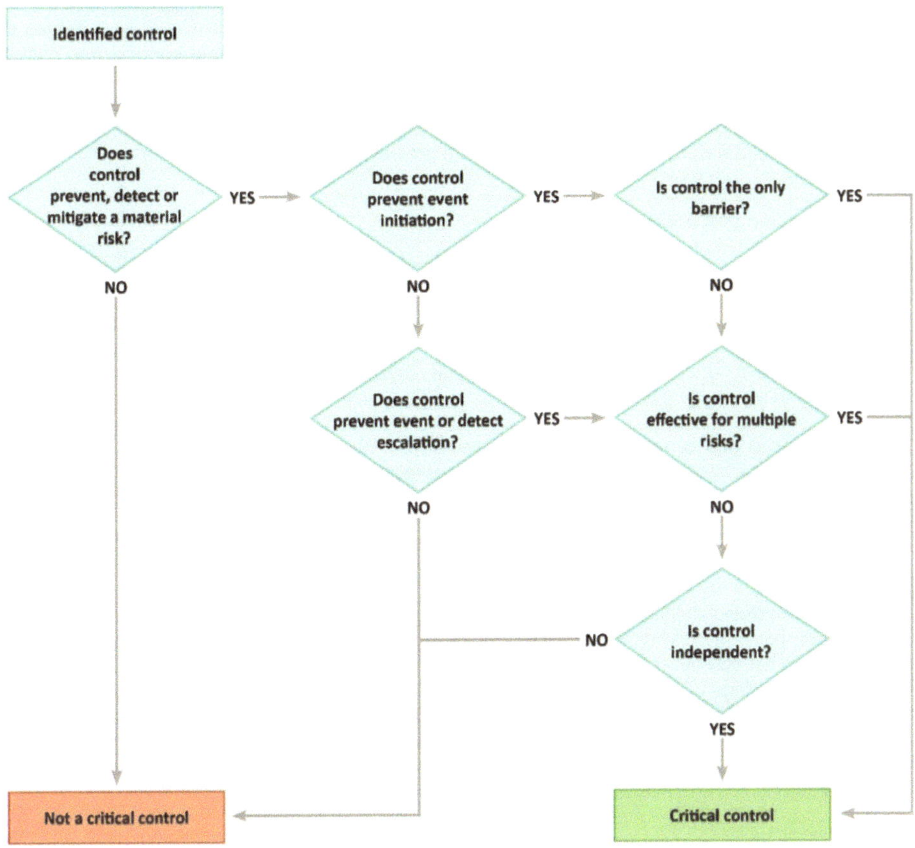

Fig 8.1
Critical Control framework (ICMM, 2015)

The risk controls that cannot be defined as Critical Controls but their presence supports the Critical Controls can be referred to as Supporting Controls.

8.3.3. Risk control implementation

Once controls are developed, they should be implemented via The Tailings Management System (Section 2.3), standard operation processes and the Trigger Action Response Plans (Section 8.4). The implementation of risk controls should be clearly documented and communicated to the relevant stakeholders to assist with quality management, assurance and to demonstrate conformance with standards.

8.3.4. Risk control verification

All controls must be verifiable to allow confirmation that they are implemented and effective. Care should be taken to distinguish controls from verification. Often monitoring instrumentation is

L'instrumentation de suivi des opérations est souvent prise à tort comme mesures de contrôle. Cette instrumentation n'a cependant pas vocation d'éliminer ou de contrôler d'éventuels modes de défaillance. Elle offre en revanche un moyen de déterminer si les mesures de contrôle des risques mises en œuvre sont efficaces. Les piézomètres, par exemple, n'éliminent pas le risque d'instabilité des talus ni ne permettent d'atténuer les conséquences d'un éventuel glissement. Ils permettent par contre de mesurer la pression interstitielle et donc de vérifier que la mesure de contrôle consistant à réduire la quantité d'eau surnageante à la surface d'une retenue est bien efficace.

8.3.5. Contrôles préventifs

Les contrôles préventifs sont établis pour prévenir certains événements indésirables (défaillance du barrage). Ces contrôles doivent être définis dans le cadre de l'évaluation initiale des risques afin d'informer la conception de l'installation. Les contrôles critiques sont ensuite vérifiés et mis à jour durant la construction puis suivis et révisés durant toute la durée de vie de l'ISR dans le cadre du processus de gestion des risques.

L'efficacité des contrôles de projet préventifs est mesurée et vérifiée par des activités de surveillance comme décrit à la section 8.3 et au paragraphe 12.3.2.

8.3.6. Contrôles d'atténuation

Les contrôles d'atténuation sont des mesures visant à réduire les conséquences d'une défaillance. Ces mesures peuvent être mises en œuvre avant la défaillance et peuvent par exemple inclure la construction de bermes déflectrices pour diriger les eaux déversées autour des installations critiques ou le maintien d'une plage de dépôt très large qui permet de minimiser la possibilité de déversement d'eau en cas d'affaissement du barrage. Les contrôles d'atténuation peuvent également inclure la construction de déversoirs d'urgence, l'installation de systèmes de pompage d'urgence pour réduire le volume d'eau stockée et le dépôt de matériaux de remblais dans la brèche du barrage. Un contrôle d'atténuation, par exemple l'installation d'un déversoir d'urgence, peut également constituer un contrôle préventif.

8.4. PLANS D'ACTION EN CAS D'ÉLÉMENT DÉCLENCHEUR (TARP)

Un plan d'action en cas d'élément déclencheur (*Trigger Action Response Plan* en anglais, ou *TARP*) est un document concis visant à aider aux prises de décisions relatives à certains contrôles critiques. Ce plan décrit les mesures à prendre lorsque les circonstances font que les conditions évoluent de la normale vers la « défaillance » du barrage. Des mesures appropriées visant à prévenir une condition défavorable ou à en atténuer les effets sont définies pour chaque étape. Ce plan peut aboutir au déclenchement d'un plan d'intervention d'urgence.

Il est habituellement construit suivant le schéma des feux de circulation avec trois à cinq niveaux de risque et offre une description détaillée de chaque action. Les quatre ou cinq niveaux d'alerte suivants sont généralement adoptés:

- Vert: activités d'exploitation normales, avec des fluctuations acceptables des conditions et des données sous surveillance.

- Jaune: détection de conditions modifiées ou d'anomalies dans les données sous surveillance et investigations en cours pour en déterminer la cause. Dans certains contextes, ce niveau est subdivisé pour faire la distinction entre les situations stables affichant des paramètres normaux et les situations plus préoccupantes qui nécessitent la mise en œuvre de mesures d'atténuation. Ce niveau d'alerte reste dans les limites du fonctionnement sécuritaire de l'installation, mais il reflète un risque d'escalade défavorable. L'équipe chargée de la mise en œuvre du plan d'intervention en cas d'urgence est mise au courant de la situation, mais ne passe pas en alerte.

mistakenly defined as controls, however, the presence of instrumentation does not eliminate or control failure modes but provides a way to determine if the design risk controls are effective. As an example, piezometers do not eliminate or mitigate slope instability. Instead, it allows for the measurement of pore pressures which is verification that the control of reducing supernatant water on a facility is effective.

8.3.5. Preventative Controls

Preventative Controls are established to prevent occurrence of the unwanted event (dam failure). These controls should be defined as part of the initial risk assessment to inform the design of the facility. The Critical Controls are then verified and updated during the construction and reviewed and monitored throughout the life of the TSF as part of the risk management process.

The effectiveness of the Preventative Design Controls is measured and verified by surveillance and monitoring as described in Section 8.3 and 12.3.2.

8.3.6. Mitigative Controls

Mitigative Controls are measures that may reduce the consequence of a failure. These measures could be implemented prior to failure and may include construction of deflector berms to direct inundation flows around critical facilities or maintenance of a very large beach width to minimize the potential for release of water in the event of a slump of the dam. Mitigative controls could also include construction of emergency spillways, installation of emergency pumping systems to reduce stored water volumes, or placement of fill materials in the dam breach. A Mitigative Control, for example an installation of an emergency spillway, may also be a Preventative Control.

8.4. TRIGGER ACTION RESPONSE PLANS

A Trigger Action Response Plan (TARP) is a concise document prepared to assist in decision making in relation to specific Critical Controls. A TARP describes the appropriate actions to take under circumstances where conditions progress through a series of changes from normal towards "failure". Appropriate actions are defined at each stage and designed to prevent, or mitigate, an adverse condition. A TARP may finally trigger an Emergency Response Plan.

Typically, a TARP uses a "traffic light" format with three to five levels of risk and appropriate responses documented. Four or five Alert Levels are common and include:

- Green: normal operations with normal variance in conditions and monitoring.
- Yellow: changed conditions or monitoring anomalies have been identified and the conditions are being investigated and assessed in more detail. In some frameworks, this level is further divided to distinguish between stable situations with normal review to a potentially higher alert level that requires action to mitigate the situation. The level is still within safe limits, but there may be a potential for escalation. The Emergency Response Plan (ERP) team would be advised but would not be at an alert level.

- Orange: il existe une possibilité d'escalade menant à une défaillance et il est nécessaire d'intervenir activement. Une intervention peut par exemple inclure la construction d'un contrefort, le rehaussement de la crête du barrage, le pompage de l'eau excédentaire, etc. Le plan de préparation et de réponse aux situations d'urgence est activé.

- Rouge: une défaillance s'est produite ou est imminente et le plan d'intervention en cas d'urgence est mis intégralement en œuvre.

Un exemple d'évolution des plans d'action mis en œuvre lorsque l'on passe des conditions normales d'exploitation à des conditions nécessitant la mise en œuvre d'un plan d'intervention en cas d'urgence est illustré sur la Fig. 8.2.

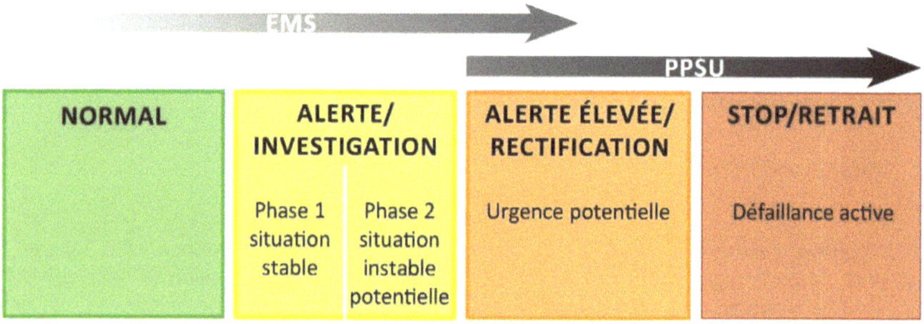

Fig 8.2
Évolution du plan d'action en cas d'élément déclencheur de la situation d'exploitation normale à l'intervention d'urgence

Les plans d'action en cas d'élément déclencheur doivent être simples, robustes, associés à des conditions faciles à répertorier (niveaux d'eau, mesures instrumentales) et axés sur la prévention et le contrôle. Un exemple de plan d'action en cas d'élément déclencheur avec indicateurs de performance pour les contrôles critiques et les mesures préprogrammées est présenté sur le Table 8.1.

- Amber/orange: there is a potential for escalation to failure and active intervention is required. Intervention could include, for example, construction of a buttress, raising the dam crest, pumping surplus water, etc. The Emergency Preparedness and Response Plan (EPRP) is activated.

- Red: failure has either occurred or is imminent and the full ERP is implemented.

An example of the transition of TARPS from the operating conditions to the ERP conditions is illustrated in Figure 8.2.

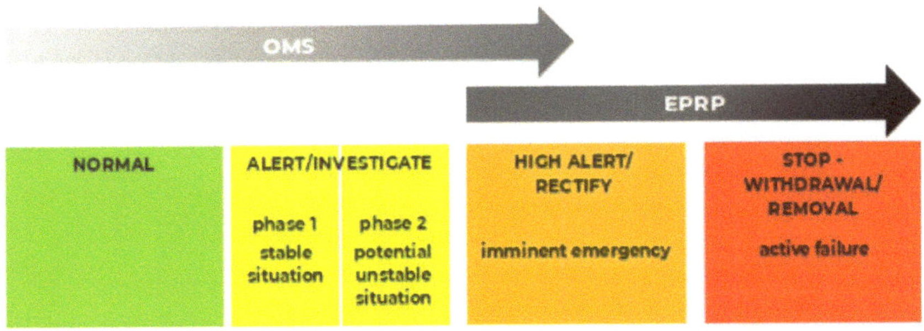

Fig 8.2
Illustration of TARP transition from operations to emergency response

TARPs should be simple, robust, relate to easily referenced conditions (e.g., water levels, instrument readings) and focused on prevention and control. An example TARP with performance indicators related to Critical Controls and pre-defined actions is presented in Table 8.1.

Table 8.1
Exemple de plans d'action en cas d'élément déclencheur dans le contexte du stockage des eaux de crue avec les indicateurs de performance liés aux contrôles critiques et les mesures préprogrammées pour divers niveaux de risque.

Indicateur/Contrôle	**Normal**	**Alerte - Investigation**		**Alerte élevée – Rectification Urgence potentielle**	**Arrêt - Retrait Défaillance active**
		Phase 1 Situation stable	**Phase 2 Situation instable potentielle**		
Volume de stockage de crue (installation qui stocke les eaux de la crue de projet)	Niveau de l'eau entre « normal » et « saisonnier ».	35 % de la crue de projet avec précipitation continue.	70 % de la crue de projet avec précipitation continue.	90 % de la crue de projet avec précipitation continue.	Débordement de la retenue ou érosion de la crête du barrage par les vagues.
	Exemples de mesures préprogrammées				
	Activités de surveillance aux fréquences recommandées par le manuel EMS.	Surveillance renforcée. L'ID est informé. Suivi de la météorologie et des précipitations prévues.	Tous les éléments de la situation précédente plus : -Présence de l'ID sur le site -Initiation des plans pour : une possible élévation du barrage, la mise en route de pompes, l'aménagement d'un déversoir d'urgence -Aménagement de canaux de dérivation Se ternir prêt à la mobilisation de l'équipe de mise en œuvre du plan de préparation et de réponse aux situations d'urgence.	Tous les éléments de la situation précédente plus : -Mobilisation de l'équipe de mise en œuvre du plan de préparation et de réponse aux situations d'urgence; réquisition des ressources connexes.	Tous les éléments de la situation précédente plus : -Mise en œuvre de toutes les mesures d'intervention d'urgence.
	Exemples de personnel informé				
	Personne responsable Responsable de site ID.	Tout le personnel précédent, plus : - Propriétaire du barrage - CSR - CETI	Tout le personnel précédent, plus: - Équipe de mise en œuvre du plan de préparation et de réponse aux situations d'urgence - Communautés - Entrepreneurs externes - Agents de la réglementation et autres intervenants	Tout le personnel précédent, plus : - Organismes de réglementation	Tout le personnel précédent, plus : - Agences gouvernementales régionales d'intervention en cas d'urgence

Table 8.1
Example TARPs for flood storage with performance indicators related to critical controls, and pre-defined actions for various risk levels

Indicator/ Control	Normal	Alert/Investigate		High Alert/ Rectify Potential Emergency	Stop-Withdrawal Active Failure
		Phase 1 Stable Situation	Phase 2 Potential Unstable Situation		
Flood storage volume (facility that stores the IDF)	Water levels between normal and seasonal inflow levels	35% of IDF with continued precipitation	70% of IDF with continued precipitation	90% of IDF with continued precipitation	Dam is overtopping and/or waves are eroding the crest of the dam
	Examples of Pre-Defined Actions				
	Surveillance activities and frequencies according to OMS manual.	Increased surveillance. EOR notified. Track weather patterns and rainfall predictions.	All items from previous situation plus: -EOR to be on site -Initiate plans for: potentially raise dam, pumping equipment, emergency spillway excavation -Excavate diversion channels Prepare to mobilize EPRP team	All items from previous plus: -Mobilize EPRP Team and secure and expedite resources	All items from previous situation plus: -Initiate full emergency response measures and resources
	Examples of Personnel Notified				
	Responsible Person Process Plant Manager EOR	All personnel from previous plus: -Dam owner -AE -ITRB	All personnel from previous situation plus: -EPRP team -COIs -External contractors - Regulators and/or other stakeholders	All personnel from previous situation plus: -Regulators	All personnel from previous situation plus: -Regional or State Emergency Resources

8.5. SURVEILLANCE

La surveillance est une composante importante des activités de gestion des installations de stockage des résidus et elle est liée de près aux plans d'action en cas d'élément déclencheur et aux contrôles critiques. La surveillance vise à vérifier la stabilité de la situation et à la documenter en cas d'évolution des conditions pouvant nécessiter une intervention. C'est un élément important de la gestion et de l'atténuation des risques.

Les techniques utilisées pour la surveillance évoluent rapidement et sont de mieux en mieux appliquées aux barrages de stériles. Lorsqu'elles sont appliquées correctement, les technologies en question deviennent des outils puissants pour assurer la sécurité des barrages. Elles ne sont cependant pas toujours applicables et il faut s'assurer de mettre en œuvre celles qui permettront d'effectuer efficacement les contrôles critiques pertinents et de caractériser comme il convient les performances du barrage. Le suivi des contraintes et des déformations pourra par exemple être utile pour évaluer la réponse d'un barrage très haut à un séisme dans un environnement géologique fortement sismique, mais de telles mesures ne seraient pas très utiles pour un barrage de faible hauteur situé dans un environnement peu sismique.

Le Table 8.2 présente un résumé de quelques-unes des technologies de surveillance actuellement utilisées. Il faut garder à l'esprit que ce domaine est en constante évolution.

8.5. MONITORING

Monitoring is an important component of surveillance activities for tailings facilities and are closely linked to TARPs and Critical Controls. Monitoring is used to both confirm that conditions are stable as well as to inform if conditions are changing and may require intervention. Monitoring is an important element in risk management and risk reduction.

Monitoring technologies are developing rapidly and their application to tailings dams is improving. When applied effectively, monitoring technologies provide valuable tools for assuring dam safety. However, not all technologies are applicable, and care should be taken to ensure that selected technologies are effective in monitoring the relevant Critical Controls and in providing information on the performance of the dam. For example, stress and strain monitoring in a dam may be of benefit in assessing how a very high dam in a high seismic environment has responded during earthquake loading but would have little value for a low dam in a low seismic environment.

Table 8.2 provides a summary of some of the current monitoring technologies. Be aware that this is a continually evolving and improving field.

Table 8.2
Quelques exemples de technologies utilisées pour la surveillance

Appareils et méthodes de mesure	Paramètres mesurés	Application	Recherche, expérience
Suivi de la pression interstitielle et de la teneur en eau			
Piézomètres électriques reliés par télémétrie à l'usine ou à un téléphone.	Pression interstitielle et température.	Suivi de l'évolution de la pression interstitielle avec la charge et la modification des conditions hydrogéologiques.	Pratique standard adoptée par de nombreuses mines. La mise en place de cordes à différentes profondeurs est préférée.
RDT, sondes neutroniques.	Niveaux de saturation et température.		
Potentiel spontané.	Méthode électrique passive sensible à l'écoulement des eaux d'infiltration.	Électrodes placées à la surface du barrage pour la surveillance et les mesures d'investigation.	Des mesures de recherche et de surveillance à long terme sont effectuées sur le terrain, en particulier aux É.-U., au Canada, en France et en Suède.
Réseau de capteurs sur fibre optique.	Mesure de la température et des contraintes par laser sur fibre optique.	Installation de câbles sur les barrages anciens et nouveaux pour l'évaluation des infiltrations par analyse de la température et des déformations pour estimer les mouvements.	Recherche fondamentale depuis 1996 en Allemagne et en Suède. Travaux de recherche supplémentaires en France, en Autriche, aux Pays-Bas et aux É.-U. La difficulté est d'étalonner les instruments en fonction des conditions régnant sur le site.
Suivi des déformations			
Mesure des vibrations.	Réponse dynamique (modes et fréquences).	Suivi à long terme de l'intégrité des structures en béton.	Des charges artificielles ou locales (naturelles) sont utilisées pour l'excitation. Une modification de la réponse dynamique pour la même charge indique une modification de l'intégrité de la structure.
Instruments de forage (inclinomètres).	Appareils électromécaniques pour la mesure des déformations.	Les instruments sont placés là où les déplacements et les basculements du sol peuvent se produire.	Des progrès récents permettent le suivi en continu dans les forages verticaux ou longitudinaux à l'intérieur du barrage.
Plaques de tassement.	Modification de l'altitude.	Suivi du tassement du barrage.	Pratique commune pour les barrages sensibles au tassement et pour comprendre les déformations et l'état des contraintes sur l'ouvrage.
Système mondial de navigation par satellite (GNSS).	Mesure précise de la distance entre l'orbite et le capteur.	Suivi local des mouvements.	Travaux de recherche détaillés de plus en plus précis pour différentes applications.
Balayage laser et imagerie numérique.	Mesure précise des distances à l'aide d'un laser offrant une résolution spatiale élevée sur les surfaces.	Permet de construire un modèle géométrique tridimensionnel du barrage. Des mesures régulières permettent de détecter les déformations.	Amélioration continue de la technologie grâce aux lasers, aux capteurs et aux techniques de traitement des images numériques. Méthode utilisée dans plusieurs pays dans le cadre du suivi normal.

Table 8.2
Summary of monitoring technology examples

Equipment Measuring Device and Methods	Parameters Measured	Application	Research / Experience
Monitoring of Pore Pressures or Moisture Changes			
Electric piezometers with telemetry to process plant or phone	Pore pressure and temperature.	Monitor pore pressure changes due to loading and changes in hydrogeological conditions.	Standard practice at many mines. Strings at multiple depths is preferred.
TOR, Neutron Probes	Saturations levels and temperature.		
Self Potential	Passive electrical method which is sensitive to the flow of seepage water.	Electrodes are placed on the dam surface both for investigation and monitoring.	Research and long-term field measurements have been performed, especially in US, Canada, France and Sweden.
Distributed Fiber Optic sensing	Temperature and strain are measured in optical fibers using laser light.	Cables are installed in new or old dams for seepage evaluation using temperature and strain analyses to assess movements.	Basic research since 1996 in Germany and Sweden. Further research especially in France, Austria, the Netherlands, UK and US. Challenges are calibrating measurements to site conditions.
Monitoring of Deformations			
Vibration Measurements	Dynamic response (modes and frequencies).	Long term monitoring of the integrity of concrete structures.	Either forced or natural ambient loads are used for excitation. Change in dynamic response under the same loading conditions indicate changes in the integrity of the structure.
Borehole Instruments (inclinometers)	Electro-Mechanical devices used to measure deformation.	Devices are placed where movements/tilts may occur.	Recent developments allow continuous monitoring both in vertical boreholes as well as longitudinally within the dam.
Settlement plates	Change in elevation.	Monitoring of dam settlement.	Common practice at dams sensitive to settlement and to understand the deformation and stress state of the dam.
Global Navigation Satellite System (GNSS)	Accurate distance measurements between orbits and sensor.	Local monitoring of movements.	Extensive research with improved accuracy for different applications.
Laser scanning and digital imagery	Accurate distance measurements using laser with high spatial resolution over surfaces.	Provide a three dimensional geometric model of dam. Deformations can be detected by regular measurements.	Technology continuously improving by lasers, sensors and digital image processing. Method is used in several countries as a normal procedure.
Satellite Synthetic Aperture Radar (Satellite SAR)	Photogrammetry method using satellite images.	Surveying of dams and impoundment and monitoring of movements at regular intervals.	High resolution surface surveying method producing a digital3-D representation of the surfaces.
Ground survey Aperture Radar (GBInSAR)	Photogrammetry method using ground station images.	Surveying of dams and impoundments and monitoring of short-term movements.	High resolution surface surveying method producing a digital 3-D representation of the surfaces.

Appareils et méthodes de mesure	Paramètres mesurés	Application	Recherche, expérience
Radar à synthèse d'ouverture sur satellite (SAR).	Méthode photogrammétrique à base d'images satellites.	Relevés des barrages et des retenues et suivi des mouvements à intervalles réguliers.	Méthode de relevé à haute résolution des surfaces permettant d'obtenir leur représentation numérique 3-D.
Radar à synthèse d'ouverture pour relevé de terrain (GBInSAR).	Méthode photogrammétrique à base d'images de stations terrestres.	Relevés des barrages et des retenues et suivi des mouvements sur le court terme.	Méthode de relevé à haute résolution des surfaces permettant d'obtenir leur représentation numérique 3-D.
Suivi des contraintes			
Jauges de contrainte.	Contrainte.	Suivi des contraintes en différents endroits du barrage.	Applicable aux barrages élevés sensibles aux contraintes et à leurs modifications.
Autres technologies de surveillance			
Bathymétrie multifaisceaux.	Sondage acoustique par écho.	Relevé bathymétrique de la retenue d'eau.	Méthode de relevé sous-marin à haute résolution permettant d'obtenir une représentation numérique 3-D des surfaces Utilisée pour les bassins de décantation avec un sous-marin miniature.
Drones et caméras.	Enregistrements visuels.	Surveillance des déversoirs et de la longueur des plages.	Permettent une surveillance visuelle continue ou périodique. Les relevés par drone peuvent être utilisés pour calculer la capacité de stockage des eaux de crue.
Sismographes (accéléromètre).	Accélération sismique.	Suivi de l'atténuation des secousses sismiques et de la réponse sismique du barrage.	Technique commune sur les sites présentant une sismicité élevée.
Résistivité.	Méthode électrique active permettant de détecter des modifications au niveau des propriétés des matériaux.	Installation d'électrodes sur la crête ou au pied du barrage.	Des mesures de recherche et de surveillance à long terme sont effectuées sur le terrain, en particulier aux É.-U., au Canada, en France et en Suède.
Géoradar.	Détection de modifications de propriétés des couches du sol près de la surface, localisation de défauts ou de vides dans les structures en béton.	Méthode rapide et non destructive basée sur la mesure de la vitesse de transmission de signaux radar réfléchis ou transmis à travers un milieu.	Localisation des zones d'infiltration, des dolines et des noyaux endommagés dans les barrages en remblai. Suivi des réparations des barrages par injection de mortier. Profondeur de relevé limitée.
Dispositifs de mesure de la qualité de l'eau.	Conductivité électrique et pH.	Suivi de la qualité de l'eau visant à optimiser l'atténuation des impacts et le mélange avec les eaux réceptrices.	

Note: Tableau adapté de: Bulletin 158 de la CIGB, Guide de la surveillance des barrages, 2018, Tableau 8,1 Commentaires généraux sur l'application de certaines méthodes pour la surveillance de barrages et les enquêtes.

Equipment Measuring Device and Methods	Parameters Measured	Application	Research / Experience
Monitoring of Stresses			
Load cells	Stress.	Monitor stresses at different locations in the dam.	Applicable for high dams sensitive to stress and strain changes.
Other Monitoring Technologies			
Multi-beam bathymetry	Echo-sounding.	Bathymetric survey of ponded water	High resolution underwater surveying producing a digital 3-D representation of the surfaces. Used on tailings ponds with a miniature submarine.
Drones and cameras	Visual record.	Monitoring of spillways, beach lengths.	Allows visual reconnaissance on a continual or periodic basis. Drone surveys can be used to calculate flood storage volumes.
Seismographs (accelerometer)	Earthquake acceleration.	Monitoring attenuation of earthquakes and the seismic response of the dam.	Common in high seismic setting.
Resistivity	Active electrical method that can detect changed material properties.	Electrodes are placed on the crest or at the dam toe.	Research and long-term field measurements have been performed especially in USA, Canada, France and Sweden.
Ground Penetrating Radar (GPR)	Detect changes in properties of near surface soil layers, localization of defects or voids in concrete structures.	Non-destructive and rapid method based on measuring transmission time for radar signals reflected from or transmitted through a media.	Localization of seepage zones, sinkholes and deterioration of cores in embankment dams. Monitor remedial grouting of dams. Limited survey depth.
Water quality sensors	Electrical conductivity and pH.	Monitoring water quality to optimize attenuation/mixing with receiving waters.	

Note: Table adapted from: ICOLD Bulletin 158, Dam Surveillance Guide, 2018, Table 8.1 General comments on the application of some methods for dam monitoring and investigations

9. ANALYSE DES DÉFAILLANCES ET DES RUPTURES DE BARRAGE

9.1. INTRODUCTION

L'analyse des défaillances et des ruptures de barrage consiste à envisager différents types de modes de défaillance et leur probabilité d'occurrence en vue d'évaluer leurs conséquences d'une rupture d'un barrage. Les résultats de cette analyse sont utilisés pour le classement du barrage comme discuté au chapitre 4.

Un mode de défaillance commence par un événement déclencheur (la cause) qui est le cas de charge ou les conditions physiques qui enclenchent le processus de défaillance. La défaillance évolue ensuite en fonction de son mécanisme. Exemple: un séisme peut provoquer une déformation excessive du barrage qui entraîne ensuite un débordement et le déversement catastrophique d'eau et de résidus. Dans ce cas, le séisme constitue le cas de charge, le mécanisme de défaillance est la déformation qui s'avère suffisante pour entraîner le débordement du barrage et le processus de défaillance s'enclenche lorsque ce débordement est suffisamment important pour provoquer la rupture du barrage. Cet enchaînement constitue le mode de défaillance.

Il est important de faire remarquer qu'un cas de charge ou un mécanisme de défaillance n'entraîne pas forcément une rupture du barrage. Le mécanisme de défaillance peut s'interrompre ou il peut y avoir intervention qui empêche la défaillance de progresser jusqu'à la rupture du barrage.

Si l'évaluation du mode de défaillance du barrage indique que le scénario de défaillance entraînera probablement un déversement limité, des méthodes d'analyse simplifiées ou semi-quantitatives de la rupture du barrage peuvent s'avérer suffisantes. Si cette même évaluation conclut à la possibilité d'une défaillance majeure, il faut procéder à une analyse détaillée.

Contrairement à la rupture d'un barrage d'eau durant laquelle l'eau stockée devient instantanément mobile, le déversement qui résulte de la rupture d'un barrage de stériles, qui contient moins d'eau, est contrôlé par la viscosité et la mobilité des résidus. La déformation d'un barrage de stériles n'entraîne pas forcément le déversement d'eau ou de résidus.

Le déversement de résidus suite à une défaillance entraînant un débordement dépend d'une part du volume d'eau stockée qui sera disponible pour éroder la crête et entraîner les résidus et d'autre part du potentiel de liquéfaction des résidus restants. De plus, les dépôts de résidus étant normalement meubles et saturés, ils peuvent subir une liquéfaction statique ou dynamique qui, si elle n'est pas confinée, peut provoquer un écoulement de boue (cas de Fundão et Feijão au Brésil). Les résidus peuvent aussi contenir des substances préoccupantes pour l'environnement et les effets biophysiques des solides entraînés sont souvent plus sévères que dans le cas des barrages d'eau.

Les modèles hydrotechniques utilisés pour l'évaluation des ruptures de barrage d'eau peuvent permettre d'évaluer le mécanisme de rupture d'un barrage de stériles et l'amplitude de l'inondation en aval lorsque l'on peut démontrer que les modèles non newtoniens sont applicables. Les modèles qui incluent la transition vers un écoulement newtonien et les modèles d'écoulement des glissements de terrain, tels que le modèle de Coulomb et les modèles rhéologiques, peuvent être utilisés lorsqu'il est approprié de tenir compte d'un écoulement non newtonien.

L'évaluation de la rupture d'un barrage est effectuée à un niveau de détail qui sera fonction de l'objet de l'évaluation des conséquences (p. ex., le classement du barrage, la planification des interventions d'urgence ou l'évaluation des risques), de la maturité du projet de construction de l'ISR et de la sévérité des pertes potentielles.

Les techniques d'évaluation des défaillances et des ruptures des barrages de stériles évoluent constamment et il est recommandé de s'assurer que ces évaluations n'aboutissent pas

9. DAM FAILURE / BREACH ANALYSIS

9.1. INTRODUCTION

Dam failure/breach analysis includes consideration of different types of potential failure modes and the likelihood of their occurrence, with the objective of assessing what could be the outcome of different failure modes that could lead to a breach of the dam. The results of the failure/breach analyses are used to support the dam classification, as discussed in Section 4.

A failure mode commences with an initiating event (cause) that is the loading condition or physical condition that starts the failure process. This is followed by the failure progression, which includes the failure mechanism. For example: a seismic event could lead to excessive deformation of a dam, that leads to overtopping and catastrophic release of water and tailings. In this example, the seismic event is the loading condition, the failure mechanism is the deformation that is sufficient to allow the pond to overtop the dam, and the failure process ensues when the overtopping is sufficient to breach the dam. This describes the overall failure mode.

It is important to note that not all loading conditions and/or failure mechanisms will result in a breach of the dam. The failure mechanism may become arrested or there may be interventions that prevent the failure mechanism from progressing to a breach.

If the dam failure mode assessment indicates that the failure scenario would likely result in limited runout, then simplified or semi-quantitative methods for the dam breach analysis may be appropriate. If the dam failure mode assessment indicates that the failure scenario could be extensive, then a detailed dam breach analysis is required.

Unlike the failure of a water dam, in which the stored water has instant mobility, the outflow of tailings in the failure of a tailings dam, which typically contains less water, is controlled by the viscosity and mobility of the tailings. Deformation of the tailings dam may or may not lead to release of water and tailings.

Runout of tailings from an overtopping failure will be governed by the volume of stored water available to erode/transport tailings and the potential for liquefaction flow of the remaining tailings. Additionally, tailings deposits are normally loose and saturated and therefore susceptible to static and dynamic liquefaction, which if not constrained may flow as a "slurry flow" (Fundão and Feijão (Brazil)). Tailings may also contain constituents of potential environmental concern and the biophysical effects of tailings solids can be expected to be higher than that of water flow from a water dam failure.

Hydrotechnical models adapted from water dam breach assessments can be used to estimate the breaching of the dam and inundation of the downstream environment, where non-Newtonian models can be demonstrated to be applicable. Models that include the transition to Newtonian flow, and the use of landslide flow models, such as Coulomb and Rheology models, may be used in cases where consideration of non-Newtonian flow is appropriate.

The dam failure assessment may be developed to various levels of detail, depending on the purpose of the consequence assessment (dam classification, Emergency Planning, Risk Assessment), the stage of the TSF project, and the magnitude of the potential losses.

The state of practice for tailings dam failure assessments and tailings dam breach assessment is evolving and the reader is cautioned to ensure that assessments are not overly optimistic or

à des conclusions trop optimistes ou trop pessimistes. L'Association canadienne des barrages a publié un bulletin sur l'analyse des ruptures de barrage de stériles (2021) qui offre des directives pour les analyses hydrotechniques et quelques conseils pour les analyses géotechniques qui aideront à l'évaluation de la rupture d'un barrage. Le formalisme scientifique utilisé pour décrire les mécanismes de défaillance, en particulier la liquéfaction statique et les effets d'érosion par l'eau, doit cependant être constamment remis en question au fur et à mesure que les connaissances scientifiques évoluent. Les évaluations de rupture des barrages doivent également être mises à jour au fur et à mesure que l'ouvrage évolue tout au long du cycle de vie de la mine, dans l'optique d'éliminer certains modes de défaillance ou d'en atténuer les conséquences. Les principes exposés dans ce chapitre doivent guider aujourd'hui les évaluations de rupture des barrages, en gardant à l'esprit que les progrès à venir permettront d'améliorer les techniques utilisées et justifieront la mise à jour ultérieure de ces évaluations.

9.2. ÉVALUATION DE LA RUPTURE DU BARRAGE

L'évaluation du risque de rupture du barrage sert à évaluer la possibilité de transport des résidus et d'inondation en aval du barrage et à cartographier l'étendue des perturbations terrestres. Les éléments critiques d'une telle évaluation sont les suivants: 1) estimation de la déformation du barrage (p. ex., le mécanisme géotechnique et le résultat de la défaillance) et si cette déformation pourrait entraîner une défaillance avec déversement ou une défaillance de type «glissement de terrain»; et, 2) les volumes d'eau et de résidus qui pourraient être déversés, et la possibilité de déversement de résidus liquéfiés.

Un événement par «beau temps» correspond typiquement à une défaillance de la pente ou des fondations, un phénomène de renard (érosion interne) ou un séisme extrême. L'étendue potentielle de la déformation ou de la liquéfaction des résidus ou des matériaux constituant les fondations doit être prise en compte dans l'évaluation des conséquences de la défaillance. Le volume d'eau opérationnel normal de la retenue doit être utilisé, à moins qu'il soit possible de montrer que la brèche ne pourrait jamais atteindre le niveau de la retenue, auquel cas il ne sera pas nécessaire d'envisager un déversement durant l'analyse.

Une défaillance par «temps de pluie» peut être déclenchée par une crue extrême, par une série d'événements de moindre amplitude ou par une erreur de gestion de l'ISR. Le débordement entraîne typiquement une érosion puis une défaillance progressive du barrage. Le mode de défaillance peut combiner des processus de débordement, d'érosion interne et d'instabilité de pente. L'analyse est aussi effectuée pour déterminer les effets incrémentiels d'une défaillance sur l'environnement aval lorsqu'une crue est en cours. Dans certains cas, la crue peut avoir déjà causé des dommages importants en aval et provoqué l'évacuation de personnes vers des zones plus élevées, sans que le barrage n'ait encore cédé. L'analyse de la rupture du barrage pourra donc tenir compte d'une gamme complète de scénarios de crue possibles (des conditions moyennes aux conditions correspondant à la CMP) pour pouvoir estimer les pertes cumulatives les plus importantes susceptibles de résulter d'une telle rupture.

Le volume des eaux accumulées n'est pas le même suivant que l'ISR est conçue pour stocker des eaux de crue ou pour les évacuer par l'intermédiaire de déversoirs. Dans le cas des ISR qui stockent l'eau, le volume d'eau nécessaire à prendre en compte pour la rupture du barrage est le volume total qui serait stocké lors de la crue extrême de référence. Pour les ISR équipées de déversoirs, le volume d'eau doit tenir compte d'un possible blocage ou d'un mauvais fonctionnement d'un ou plusieurs déversoirs.

9.3. MÉTHODOLOGIE D'ÉVALUATION DE LA RUPTURE DU BARRAGE

9.3.1. Mécanismes de déversement résultant d'une rupture du barrage

Les analyses de rupture des barrages de stériles peuvent envisager trois mécanismes principaux pour le déversement (écoulement) et leurs combinaisons éventuelles:

pessimistic. The Canadian Dam Association has issued a Bulletin on Tailings Dam Breach Analysis (2021) which provides guidance on hydrotechnical analyses and some limited guidance on geotechnical analyses to support a dam breach assessment. However, the science of the failure mechanisms, particularly static liquefaction and water eroded effects should continue to be scrutinized as the science evolves. Dam breach assessments should also be updated as the dam evolves over the life of the mine with the goal of reducing and/or eliminating failure modes. The principles outlined in this section of the bulletin should be used to guide the dam failure/breach assessment for application today, recognizing that ongoing developments will continue to improve the technology and allow updates to the assessments in the future.

9.2. DAM BREACH ASSESSMENT

The tailings dam breach assessment is used to assess the potential tailings transport and flooding downstream of the dam and to map the extent of land disturbance. Critical elements of this assessment include: (1) estimating the deformation of the dam (e.g., the geotechnical mechanism and outcome of the failure) and whether the deformation could lead to a flow failure or a "landslide" type failure; and 2) the potential volumes of water and tailings that could be released, and the potential for liquefied tailings to be released.

A "Sunny Day" or "Fair Weather" event would typically consider a failure due to a slope/ foundation failure, piping, or an extreme earthquake. The potential extent of deformation or liquefaction of tailings or foundation soils should be incorporated into the consequence of failure. The normal operating pond water volume should be used, unless it can be demonstrated that the dam breach would not conceivably reach the pond level—then it may not be necessary to assume that the pond is released during this analysis.

A "Flood Induced" or "Rainy Day" failure could be triggered either by an extreme flood or by a series of smaller events or due to "mismanagement" of the TSF. Overtopping typically leads to erosion and progressive failure of the dam. The failure mode could be combinations of overtopping, piping, or slope instability. This analysis is also done to determine the incremental effects of a failure on the downstream environment when there is a flood already occurring. In some cases, the flood can already cause significant damage in the downstream environment and lead to evacuation of people to higher ground, without the dam failure. For this reason, the dam breach analysis may consider a range of receiving water flood events (from average conditions to PMF conditions) to arrive at the most significant incremental losses due to the dam breach.

The volume of water accumulated varies between TSFs that store the flood or TSFs that have operating spillways. For TSFs that store water, the volume of water considered for the dam breach should be the total volume that could be expected to be stored during the extreme flood event. For TSFs that have operating spillways the volume of water should consider the potential for blockage or mis-operation of the spillway.

9.3. DAM BREACH METHODOLOGY

9.3.1. Dam Failure Runout Mechanisms

Dam breach assessments for tailings dams can include three main mechanisms of runout (flow), and their combinations:

Transport des résidus par l'eau:

Les résidus sont emportés par la libération de l'eau stockée sous la forme d'une boue de faible densité jusqu'à ce que la siccité de l'écoulement atteigne un seuil correspondant à l'écoulement d'une boue de résidus de haute densité. La siccité est très faible au début de la rupture puis augmente pour atteindre des proportions de l'ordre de 45 % de solides en volume. À partir de ce seuil, l'écoulement se comporte comme un flot de boue dont la mobilité est réduite. Les méthodes permettant de prévoir le volume de résidus susceptible d'être entraîné par un volume d'eau donné s'améliorent constamment et prennent en compte de nombreux facteurs tels que le volume d'eau, l'érodabilité du barrage et le type de résidus. De récentes analyses rétrospectives de la rupture du barrage de la mine du mont Polley (2014) ont indiqué qu'approximativement un mètre cube de résidus (comprenant l'eau interstitielle) a été transporté pour chaque mètre cube d'eau stocké. Ce rapport indique que la siccité moyenne (résidus de roches dures) de l'écoulement d'ensemble était de l'ordre de 30 % de solides en volume. Les matériaux déversés lors de l'incident de la mine du mont Polley comprenaient également de la boue de haute densité libérée de manière limitée près de la brèche ouverte dans le barrage. Par ailleurs, la pente résiduelle des résidus dans l'ISR pouvait atteindre 2H/1V, ce qui prouve qu'une liquéfaction générale des résidus n'a pas eu lieu.

L'écoulement des eaux et des sédiments dépend également de la présence de résidus de faible densité qui sont souvent présents dans les premiers mètres sous la surface de la retenue. La siccité de ces couches étant inférieure à 40 % de solides en volume (résidus de roches dures), elles sont susceptibles de s'écouler. Les résidus sont de plus en plus consolidés au fur et à mesure que la profondeur augmente et la résistance croissante au cisaillement qu'ils acquièrent ainsi peut les rendre moins susceptibles aux écoulements sous forme de boue.

L'inclinaison résiduelle post-rupture des pentes (à l'intérieur de l'ISR) est difficile à évaluer à partir des études de cas, les ruptures et les déversements connexes ayant historiquement mis en jeu un mélange de transports par eau et possiblement de liquéfaction statique, à l'exception des ruptures survenues au Brésil qui concernaient des résidus fins fragiles. Les études de cas suggèrent que les pentes résiduelles post-rupture (à l'intérieur de l'ISR) peuvent varier entre 4° et 16°, mais il n'y a qu'un nombre limité de rétroanalyses permettant d'évaluer si les pentes résiduelles étaient dues à des résidus érodés par l'eau ou à la liquéfaction des résidus.

Liquéfaction statique et écoulement de boue de haute densité:

Les techniques permettant d'estimer la probabilité d'occurrence d'une liquéfaction statique de résidus contractants durant la rupture d'un barrage se perfectionnent constamment. Les études de cas portant sur les ruptures de barrage mettent en évidence une vaste gamme de comportements possibles pour les écoulements de boue de haute densité. La susceptibilité à la liquéfaction et le comportement du flot de boue dépendent des propriétés des résidus telles que leur indice de liquidité, leur limite d'élasticité, leur indice de friabilité et leur densité. Les récentes ruptures de barrages de stériles au Brésil sur les exploitations de minerai de fer (résidus de roche fins) à Fundão (2015) et Feijão (2019) sont des exemples de sensibilité extrême à la liquéfaction statique.

Il est important de faire remarquer qu'une liquéfaction statique n'entraîne pas systématiquement la libération d'eau et de résidus. Lorsque les résidus liquéfiés ont été confinés par des résidus non saturés, comme sur les sites de Sullivan (Canada) et Cadia (Australie), les barrages s'affaissent en formant une pente moins raide entrainant un déversement limité de résidus. De plus, les résidus transportés par l'eau comprennent souvent les résidus lâches les plus susceptibles d'être liquéfiés et il est nécessaire de ne pas prendre deux fois en compte ces processus.

Liquéfaction sismique

Les résidus saturés ou proches de la saturation peuvent être susceptibles de se liquéfier sous une charge sismique. Dans tous les cas, la géométrie dépendra de la charge sismique et des propriétés des résidus et, comme pour les ruptures statiques, il est crucial de bien comprendre le rôle des résidus érodés par l'eau dans ce processus. Les études de cas de ruptures de barrages au Chili suggèrent également que la liquéfaction sismique peut se limiter aux couches supérieures de l'ISR et que ce n'est donc pas forcément l'ensemble des résidus qui se liquéfie et s'écoule. Ce phénomène peut résulter de l'augmentation du seuil d'écoulement des résidus avec la profondeur.

Water transported tailings:

Tailings will be transported by the release of stored water as a low density slurry, until the solids concentration of flow increases and transitions to high density slurry flow. The solids concentration will vary from very low at the start of the failure and increase until it reaches in the order of 45% solids by volume. At this stage, it will behave in a similar manner to a mud flow with limitation to its mobility. Methods for accurately predicting the volume of tailings that would be eroded with a finite volume of water are progressing and depend on many factors, such as the volume of water and the erodibility of the dam and type of tailings. Recent experience with back-analyses of the Mount Polley (2014) failure indicated that approximately 1 m^3 of tailings (mass plus interstitial water) was transported for each 1 m^3 of stored water. This ratio indicates that the average solids density (Hard Rock Tailings) of the combined released flow was on the order of 30% solids by volume. The Mount Polley outflow volume also included a limited, high density slurry flow runout near the dam breach and the residual tailings slopes in the TSF were up to 2H:1V, indicating that widespread static liquefaction did not occur.

The volume of water/sediment flow is also influenced by lower density tailings which occur in the top few meters of many impoundments, which are at a solids concentration of <40% by volume (HR tailings) and hence could flow. Tailings become Increasingly more consolidated with depth with corresponding higher yield stresses which may be less susceptible to slurry flow.

Residual post-failure slope angles (slopes within the TSF) are difficult to assess from case histories, as the failure and runout process has historically been a mixture of water transported effects and possible static liquefaction, with the exception of the Brazilian failures of brittle fine tailings. Case histories suggests that the residual post-failure slopes (within the TSF) may range from 4° to 16°, although there has been limited back-analysis to assess if the residual slopes were due to water-eroded tailings or liquefaction of tailings.

Static liquefaction and high-density slurry flow:

The state of practice for estimating if static liquefaction of contractive tailings will occur during a dam breach is evolving. Case histories of dam failures show a broad range of potential high density slurry flow behaviour. The susceptibility to liquefaction and the runout flow behaviour are determined by the properties of the tailings, such as the liquidity index, yield stress, brittleness index, and density. The recent Brazilian iron ore tailings (fine rock tailings) failures (Fundão (2015) and Feijão (2019)) are examples of extreme sensitivity to static liquefaction.

It is important to note that static liquefaction may or may not lead to release of water and tailings. In cases where the liquefied tailings have been constrained by non-saturated tailings, such as Sullivan (Canada) and Cadia (Australia) the tailings dams slumped to a flatter slope with limited release of tailings. In addition, water-transported tailings often removes the most susceptible loose tailings and it is necessary to not double account for these processes.

Seismic liquefaction:

Saturated or near saturated tailings can be susceptible to liquefaction under seismic loading. In all cases, the actual geometry will be influenced by the seismic loading and the tailings properties and, as with static failures, care is required to understand the role of water eroded tailings as part of the process. Case histories form Chilean dam failures also suggest that seismic liquefaction may be limited to the upper portions of the TSF and that not all tailings liquefy and flow, potentially due to their higher yield stress at depth.

9.3.2. *Modélisation des ruptures de barrage et cartographie des inondations*

Les ruptures de barrage doivent être modélisées à la fois dans des conditions de *beau temps* et dans des conditions de *temps de pluie*. Les scénarios de déversement peuvent envisager différentes conditions dans le milieu récepteur pour faciliter la comparaison avec les défaillances par débordement résultant des crues naturelles.

Les modèles numériques capables de modéliser toute la gamme de scénarios de déversement de boue ou d'eau mêlée à des sédiments sont constamment améliorés et les mécanismes de rupture de barrage sont souvent modélisés séparément. L'analyse se fait alors en deux étapes:

- Utilisation d'un modèle de transport pour les écoulements d'eau et de sédiments qui traite le mélange comme un fluide newtonien en incorporant accessoirement des éléments de rhéologie. Le volume d'eau et de sédiments déversé est cependant limité par le volume d'eau disponible pour le transport des résidus, comme discuté au paragraphe 9.3.1.

- Évaluation de la possibilité de liquéfaction statique ou sismique durant la rupture du barrage et mise en œuvre de modèles adaptés aux écoulements de boues très denses pour la modélisation des déversements en fonction de la rhéologie, de la friabilité et de la résistance résiduelle potentielle au cisaillement des résidus. Utilisation possible de modèles numériques ou de méthodes empiriques pour la prévision des pentes sur la trajectoire du déversement.

L'interaction des deux modèles et la cartographie résultante pour les zones inondées doivent être bien maîtrisées pour que l'ensemble reflète la complexité du système et la pertinence de l'approche.

Les modèles quantitatifs de simulation des écoulements d'eau et de sédiments lors des ruptures de barrage sont généralement des modèles numériques. La formation de la brèche dépend du volume d'eau disponible, de la plage de résidus et des propriétés des remblais formant le barrage. La formation de la brèche, dans le cas des barrages de stériles, est souvent évaluée à l'aide de méthodes utilisées pour les barrages d'eau qui ne sont pourtant pas toujours appropriées. Il faut donc prendre soin de définir des géométries réalistes pour la brèche ainsi qu'une chronologie crédible. Les moments auxquels surviennent les ruptures sont liés au volume du déversement (eau et résidus érodés) et à l'érodabilité des matériaux constituant le barrage. Des progrès ont été récemment accomplis pour la modélisation de ce processus. Il faut également utiliser avec prudence les modèles de rupture des barrages d'eau pour les ruptures dues à la formation de renards, car ces dernières sont extrêmement rares sur les barrages de stériles pour lesquels l'eau n'est disponible que de manière très limitée pour la formation de ceux-ci.

L'écoulement turbulent du mélange de résidus et d'eau, dont la rhéologie dépend de la dynamique et du sens de l'écoulement et qui interagit avec ses propres frontières mouvantes (érosion de la veine d'écoulement en aval), est un processus très complexe. Les fondements théoriques de ces interactions complexes sont bien compris, mais au moment de la rédaction du présent bulletin, la complexité numérique du problème dépassait encore les possibilités de calcul des ordinateurs. L'hétérogénéité des résidus et la variabilité du moment auquel survient la rupture, des volumes d'écoulement et d'autres variables ajoutent à cette complexité.

L'écoulement d'eau et de sédiments peut être modélisé à l'aide de logiciels commerciaux qui sont constamment améliorés de manière à mieux capturer la composante « sédiments » de l'écoulement et qui devraient permettre, avec le temps, de simuler plus efficacement la formation de la brèche et les composantes de l'écoulement de boue. Le déversement dû à la crue est réparti sur une surface modélisée puis les vitesses, la distribution spatiale et les débits correspondants sont développés.

Les modèles numériques actuels ne permettent pas de simuler correctement le comportement des déversements résultant de la rupture d'une ISR (transition de l'écoulement en écoulement érodant avec liquéfaction potentielle et écoulement de boue de haute densité). Les modèles géotechniques numériques sont actuellement améliorés pour simuler correctement la liquéfaction statique et tenir

9.3.2. *Dam Breach Modeling and Inundation Mapping*

Dam breach modeling should be carried out for both the *fair weather* and *rainy day* scenarios. Overtopping scenarios can consider different conditions in the receiving environment to assist in comparison of the overtopping failure with natural flood events.

Numerical models that can model the full range of water/sediment runout and mudflow runout are evolving and often the dam breach mechanisms are modeled separately, resulting in an assessment that involves a minimum two-step process, including:

- Use of a water/sediment transport flow model which treats the water/sediment as a Newtonian fluid, with some models incorporating rheology. The extent of water/sediment release, however, is constrained by the volume of water that can transport the tailings, as discussed in Section 9.3.1.
- Assessing the potential for static and (or) seismic liquefaction during the dam breach and use of non-Newtonian high density slurry (mudflow) models to assess the runout based upon the potential rheology, brittleness, and residual shear strengths of the tailings. Numerical models or empirical methods can be used for predicting runout slopes.

The interaction of the two models and the resulting inundation mapping needs to be carefully considered to reflect the complexity and relevance.

Quantitative dam breach models for the water and sediment flow typically use numerical models. The breach formation is a function of the available water volume, the tailings beach and the dam fill parameters. Breach formations for tailings dams are often assessed using the methods developed for water dams, which are not always appropriate, and care is required in developing realistic breach geometry and times. Breach times are related to the outflow volume (water and eroded tailings) and the erodibility of the dam materials, and there has been recent progress in modeling this process. Caution is also given for the use of water dam breach models for piping failures of tailings dams as they are extremely rare for tailings dams and the “availability” of water for piping is limited.

The turbulent flow of tailings and water with a dynamic and directionally dependent rheology, interacting with, and changing, the flow boundaries (i.e., erosion of downstream channel) is a very complex process. Although the theoretical basis of these complex interactions is understood, the numerical complexity of the problem exceeded the computational limits at the time of writing this Bulletin. Additionally, the heterogeneity of tailings and the variabilities in breach times, outflow volumes, etc., add additional complexity.

The flow of water and sediment can be modelled with commercially available software that continues to improve to better capture the sediment component of flow and potentially, with time, should capture the breach formation and mud flow components more effectively. The inundation outflow is overlaid on a surface model and estimates of flow rates, velocity and spatial distribution of the runout are developed.

Current numerical models do not confidently estimate the behavior of TSF dam breach outflows (from water flow transitioning to erosional flow and potential liquefaction and high-density slurry-flow). Numerical geotechnical models are currently being researched/developed to eventually be able to model static liquefaction and eventually allow the hydrotechnical and geotechnical

compte des mécanismes hydrotechniques et géotechniques. Lorsqu'il est crucial d'obtenir des simulations précises, il est préférable d'évaluer plusieurs méthodes et plusieurs scénarios avant de choisir ou d'adopter des résultats finaux. L'analyse de sensibilité vise à estimer le débit potentiel du flot résultant de la brèche en fonction des paramètres d'entrée clés et à vérifier la crédibilité et le caractère raisonnablement conservatif du modèle de rupture du barrage.

Des modèles adaptés aux écoulements de boues très denses ont été utilisés pour certaines évaluations des risques associés aux glissements de terrain et certains de ces modèles sont disponibles sur le marché. L'application de ces modèles et la manière dont ils peuvent être couplés avec les modèles d'écoulement des mélanges eau-sédiments et les modèles capables de simuler l'initiation de la liquéfaction continuent cependant d'évoluer.

Une évaluation qualitative ou semi-quantitative pourra être appropriée pour l'estimation préliminaire du classement du barrage. Les barrages classés « faible » ou « important » en fonction du niveau des conséquences d'une rupture pourront cependant ne pas nécessiter une évaluation numérique détaillée. L'évaluation d'une rupture initiée par un débordement peut s'effectuer en déterminant le volume potentiel des eaux et des résidus qui seront relâchés et en considérant un moment de rupture et une vitesse d'écoulement pour caractériser un débit de crue moyen dans la zone aval touchée.

mechanisms to be integrated. Where accuracy is critical, multiple methods and scenarios should be assessed before selecting or adopting the final output. The sensitivity assessment should consider the potential magnitude of the breach flow depending on the key input parameters and to verify the credibility and reasonable conservatism of the dam breach model.

High density slurry flow (mud flow) models have been used for some landslide assessments and there are some commercially available programs. However, the application of these models and their interaction with the water/sediment flow model and modeling of liquefaction initiation continues to evolve.

A qualitative or semi-quantitative assessment may be appropriate for preliminary assessment of the dam classification recognizing, for example, that dams classified as Low or Significant may not warrant a detailed numerical assessment. The assessment of an overtopping failure could determine the potential volume of water/tailings transport and assume a breach time and flow velocity to determine average flood flow characteristics for the downstream inundation zone.

10. PRÉPARATION AUX SITUATIONS D'URGENCE ET PLANIFICATION DES INTERVENTIONS

10.1. INTRODUCTION

Une situation d'urgence sur un barrage de stériles est un événement ou une situation, en cours ou imminent, qui met en danger ou menace de mettre en danger, des vies humaines, des biens ou l'environnement, et qui requiert une réponse coordonnée d'envergure. Une telle situation résulte fréquemment d'une combinaison de circonstances qui requiert l'intervention active de l'équipe d'exploitation, de la direction et de ressources externes.

Une situation d'urgence peut résulter d'une cause naturelle échappant au contrôle de l'exploitant ou de problèmes d'exploitation. Dans les deux cas, une intervention est requise. Suivant la sévérité de l'événement et les risques qui lui sont associés, des préparations de rapports et des mesures d'intervention connexes devront être mises en œuvre au niveau hiérarchique approprié. Le choix du palier d'intervention doit se faire en fonction du plan d'action en cas d'élément déclencheur. Une description de la transition, dans le cadre du plan d'action en cas d'élément déclencheur, des conditions opérationnelles aux conditions du PPSU, est donnée à la section 8.4 et est illustrée sur la Fig. 8.1.

Le plan de préparation et de réponse aux situations d'urgence, connu sous plusieurs autres noms dans différentes juridictions, est un plan décrivant la manière dont la réponse à une situation d'urgence devrait être préparée et mise en œuvre dans l'optique d'atténuer les impacts d'une rupture du barrage. Des plans de communication internes et externes (avec les agences pertinentes du secteur public, les gouvernements locaux et les services d'urgence) faisant appel à la participation de la communauté doivent être préparés pour chaque niveau de sévérité des alertes.

Les niveaux d'activation des urgences, qui ne s'alignent pas toujours directement sur les niveaux du plan d'action en cas d'élément déclencheur et qui correspondent à la sévérité potentielle d'un incident sur un barrage de stériles, peuvent s'échelonner comme suit:

Niveau 1 (jaune): Lorsqu'une intervention active est potentiellement requise, le CSR et l'équipe du plan de préparation et de réponse aux situations d'urgence sont informés. Ce n'est pas une situation d'urgence, mais ça pourrait en devenir une.

Niveau 2 (orange): Une situation d'urgence imminente pouvant conduire à la rupture du barrage se développe. Une intervention active et la diffusion de notes d'information à des organismes externes sont probablement requises. Des mesures d'atténuation d'urgence sont mises en œuvre.

Niveau 3 (rouge): Une rupture est survenue ou est en cours. Toutes les mesures d'intervention en cas d'urgence et de gestion de crise sont mises en œuvre.

10.2. DESCRIPTION DU PLAN DE PRÉPARATION ET DE RÉPONSE AUX SITUATIONS D'URGENCE

Le plan de préparation et de réponse aux situations d'urgence est un guide d'atténuation des impacts potentiels d'une situation d'urgence, qui détaille aussi comment développer et maintenir les capacités pour y parvenir. La prévention des situations d'urgence dans le cadre des activités d'exploitation, de maintenance et de surveillance est détaillée séparément dans le manuel d'exploitation, de maintenance et de surveillance (EMS).

10. EMERGENCY PREPAREDNESS AND RESPONSE PLANNING

10.1. INTRODUCTION

An emergency at a tailings dam is any event or situation, actual or imminent, which endangers or threatens to endanger life, property, or the environment, and which requires a significant coordinated response. Frequently, an emergency is the result of a combination of circumstances that require active intervention by operations, management, and external resources.

An emergency could be initiated either by natural causes beyond the control of the operator or by operational issues. In either event, intervention is required. Depending on the severity of the event and risk associated with it, reporting and intervention will need to be escalated to the appropriate level. This escalation should be linked to, and guided by, the Trigger Action Response Plan (TARP). A description of the transition of TARPS from operating conditions to EPRP conditions is covered in Section 8.4 and is illustrated in Figure 8.1.

The Emergency Preparedness and Response Plan (EPRP), known by various other titles in different jurisdictions, is a plan for how an emergency response should be prepared and executed with the intention of mitigating the impact of an emergency following a dam failure. Internal and external (relevant public sector agencies, local government, and emergency services) community engagement and communication plans should be prepared for each level of severity.

Emergency activation (EA) levels, which may or may not align directly with TARP levels, which correspond to the potential severity of an incident on a tailings dam could include:

EA level 1 (Yellow): When active intervention is potentially required, the AE and EPRP team are notified. It is not an emergency situation but has the potential to become one.

EA level 2 (Orange): An imminent emergency is occurring that could lead to failure of the dam. Active intervention and external notification are likely required. Emergency mitigative measures are implemented.

EA level 3 (Red): A failure is either occurring or has occurred. Full emergency response and crisis management actions are implemented.

10.2. EPRP DESRIPTION

The EPRP provides guidance on mitigating the impact of an emergency and defines how to develop and maintain the capacity to do so. Prevention of emergencies through operation, maintenance and surveillance is addressed separately in the Operations, Maintenance and Surveillance (OMS) Manual.

Le plan de préparation et de réponse aux situations d'urgence doit être rédigé de telle manière que n'importe quel organisme puisse l'utiliser pour la formation de son personnel et le développement de ses capacités ainsi que pour guider l'exécution d'une intervention d'urgence. Il doit servir de guide aux personnes chargées de diriger l'intervention d'urgence et le retour à l'état normal.

Le plan de préparation et de réponse aux situations d'urgence doit inclure un plan local du site et une brève description des infrastructures pertinentes. Il doit expliquer l'objectif de l'ISR et détailler les dangers qui lui sont associés. Il doit comprendre un glossaire terminologique qui s'aligne sur le cadre réglementaire du pays et de la région où est située l'exploitation. Tous les employés affectés à l'exploitation du barrage de stériles doivent avoir été préalablement formés à la reconnaissance des situations inhabituelles et savoir que toute déviation du mode opératoire normal peut entraîner une situation d'urgence nécessitant la mise en œuvre de mesures appropriées.

En matière de gradation de l'intervention, il est préférable de surréagir momentanément avant de réduire s'il le faut les efforts. Il est en effet habituellement plus facile de modérer une réaction initialement trop importante que de prendre le contrôle d'une situation difficile après une réaction initiale insuffisante ou trop tardive. Le processus de renvoi à des niveaux supérieurs d'intervention doit être clairement décrit dans le plan de préparation et de réponse aux situations d'urgence. Ce plan doit également détailler les paliers à respecter pour la transmission des alertes et l'attribution des responsabilités à des personnes ou des entités désignées. Il doit être accompagné d'un organigramme clair et simple.

L'activation de l'intervention en cas d'urgence et l'organisation de la gestion de l'intervention doivent toujours être mises en œuvre suffisamment tôt pour assurer que des mesures soient prises avant la survenue d'une rupture.

Le plan doit mentionner les coordonnées de toutes les personnes et organisations qui seront potentiellement concernées ou qui doivent prendre des mesures. Il doit également spécifier les zones de rassemblement à utiliser en cas d'évacuation. Ces zones doivent être facilement accessibles et clairement délimitées.

Au minimum, le plan de préparation et de réponse aux situations d'urgence doit détailler les mesures à prendre suivant le niveau d'alerte déclenché. Il doit aussi comporter un plan du barrage et de la zone qui serait inondée en aval en cas de rupture du barrage, à la fois par beau temps et par temps de pluie. Le plan de préparation et de réponse aux situations d'urgence doit également inclure les procédures à prendre pour engager la participation des autorités locales, des services de secours, de la communauté affectée et d'autres parties intéressées par la sécurité du barrage, les procédures connexes et les plans associés.

Pour répondre aux événements extrêmes, le plan de préparation et de réponse aux situations d'urgence doit détailler la mise sur pied d'un poste de commandement et de direction de crise (emplacement, participants et leurs rôles, système de communication, système d'alimentation d'urgence, nourriture, eau, équipement et moyen de transport d'urgence, communiqué aux médias, notes aux familles, etc.).

Le plan de préparation et de réponse aux situations d'urgence doit présenter les étapes à suivre lors d'une situation d'urgence (rupture du barrage imminente ou en cours) et contenir tous les renseignements nécessaires pour permettre une réaction rapide.

Ce plan doit identifier la personne responsable de décider de la levée de la situation d'urgence et de l'arrêt des mesures d'urgence. Une urgence est considérée comme terminée lorsqu'il n'existe plus aucune menace contre des vies humaines, des biens ou l'environnement.

Le plan de préparation et de réponse aux situations d'urgence doit être révisé après chaque incident pour évaluer sa pertinence.

Stratégie d'intervention en cas d'urgence

The EPRP needs to be written in such a way that an organization can use it both for training and capacity building, as well as using it to guide the execution of an emergency response operation. It should provide guidance to those who lead the emergency response and recovery operation.

The EPRP should include a locality plan of the site and a brief description of the site layout including relevant infrastructure. It should explain the purpose of the TSF and hazards associated with it. A glossary of terms should be included that aligns with the legal framework of the country and region where the operation is located. All employees engaged on the operation of a tailings dam should be trained to recognize unusual situations, and to understand that any deviation from normal operation could result in an emergency requiring that appropriate action be taken.

The principle of prudent over-reaction and rapid de-escalation applies when considering the level of escalation. It is easier and usually more effective to scale down an initial over-reaction than it is to gain control of an overwhelming situation exacerbated by a late or insufficient response. The escalation process should be clearly described in the EPRP. The EPRP should detail the hierarchy of reporting and should delegate responsibility for actions to be implemented to specific individuals or entities. A clear and simple organogram should be provided.

Activation of the emergency response and emergency management organization should always take place early enough to ensure the organization has operational readiness ahead of the estimated time that a potential emergency may occur.

The EPRP should include contact details of all persons or organizations affected or required to take actions and should identify specific assembly areas to be used in the case of evacuation. All assembly areas must be easily accessible and clearly demarcated.

As a minimum the EPRP should document the actions to be taken as appropriate for each Alert Level. This should include a plan of the dam and the downstream inundation area in the event of a dam failure for sunny-day and rainy-day conditions. The EPRP should also include procedures for engagement with local authorities, emergency services, the affected community and other stakeholders on dam safety, procedures and EPRP plans.

In the case of extreme events, the EPRP should document the establishment of a crisis control center (location, personnel involved and their roles, communication, emergency power source, food, water, rescue equipment and transport, media releases, family notification, etc.).

The EPRP should list the steps to be followed during an emergency (large scale failure of the dam is imminent or is in progress) and contain the information needed for a quick reaction.

The EPRP should identify who is responsible for evaluating when the emergency is over and subsequently making the decision to terminate the emergency response. An emergency is terminated when there is no longer a threat to life, property, or the environment.

The EPRP should be reviewed after every incident to evaluate its relevance.

Emergency Response Strategy

Il est nécessaire de mettre en place une stratégie pour les interventions en cas d'urgence afin d'éviter que les efforts deviennent réactifs. Le fait d'avoir une stratégie en place avant d'agir aide à focaliser les efforts sur l'intervention. Cependant, des mesures immédiates doivent souvent être mises en œuvre durant le déploiement de l'intervention.

La stratégie doit être élaborée en fonction des résultats des études de rupture du barrage et des capacités d'intervention de l'organisation en cas d'urgence, aussi bien dans le périmètre du site qu'au sein de la communauté environnante.

10.3. ÉTAT DE PRÉPARATION AUX SITUATIONS D'URGENCE

10.3.1. Évaluation technique des conditions pouvant mener à une situation d'urgence

Les étapes suivantes doivent être suivies et documentées pour élaborer adéquatement le plan de préparation et de réponse aux situations d'urgence.

- Effectuer l'AMDE et évaluer les modes de défaillances plausibles. Identifier les modes et les facteurs de défaillance potentiels qui peuvent engendrer ou indiquer un incident potentiel (fissuration, affaissement, infiltration, revanche inadéquate, météorologie anormale, etc.).

- Déterminer les « contrôles d'atténuation » efficaces pour les événements précurseurs recensés dans le cadre de l'analyse des modes de défaillance et de leurs effets. S'assurer que l'équipe chargée du plan de préparation et de réponse aux situations d'urgence fait partie des destinataires hautement prioritaires des messages d'alerte précoce.

- Effectuer des analyses de rupture de barrage et d'inondation pour mieux comprendre les conséquences catastrophiques potentielles d'une rupture. Préparer des cartes des zones inondées et estimer les délais avant l'inondation des régions clés ainsi que de la hauteur potentielle de l'inondation. Rapprocher ces données des lieux et des itinéraires d'évacuation mentionnés dans le plan de préparation et de réponse aux situations d'urgence. Il faut remarquer que les limites temporelles et géographiques des inondations sont entachées d'une importante incertitude.

- Chercher des moyens de minimiser l'étendue de la crue et des zones impactées en cas de rupture du barrage (cette activité doit faire partie des contrôles d'atténuation critiques).

- S'assurer que les équipes d'intervention en cas d'urgence sont informées des modes de défaillance plausibles, des particularités associées à l'enchaînement des défaillances connexes (chronologie et déroulement des processus jusqu'à l'impact maximum) et de tout renseignement géotechnique susceptible d'informer la formation à la préparation ou l'acquisition d'équipement.

- Élaborer un plan d'atténuation des effets (élimination des résidus déversés et stabilisation de l'ouvrage défectueux, stockage de matériaux de construction, acquisition de pompes, élévation du barrage, etc.). Lorsque les eaux de la crue de projet sont stockées, se rendre sur les lieux prévus pour la construction des déversoirs d'urgence et identifier les ressources et le temps nécessaires à leur construction.

- Décrire la stratégie, ainsi que les mesures préventives et d'atténuation, qui permettront de guider une opération d'intervention en cas d'urgence.

A strategy should be set for an emergency response to avoid efforts becoming reactive. Having a strategy defined before arriving at actions helps to maintain focus on the operation. At the same time, immediate actions commonly need to be carried out whilst the operation is developed.

The strategy must be established considering dam break study outputs and balanced against the emergency response capability of the organization both at the site and in the surrounding community.

10.3. EMERGENCY PREPAREDNESS

10.3.1. Engineering Assessment of Potential Emergency Conditions

The following actions must be undertaken and documented to adequately prepare the EPRP.

- Perform FMEA and evaluate plausible failure modes. Identify potential failure modes and features that could be a precursor to, or an indication of, a potential incident (e.g., cracking, slumping, seepage, inadequate freeboard, abnormal weather etc.).
- Determine effective 'mitigative controls' for the FMEA-specific precursor events. Ensure site EPRP team are high priority recipients of early warning alerts.
- Develop dam breach and flood inundation studies for the potential catastrophic failure outcomes. Develop maps of the inundated area and estimates of potential inundations times to reach key areas and potential depth of the flow. Reconcile this data with EPRP evacuation locations and routes. It should be noted that there are large uncertainties in the times and limits of inundation.
- Look for ways to minimize the extent of the flow and impacted area in the event of a dam breach (should be a part of the critical mitigating controls).
- Ensure site Emergency Response Teams are fully briefed about plausible failure modes, specifics of their failure pathway(s) (time and modus operandi to maximum impact) and any specific geo-technical information that informs preparedness training or equipment acquisition.
- Prepare a mitigation plan (e.g., removal of released tailings and stabilization of the existing failed facility, stockpiling of construction materials, resourcing pumps, raising the dam, etc. Where the design flood is stored, assess potential locations for construction of an emergency spillway and identify the resources and time required to construct the spillway.
- Describe the strategy, as well as both preventative and mitigative measures to guide an emergency response operation.

10.3.2. *Mise en place du système de gestion et de mise en œuvre des opérations d'urgence*

La mise en place du plan de préparation et de réponse aux situations d'urgence comprend les étapes suivantes:

- Identification d'un responsable du plan d'urgence qui aura pour mission d'élaborer le plan, de le mettre à jour selon les besoins et d'organiser la formation et les exercices nécessaires pour que le personnel du site soit capable de le mettre en œuvre.
- Identification des rôles et des responsabilités (sur le terrain et au sein de la direction) pour les prises de décisions et les approbations, une structure alignée sur les autorités déléguées.
- Identification des lieux sécuritaires situés en hauteur pour l'évacuation des personnes en cas d'urgence. Installation de panneaux pour guider les personnes vers ces lieux. Mise en œuvre d'exercices visant à simuler une évacuation et ajustement du plan selon les besoins. Envisager des scénarios se déroulant en plein jour et d'autres se déroulant de nuit.
- Mise en place d'un système d'avertissement ou d'alerte (sirènes, téléphones portables, etc.) et essai du système.
- Identification des mécanismes déclencheurs qui justifient l'alerte des services médicaux ou des communautés locales, ainsi que des procédures à utiliser pour disséminer l'information et les alertes.
- Identification de l'emplacement choisi pour le poste de commandement en cas d'urgence. Inventaire des ressources nécessaires au poste de commandement et de leur provenance (haut-parleurs, groupe électrogène, imprimante portable, carburant, cartes papier, éclairage, eau potable, nourriture, etc.).
- Inventaire des autres équipements potentiellement nécessaires (véhicules, drones, hélicoptères, systèmes d'éclairage, couvertures, premiers soins, etc.). Préparation des permis nécessaires (p. ex., pour le pilotage des drones).
- Détermination de l'accessibilité de l'équipement en cas de scénarios d'urgence multiples associés au secteur. Cela inclut toute réponse d'une partie externe avec laquelle des accords d'interopérabilité ont été établis (p. ex., autres mines, organismes gouvernementaux).
- Si les résidus sont dangereux, préparation d'une liste d'instructions pour leur manipulation en sécurité et le traitement des blessures.
- Mise en œuvre d'un système permettant de suivre les personnes (habituellement les travailleurs) susceptibles d'être touchées par une rupture, de répertorier leurs coordonnées et détaillant la marche à suivre s'ils ne répondent pas. Des ressources externes doivent être mobilisées pour aider à chercher et à localiser le personnel non affecté à la mine.
- Inventaires des voies d'accès menant aux secteurs potentiellement touchés, des lieux où il pourra s'avérer nécessaire de fermer l'accès aux routes et des déviations.
- Passage en revue du réseau de surveillance existant et inventaires des informations supplémentaires à recueillir en cas de rupture. Ces informations comprennent les données environnementales pour le secteur impacté ainsi que les données de stabilité physique de l'installation défaillante et d'autres ouvrages possiblement touchés (ponts, routes, stations de pompage, pipelines, etc.).

10.3.2. Establishing the Emergency Operations and Management System

Considerations for establishing the EPRP systems include:

- Identification of an emergency plan owner responsible for preparing the plan, maintaining and updating the plan as necessary, and performing training and drills to ensure site staff can implement the plan.

- Identification of roles and responsibilities (both in-field and at corporate level) command/decision-making and approvals, structure aligned with delegated authority.

- Identification of safe higher-ground locations for people to evacuate to in an emergency. Place signs to guide people to these locations. Perform training to simulate evacuation and adjust the plans as appropriate. Consider day and night scenarios.

- Establishing a warning/alert system (sirens, cell phones, etc.); testing the system.

- Identification of trigger mechanisms requiring that emergency services or the community be notified, with procedures for disseminating information and/or communicating warnings.

- Identification of an emergency command center location. List the required resources for the command center and where they will come from (e.g., speaker phones, generator, portable printers, fuel, paper maps, light, drinking water, food, etc.).

- Identification of other equipment that may be required (vehicles, drones, helicopters, lighting, blankets, first aid, etc.). Prepare necessary permits (e.g., for flying the drones).

- Assessing the availability of equipment in the event of multiple emergency scenarios associated with the local area. This includes any response from an external party where interoperability agreements have been established (e.g., other mines, government agencies).

- In a case of hazardous tailings, preparation of a list of instructions for safe handling and treatment of injuries.

- Implementation of a system for tracking the people who could be impacted by a potential failure (usually the workers), how they can be contacted and what to do if they are not responding. External resources should be engaged to assist with tracking and locating non-mine personnel.

- Identification of roads for access to potentially impacted areas, locations where road closures may be required, and road detours.

- Review of the existing monitoring network and identification of additional monitoring required in the event of a failure. This should include environmental monitoring of the impacted area and monitoring of the physical stability of the failed facility and other facilities that could be impacted (e.g., bridges, roads, pump stations, pipelines, etc.).

10.3.3. Mise à l'essai d'un plan d'intervention en cas d'urgence

- Il est important de tester régulièrement le plan d'intervention en cas d'urgence pour vérifier que tous les aspects ont été correctement pris en compte, que le plan de communication peut être mis en œuvre et que la formation a été adéquate et adaptée à des scénarios plausibles.
- Les tests doivent être effectués régulièrement, typiquement une fois par an.
- Le test doit être planifié longtemps à l'avance en fixant des objectifs clairs, en identifiant les responsabilités et en prévoyant une interaction avec les intervenants internes et externes.
- Le test doit être basé sur un scénario réaliste bien documenté avec des circonstances spécifiques, comme une panne de courant ou une perte d'accès.
- Il est important que les participants comprennent bien l'objet du test qui est de mettre en évidence les défauts du plan dans l'optique d'améliorer celui-ci en prévision des urgences réelles qui pourront survenir dans l'avenir.
- Un rapport de test doit être préparé une fois terminée toute simulation d'une situation d'urgence et ce rapport doit contenir un examen critique du plan de préparation et de réponse aux situations d'urgence.
- Il est important d'offrir au moins une fois par an aux membres clés du personnel une formation pour faire en sorte qu'ils soient familiarisés avec tous les aspects mentionnés ci-dessus. Ajuster les plans en fonction des acquis résultant des exercices et de la formation.
- L'essai doit, au minimum, comprendre l'organisation de transmission des ordres et du contrôle, à la fois à l'interne et à l'extérieur de la compagnie minière, et doit être mené dans des conditions réalistes.

10.3.4. Avis et alertes

Le plan de préparation et de réponse aux situations d'urgence doit préciser qui sera avisé, dans quel ordre, et quel message sera utilisé, en fonction du besoin d'information des destinataires et des utilisations ultérieures de cette information. Il est recommandé d'inclure dans le plan des avis préapprouvés accompagnés de cartes d'inondation pertinentes.

Un message prérédigé est particulièrement utile pour amorcer la coordination d'intervenants externes dans les opérations d'urgence.

Si des systèmes particuliers doivent être utilisés durant le processus de communication, ils doivent être inclus dans le plan de préparation et de réponse aux situations d'urgence. Ces systèmes, tels que des radios, des sirènes, la diffusion de SMS, le recours aux médias sociaux, etc., doivent être soumis à des essais réguliers et fréquents et les destinataires prévus doivent être informés des actions attendues.

La coordination des organisations et des éléments externes est essentielle pour assurer une réponse efficace s'il est prévu qu'une rupture catastrophique d'une ISR impacte des zones à l'extérieur du site. Cette coordination doit être décrite dans le plan de préparation et de réponse aux situations d'urgence (de préférence à l'aide d'un organigramme).

Les listes de vérification doivent être courtes, précises et directes afin de soutenir efficacement l'exécution des opérations d'intervention d'urgence. Elles doivent être rédigées pour un niveau spécifique à l'intérieur de l'organisation.

10.3.3. Testing an EPRP

- It is important to regularly test an EPRP to ensure that all aspects have been properly considered, the communications plan is workable, and training has been adequate and specific to plausible scenarios.
- Testing should be held on a regular basis, typically annually.
- The test should be planned well in advance with clear goals and objectives, identified responsibilities, and plans for interacting with internal and external stakeholders.
- The test should be based on a well-documented, realistic scenario, with considered special circumstances such as power failure or loss of access.
- It is important that participants understand the purpose of the test—highlighting deficiencies in the ERP with the intention of improving the plan for possible future real-life emergencies.
- A thorough debrief report should be prepared after completion of an emergency simulation with a formal review of the EPRP as an outcome.
- At least annually, train key personnel to make sure they are familiar with all the considerations above. Adjust the plans based on the learnings from drills and training.
- The test should, as a minimum, comprise the actual organization for command and control, both internal and external to the mining company, and be conducted under realistic conditions.

10.3.4. Notification and Warnings

The EPRP should specify who will be notified, in what order, and what message will be used, considering the receivers' need for information and further use of that information. Pre-approved notification texts included in the EPRP with applicable inundation maps are recommended.

A pre-scripted message is especially important when initiating coordination of other external stakeholders in the emergency operation.

If there are specific systems that should be used during the communication process, this should be included in the EPRP. All such special systems, such as radio, sirens, SMS broadcast, social media etc. must be subject to regular and frequent testing and the intended recipients are to be informed of their expected actions.

Coordination of external organizations and elements to ensure an effective response is essential if a catastrophic TSF failure is expected to impact areas outside of the site. The coordination should be described in the EPRP (preferably using an organogram).

Checklists should be short, sharp and to the point, to serve as a support in the execution of an emergency response operation. They should be written for a specific level in the organization.

11. CONSTRUCTION

11.1. INTRODUCTION

La gestion, la supervision technique et les mesures d'assurance et de contrôle de la qualité (AQ-CQ) liées à la construction sont essentielles pour que les spécifications du projet et l'objectif de conception soient respectés à toutes les phases du cycle de vie de l'ISR. Les équipes de construction doivent connaître les exigences opérationnelles (utilisation des buses de déversement, développement des plages, systèmes de conduits, etc.). Les responsabilités afférentes à la direction technique et à la documentation des travaux doivent être spécifiées dans un document avant le début des travaux de construction.

11.2. SUPERVISION ET DOCUMENTATION

L'ID est responsable de la conception, de la documentation et des spécifications relatives aux travaux de construction du barrage de stériles et il doit participer à la supervision et à l'approbation des travaux. Les spécifications doivent inclure les exigences d'AQ-CQ relatives à la préparation des fondations, au placement des remblais et aux travaux de génie civil et mécanique. L'ID doit travailler en étroite relation avec le concepteur, afin d'entretenir une interaction continue propice à l'atteinte de l'objectif de conception ainsi qu'au partage, à la documentation et à la mise en œuvre de toute modification touchant les conditions ou la conception du site. L'ID se charge de certifier que le barrage a bien été construit conformément aux spécifications et à l'objectif de conception (dans certaines juridictions, cela fait partie de ses responsabilités réglementaires).

L'assurance de la qualité (AQ) consiste typiquement à gérer les processus de construction et d'exploitation de manière à ce que le système mis en place permette d'atteindre les objectifs de qualité du projet, notamment pour ce qui est des spécifications et des exigences de conception. C'est l'ID ou son délégué qui se charge habituellement de l'assurance de la qualité. Le contrôle de la qualité (CQ) comprend les activités d'inspection des travaux et les essais menés sur les matériaux pour vérifier leur conformité aux spécifications. Les travaux de contrôle de la qualité peuvent être effectués par l'ID ou une entreprise indépendante supervisée par celui-ci. Il est souhaitable de préparer un manuel d'AQ-CQ présentant la méthodologie choisie pour l'AQ ainsi que les types et la fréquence des tests adoptés pour l'AQ-CQ, les exigences en matière d'inspection, d'enregistrement et de préparation des rapports, conformément aux spécifications relatives à la construction, et de tenir à jour et modifier ce document selon les besoins. Ce manuel doit comporter un schéma de l'organisation du site montrant les voies de communication et la chaîne de responsabilités afférentes à l'équipe de gestion de la construction. Le document doit aussi comporter les protocoles qui seront mis en œuvre pour l'approbation ou le rejet des composantes de certains travaux ainsi que les exigences concernant les travaux et les tests à refaire.

La construction du barrage de stériles peut être menée à bien par le propriétaire, des entrepreneurs ou une combinaison des deux. L'équipe de gestion de la construction doit être en liaison avec l'équipe d'exploitation pour faire en sorte que les travaux de construction satisfassent bien aux exigences opérationnelles pour la gestion des résidus.

11.3. CONFIRMATION DE L'OBJECTIF DE CONCEPTION ET DOCUMENTATION DES CONDITIONS APRÈS CONSTRUCTION

Les conditions après construction diffèrent habituellement de celles associées à la conception initiale et des ajustements sont donc apportés tout au long des phases de la vie de l'ISR pour tenir compte de nouvelles informations concernant les conditions du site ou de nouvelles connaissances en matière de pratiques d'exploitation, de conception et de réglementation. La documentation détaillée des conditions après construction est un élément critique pour l'évaluation des conceptions ultérieures et, le cas échéant, d'éventuelles modifications apportées à la conception.

11. CONSTRUCTION

11.1. INTRODUCTION

Construction management, technical supervision, and quality assurance/quality control (QA/QC) are essential to ensure that project specifications and the design intent are met for all phases of the TSF life. Construction teams should be aware of the operational requirement (such as spigotting, beach development, piping systems, etc.). The responsibilities for technical direction and documentation of the works should be determined and defined prior to the commencement of construction.

11.2. SUPERVISION AND DOCUMENTATION

The EOR is responsible for the design, documentation and specification of the tailings dam construction works and should be involved in construction overview and certification. Specifications should include QA/QC requirements for foundation preparations, fill placement and civil/mechanical works. The EOR should have a defined relationship to the Designer allowing ongoing interaction to ensure the design intent is achieved and that any potential changes to site conditions and/or design considerations are communicated, acted upon, and documented. The EOR typically certifies (and in some jurisdictions this is a regulatory requirement) that the tailings dam has been constructed in conformance with specifications and the design intent.

QA typically comprises management of the construction, and operation process to ensure that the systems in place deliver the quality objectives of a project, including specifications and design requirements. QA should typically be carried out by the EOR or their designate. QC comprises inspection of the work and testing of materials to verify compliance with the specifications. The QC work may be done by the EOR or an independent testing company who reports to the EOR. A QA/QC Manual that presents QA methodology and the types and frequency of QA/QC test work, inspection, recording and reporting requirements, in accordance with the construction specification, should be prepared, maintained, and amended when required. The Manual should include a site organization chart showing lines of communication and responsibilities for the construction management team. The manual should include protocols for acceptance and rejection of components of the work, and re-work and re-testing requirements.

Tailings dam construction may be carried out by the Owner, Contractors, or combinations of the two. The construction management team must have a defined relationship to the operations team to ensure that operational requirements for ongoing tailings management are integrated into the construction works.

11.3. CONFIRMATION OF DESIGN INTENT AND DOCUMENTATION OF AS-CONSTRUCTED CONDITIONS

As-constructed conditions typically vary from the original design and, as a result, adjustments are made throughout the TSF life phases to incorporate new knowledge about the site conditions, and operational, design and regulatory practices. Comprehensive documentation of the as-constructed conditions is critical to support future design assessments and, where required, design changes.

Conditions des fondations

Les fondations préparées doivent être inspectées et cartographiées par un ingénieur-géotechnicien ou un géologue technique qualifié. L'ID doit confirmer par inspection visuelle et parfois par des tests *in situ* que les conditions géotechniques rencontrées correspondent bien aux hypothèses de conception. L'observation de conditions inhabituelles, comme des sources d'eau localisées ou des zones de cisaillement dans les fondations ancrées sur le substrat rocheux, doit être documentée. Certaines conditions de fondation nécessitent d'être spécifiquement prises en compte. Par exemple: a) un substrat rocheux très incliné et très fracturé qui nécessite un nivellement ou un traitement au mortier liquide ou b) des zones poreuses localisées, non anticipées, qui nécessitent une excavation ou l'injection de mortier. Lorsque des changements doivent être apportés à la conception initiale, ils doivent être documentés et approuvés par l'ID afin que l'objectif de conception ne soit pas compromis.

Remblais d'emprunt et de construction

Les matériaux d'emprunt et les remblais de construction peuvent varier tout au long des phases de la vie de l'ISR et nécessiter des modifications de la conception. Lorsque les sources de matériaux d'emprunt sont situées à l'intérieur de la zone de retenue, il faut veiller à ce que l'extraction des matériaux n'expose pas des conditions inattendues telles que des voies d'infiltration. Comme pour les fondations du barrage, les zones d'extraction de matériaux d'emprunt internes doivent être cartographiées et documentées en détail puis approuvées par l'ID. C'est le aussi le cas pour les zones d'emprunt situées près du pied du barrage.

Les matériaux de construction utilisables comprennent la terre et les roches naturelles, les stériles rocheux miniers, les sables en sortie de sous-verse de cyclone et les résidus déposés par les buses de déversement. Les propriétés géochimiques des matériaux utilisés pour les parties structurales du barrage doivent être documentées. Les propriétés géochimiques des remblais doivent également être documentées et il est préférable de ne pas inclure de remblais potentiellement acidogènes dans le barrage.

Lorsque des résidus sont utilisés pour des parties structurales du barrage, leur distribution (stratification) et leurs propriétés géotechniques (résistance, plasticité, teneur en eau, etc.) doivent être documentées.

Dessins et rapports de recollement

Les conditions observées après construction de l'ISR doivent être documentées sur des coupes et des plans représentatifs qui constitueront une suite continue reflétant l'évolution de l'ouvrage sur l'ensemble de son cycle de vie. Autant que possible, les coupes doivent inclure les instruments clés tels que les piézomètres, les niveaux piézométriques et l'emplacement des autres instruments.

Ces rapports dits « de recollement » sont habituellement préparés à la fin de tout projet de construction important. Un système de gestion des données doit être en place pour permettre l'enregistrement de ces documents et faciliter leur accès.

Confirmation de l'objectif de conception

Dans le cadre de la préparation des rapports annuels d'inspection du barrage et d'assurance de la qualité, l'ID doit détailler toute modification apportée au barrage après construction et, le cas échéant, justifier les modifications de conception en fournissant les données et les résultats des analyses appropriés.

Foundation Conditions

The prepared foundation should be inspected and mapped by a qualified geotechnical engineer/ engineering geologist. The EOR should confirm by visual verification and in some cases in situ testing to confirm that the geotechnical conditions encountered are consistent with the design assumptions. Observations of potentially unusual conditions, such as localized springs or shear zones in bedrock foundations, should be documented. Some foundation conditions require special consideration, for example: (a) steeply dipping highly fractured bedrock that requires reshaping and/ or treatment with slush grout; or (b) localized pervious zones that were not anticipated and require special excavation or grouting. Where design changes are required, they should be documented and approved by the EOR to assure that the design intent is not compromised.

Borrow and Construction Fills

Borrow materials and construction fills can change over the TSF life phases and may require modifications to the design. Where borrow sources are within the impoundment area, care is required that the excavation of materials does not expose unexpected conditions, such as seepage channels, for example. As with the dam foundations, internal borrow areas should be comprehensively mapped, documented, and approved by the EOR. This observation is also relevant to potential borrow areas that are near the downstream footprint of the dam.

Construction materials may comprise natural soils or rockfill, mine waste rock, cycloned sand, or spigotted tailings. Geotechnical properties of materials comprising the structural portion of the dam should be documented. The geochemical properties of fills should also be documented, and it is preferable not to include potentially acid generating fills into the dam.

Where tailings are used within the structural portion of the dam, their distribution (layering) and geotechnical properties (e.g., strength, plasticity, water content, etc.) should be documented.

As-Constructed Drawings and Reports

As-constructed conditions should be documented on representative cross-sections and plans that form a continuous record of construction over the TSF lifecycle. As far as practical, the cross-sections should include key instrumentation, such as piezometers, piezometric levels and locations of other instrumentation.

As-constructed reports are commonly prepared at appropriate periods where significant construction has been carried out. A data management system should be in place to provide for safe storage and retrieval of as-constructed information.

Confirmation of Design Intent

The EOR should, in preparation of the annual dam safety assurance/inspection reports, document potential changes to the as-constructed conditions and, where required, support and document design changes with appropriate data and analyses.

12. EXPLOITATION

12.1. INTRODUCTION

Les bulletins B168, B157 et B139 de la CIGB offrent des conseils concernant les aspects opérationnels des barrages et des barrages de stériles.

L'exploitation des barrages de stériles doit s'effectuer conformément aux procédures approuvées, détaillées dans un manuel EMS, sous la supervision d'une équipe qualifiée comprenant notamment un responsable de site et un ID comme décrit à la section 2.2. Le manuel EMS doit détailler toutes les tâches du concepteur et de l'exploitant dans le cadre de l'exploitation, de la maintenance et de la surveillance du barrage pour assurer la sécurité et l'exploitation efficace de l'ouvrage. Le manuel EMS doit également mentionner et renvoyer au plan de préparation et de réponse aux situations d'urgence pour faciliter les interventions en cas de modification des conditions si celles-ci sont susceptibles d'entraîner des problèmes importants sur le plan de la sécurité, voire une rupture de l'ouvrage.

Durant la phase opérationnelle, il est crucial de s'assurer que l'installation de stockage des résidus:

- est maintenue dans un état de sécurité et de stabilité adéquat;
- permet d'atteindre l'objectif de conception;
- permet de satisfaire aux exigences réglementaires;
- est exploitée de manière à respecter les exigences environnementales;
- se prêtera facilement à la mise en œuvre du plan de fermeture et à la transition vers les utilisations prévues après cette phase.

Ces objectifs devraient être atteints en suivant les directives spécifiques énoncées dans le manuel EMS.

L'exploitation de l'ISR doit viser les objectifs suivants:

- contrôler l'accès et assurer la sécurité de tous les membres du personnel;
- contrôler la distribution des résidus de manière à obtenir la forme requise pour le dépôt, à garder l'eau retenue à l'emplacement spécifié et à gérer correctement le développement des plages;
- contrôler le niveau et la position de l'eau stockée de manière à conserver une revanche adéquate;
- contrôler la récupération de l'eau de procédé par des systèmes de barges équipées de décanteurs ou de pompes;
- contrôler l'écoulement et le déversement des eaux de crue pour éviter tout dommage à la structure;
- contrôler l'accès aux installations de manière à ce que seules les personnes autorisées puissent y travailler dans le cadre des activités d'exploitation et de gestion;

12. OPERATIONS

12.1. INTRODUCTION

Advice on operational aspects of dams and tailings dams can be obtained from ICOLD Bulletins B 168, B157 and B139.

Operation of tailings dams should be in accordance with approved procedures, documented in an OMS Manual, and overseen by an appropriately qualified team, including an RSP and EOR as described in Section 2.2. The OMS Manual should outline all designer and operator requirements for operation, maintenance and dam safety surveillance that must be met to ensure the ongoing safety and effective operation of the TSF. The OMS Manual should also reference, and be linked to, the Emergency Preparedness and Response Plan (EPRP) to assist in responding to changing conditions if there is a potential that they could lead to a significant dam safety issue or potential failure.

The objective of the operational phase of a tailings dam is to ensure that the tailings facility:

- is maintained in a safe and stable state;
- meets the design intent;
- meets legal requirements;
- is operated to achieve environmental requirements; and
- allows transition to the closure plan and intended use after closure.

These objectives should be met by operating in accordance with the requirements of the OMS Manual.

The operation of the TSF should consider the following objectives:

- control access and safety of all personnel;
- control distribution of the tailings to achieve the required geometric shape of the deposit, to maintain ponded water within the specified position and to manage beach development;
- control the level and position of the stored water to maintain freeboard;
- control the reclaim of process water, either with decants or pump barge systems;
- control the flow and discharge of storm water to prevent damage;
- control access so that only those persons authorized to gain access for the purposes of operation and supervisory management can do so;

- optimiser le recyclage de l'eau provenant de l'ISR;
- garder l'eau qui n'a pas été en contact avec les résidus séparée de l'eau qui l'a été et empêcher tout déversement intempestif de cette dernière;
- contrôler la poussière.

12.2. MANUEL D'EXPLOITATION, DE MAINTENANCE ET DE SURVEILLANCE

Un manuel EMS doit être préparé, normalement avant la mise en service d'un barrage de stériles, et mis à jour tout au long du cycle de vie de l'ouvrage. Les plans de gestion opérationnelle inclus dans le manuel EMS doivent souligner toutes les exigences techniques à respecter dans le cadre de l'exploitation et des interventions visant à assurer la sécurité à long terme du barrage.

Le plan de gestion opérationnelle doit au minimum comprendre les éléments suivants:

- une description de l'ISR, la nature prévue des résidus, la vitesse de production, les activités minières prévues, le type de barrage, le calendrier prévu pour les élévations successives du barrage, etc.;
- les rôles et les responsabilités des membres clés du personnel et un organigramme organisationnel;
- classement des barrages en fonction du niveau des conséquences d'une rupture;
- les critères de conception clés (géotechniques, gestion de l'eau, environnement) liés au contrôle opérationnel;
- un plan de déposition: emplacement des buses de déversement, gestion des plages, etc.;
- un plan de gestion des eaux: les exigences relatives à la gestion des dérivations, la taille et l'emplacement des bassins, la récupération de l'eau et les déversements, la gestion de la revanche, les systèmes de décantation, les systèmes de pompage sur barge, etc.;
- les procédures opérationnelles;
- les contrôles environnementaux, p. ex., pour la collecte des eaux d'infiltration, les rejets d'eau, le contrôle des poussières, etc.;
- les exigences en matière de surveillance dans le cadre du suivi et des inspections du barrage;
- un registre d'évaluation des risques;
- un résumé des contrôles préventifs;
- la liste des contrôles critiques et les plans d'intervention en cas d'événement déclencheur;
- les activités de maintenance requises pour les pompes, les pipelines, les canaux, etc.;
- la formation nécessaire pour le personnel clé;

- optimize the recycling of water from the TSF;
- keep non-contact water separate from contact water and prevent unplanned releases of contact water; and
- control dust.

12.2. OPERATIONS, MAINTENANCE AND SURVEILLANCE MANUAL

An OMS Manual should be completed, normally prior to commissioning of a tailings dam, and updated throughout the life phases. Operational Management Plans within the OMS Manual should specifically highlight all designer requirements for operation and response actions that must be met to ensure the ongoing safety of the dam.

The Operational Management Plans should include, as a minimum:

- description of the TSF, expected nature of the tailings, production rate, life-of-mine plan, dam type, dam raising schedule, etc.;
- roles and responsibilities of key personnel and organization chart;
- dam consequence classification;
- key design criteria (geotechnical, water management, environment) relevant to operational control;
- deposition plan: spigot discharge locations, beach management, etc.;
- water management plan: requirements for managing diversions, pond size/location, reclaim and discharges, freeboard management, decant systems, pump barges, etc.;
- operational procedures;
- environmental controls: e.g., seepage collection, water discharges, dust control, etc.;
- surveillance requirements for dam monitoring and inspections;
- risk assessment register;
- summary of preventative controls;
- list of Critical Controls and trigger action response plans;
- maintenance requirements for pumps, pipelines, channels, etc.;
- training requirements for key staff;

- un résumé du plan de préparation et de réponse aux situations d'urgence et un lien donnant accès au document;
- un plan de gestion de la documentation.

Le manuel EMS doit spécifier les exigences spécifiques pour chaque poste d'agent d'exploitation et la formation minimale que les titulaires doivent avoir reçue. Le manuel doit aussi inclure une section offrant les renseignements dont auront besoin les agents d'exploitation sur le terrain, et ces derniers devront de préférence participer à la rédaction de cette section. Cette section doit être imprimée séparément et servir de référence au personnel exploitant pour leurs tâches quotidiennes.

Le manuel EMS d'un barrage de stériles doit être géré comme un « document évolutif » devant être régulièrement mis à jour (habituellement une fois par an) pour refléter toute modification au niveau de la conception, de l'exploitation ou du personnel et mettre en lumière les possibilités de réduire les risques ou d'augmenter l'efficacité des ouvrages. Des mises à jour pourront être requises si des changements interviennent au niveau du personnel, des méthodes d'exploitation ou des stratégies de stockage. Le contenu typique d'un manuel EMS est donné dans le Table 12.1.

Table 12.1
Exemple de table des matières d'un manuel EMS

1	**Description de l'ISR** Généralités Résumé de la conception, description du site, durée de vie de la mine, infrastructures Résumé des critères de conception et classement du barrage en fonction du niveau des conséquences d'une rupture	5	**Maintenance** Programmes de maintenance Pipelines de résidus Système de récupération de l'eau Détournement de l'eau et étangs Barrage(s) Essais des équipements de contrôle
2	**Gouvernance** Rôles et responsabilités Gestion des changements Gestion des incidents Documentation et suivi Formation	6	**Surveillance** Registre des risques Contrôles préventifs Contrôles critiques Instrumentation du barrage Inspections visuelles Plans d'action en cas d'élément déclencheur Procédures d'intervention et d'escalade des alertes dans le cadre du plan d'action en cas d'élément déclencheur
3	**Activité EMS** Tableau synoptique des activités clés décrites dans le manuel	7	**Lien vers le plan de préparation aux situations d'urgence**
4	**Exploitation** Plan de dépôt (plages, mise en dépôt par robinets déversoirs, cyclonage) Revanche, niveaux d'eau et procédures liées au bilan hydrique Calendrier de construction et contrôles afférents Contrôles environnementaux Opérations inhabituelles		

Des directives détaillées pour la préparation d'un manuel EMS ont été rassemblées par l'Association minière du Canada (AMC, 2021b).

- summary of the emergency preparedness and response plan, (EPRP) and links to the document; and
- document management plan.

The OMS Manual should specify relevant requirements for operators and the minimum level of operator training. The Manual should include a section dedicated to information specifically required by field operators, with the operators themselves preferably involved in preparation of this section. The operator's section should be printed as a stand-alone document and used by the operators for guidance in their daily work.

OMS Manuals for tailings dams should be considered "living documents" and updated regularly (typically every year) to reflect changing conditions, either with design, operation, or personnel and to reflect on opportunities for risk reduction and/or increased efficiencies. More frequent updating may be required if there are changes to personnel, operating methods or storage arrangements. Typical contents of an OMS manual are shown in Table 12.1.

Table 12.1
Example table of contents of an OMS Manual

1	**TSF Description** Overview Summary of design, site description, life of mine, infrastructure Design criteria summary and consequence classification	5	**Maintenance** Maintenance programs Tailings pipelines Water reclaim system Water diversions and ponds Dam(s) Testing of control equipment
2	**Govemance** Roles and responsibilities Change management Incident management Documentation and tracking Training	6	**Surveillance** Risk register Preventative controls Critical controls Dam instrumentation Visual inspections TARPS Escalation procedure and response to TARPS
3	**OMS Activities** Summary table of key activities covered in the Manual	7	**Linkage to Emergency Preparedness Plan**
4	**Operations** Deposition requirements (beaches, spigotting, cycloning) Freeboard, water levels and water balance procedures Construction schedule and controls Environmental controls Unusual operations		

Detailed guidance on developing an OMS Manual is provided in MAC, 2021b.

12.3. ASPECTS TECHNIQUES DE L'EXPLOITATION

12.3.1. Plan de déposition des résidus et de gestion des eaux

Le plan de déposition des résidus doit décrire les procédures prévues pour leur mise en dépôt, notamment le nombre de points équipés d'un robinet de dépôt et le calendrier de rotation, les exigences concernant la morphologie des plages dans le cadre de la gestion du bassin de décantation et du respect des exigences de largeur de plage pour le barrage. Le plan de déposition doit être intégré aux exigences liées à la gestion de l'eau, à la revanche et aux travaux d'élévation du barrage. Les procédures nécessaires au maintien éventuel de plages saturées dans le cadre du contrôle des poussières ou de l'oxydation de résidus sulfureux doivent être documentées. Lorsque la densité et la résistance des plages doivent atteindre des valeurs déterminées, les procédures permettant d'atteindre ces densités et de les tester doivent être détaillées.

Le plan de gestion des eaux inclus dans le manuel EMS doit identifier clairement les niveaux d'eau critiques, en particulier lorsque l'ISR doit être confinée et que les largeurs de plage doivent être minimisées.

Le plan de dépositions des résidus, la largeur des plages de dépôt et le plan de gestion des eaux doivent être clairement liés aux plans d'action en cas d'élément déclencheur et fournir des recommandations quant aux mesures à prendre pour différents scénarios de développement de plages et de niveaux d'eau.

Les barrages de stériles doivent souvent être élevés progressivement au cours de l'exploitation du site minier. Ces travaux d'élévation ne doivent pas rendre l'exploitation du barrage plus risquée et doivent tenir compte des conditions météorologiques (risque de crue, temps humide, temps froid) et des paramètres géotechniques. Les travaux de construction et la mise en dépôt des résidus doivent être coordonnés de manière à éviter les conflits susceptibles de perturber le rythme de dépôt requis afin de respecter les objectifs du plan de dépôt.

Les barrages de stériles construits selon la méthode amont nécessitent un contrôle plus serré de la qualité pour ce qui est du placement des résidus dans la zone structurale du barrage. Ce placement peut requérir que les agents chargés de cette opération suivent une formation spéciale au suivi et à la surveillance.

12.3.2. Surveillance, suivi et évaluation

Les procédures d'exploitation de l'ISR doivent prévoir des activités de surveillance (inspections régulières, suivi et évaluation) et la préparation des documents connexes. Si elles ne sont pas détectées de manière précoce, certaines conditions se développant durant l'exploitation peuvent devenir problématiques pour la sécurité du barrage ou compromettre les plans à venir pour l'élévation ou la fermeture de l'ouvrage.

La section 8.4 du présent bulletin présente différents modes de défaillance, la détermination et l'évaluation des contrôles critiques et les plans d'action en cas d'élément déclencheur correspondant. Les plans d'action en cas d'élément déclencheur sont des composantes critiques de l'exploitation et doivent être exposés dans le manuel EMS. Le personnel affecté à l'exploitation doit être formé à la mise en œuvre des plans d'action en cas d'élément déclencheur et être capable d'intervenir de manière opportune lorsque les conditions se modifient.

Pour assurer une surveillance efficace du barrage de stériles, le propriétaire doit mettre sur pied une équipe d'exploitation compétente et organiser la formation de ses membres dans le domaine de la gestion de la sécurité de l'ouvrage, en prévoyant des cours de rappel réguliers pour faire en sorte que les agents restent à jour pour ce qui est des pratiques en vigueur. Cette formation doit permettre aux agents d'exploitation de reconnaître des conditions anormales ou des circonstances susceptibles de compromettre la sécurité du barrage et de mettre en œuvre les mesures appropriées, notamment de solliciter le cas échéant l'aide d'un expert.

12.3. ENGINEERING ASPECTS OF OPERATIONS

12.3.1. Tailings Deposition and Water Management Plan

The tailings deposition plan should document the tailings discharge procedures, such as numbers of spigot discharge points and timing of changes, and the requirements for managing the shape of the beaches to manage the decant water pond and to meet beach width requirements for the dam. The deposition plan should be integrated with the requirements for water management, freeboard, and construction raising of the dams. Where saturated beaches are required for dust control or mitigation of potential oxidation of sulfidic tailings, procedures should be documented. Where beach density is required to meet specific targets for density and strength, the procedures to achieve and test these densities should be prescribed.

The water management plan described in the OMS Manual must clearly identify the critical water levels, particularly where the IDF needs to be contained and minimum beach widths are required.

Both the tailings deposition plan, beach width and the water management plan should be clearly linked to TARPs providing guidance on actions to be taken for different beach development and water level scenarios.

Tailings dams are often progressively raised during operation. Such raising should not increase the risk of operating the dam and needs to account for climate during raising (flood risks, wet weather, cold weather) and geotechnical parameters. The interaction of construction work with tailings discharge must be coordinated to ensure there is no conflict that may interrupt the schedule of tailings discharge required to meet the deposition plan.

Upstream tailings dams require a higher level of quality control on placement of tailings within the structure zone of the dam, which may require special operator training in monitoring and surveillance.

12.3.2. Surveillance, monitoring, and evaluation

The operational procedures for the TSF should include provisions for surveillance (i.e., regular inspection, monitoring, and evaluation) and documentation thereof. Conditions can develop during operations, which if not detected early, could lead to potential dam safety concerns, or compromise future plans for dam raising or closure.

Section 8.4 of this Bulletin describes identification of failure modes, assessment and determination of Critical Controls and their corresponding TARPs. The TARPs are a critical component of operations and should be documented in the OMS Manual. Operating personnel should be trained in the TARPs and in timely response to potential changing conditions.

To ensure effective surveillance of tailings dams, the Owner should select suitable operational staff and arrange for their training in the areas of dam safety management, with regular refresher courses to keep operators up to date with current practices. As part of that training, operators should be capable of recognizing abnormal conditions and circumstances that could affect the safety of their dams and be able to institute appropriate actions, including when to call for more expert assistance.

Le personnel formé à cet effet doit inspecter et surveiller le barrage aussi souvent que la complexité des opérations et le classement du barrage le nécessitent et conformément aux instructions de l'ID. L'ID doit expliciter les éléments à surveiller ainsi que l'instrumentation à utiliser à cette fin dans l'optique d'effectuer une surveillance appropriée des facteurs susceptibles d'affecter la sécurité et les performances de l'installation.

Il est essentiel d'enregistrer les conclusions des inspections, les données fournies par les instruments de surveillance et tout incident relatif à l'ISR. Il est recommandé de consulter le Bulletin 104 de la CIGB intitulé «Auscultation des barrages de stériles - Synthèse et recommandations» (CIBG, 1996) qui traite des activités de surveillance des barrages de stériles à mettre en œuvre durant leur construction et leur exploitation.

Les dossiers couvrant les éléments suivants devraient être conservés sous une forme organisée dans un endroit accessible et sécurisé:

- Surveillance de l'eau souterraine, en particulier des impacts environnementaux potentiels du barrage de stériles sur la nappe phréatique (processus géochimiques).
- Surveillance du drainage en surface et des infiltrations; des observations visuelles et la mesure des débits d'infiltration ainsi que la mesure de la qualité de l'eau sont habituellement requises.
- Suivi de la capacité du barrage (résidus, eau de procédé, récupération de l'eau, évaporation).
- Suivi du dépôt des résidus (développement des plages, drainage, densité et dessiccation).
- Surface et emplacement du bassin de décantation.
- Suivi de l'instrumentation et des données qu'elle fournit.
- Entrées et sorties pour le bilan hydrique.
- Suivi de l'équipement et de la tuyauterie.
- Suivi des mouvements du barrage, des contraintes, des fissurations et des infiltrations.
- Rapports d'inspection (date, heure et observations).
- Rapports d'incident (date, heure, nature de l'incident, mesures prises).
- Modification des dossiers de gestion.

Les rapports de surveillance doivent être révisés par l'ID ou son délégué qui devra confirmer par écrit que l'installation fonctionne bien dans les limites pour lesquelles elle a été conçue. Toute donnée inhabituelle ou imprévue doit être immédiatement partagée avec l'ID et faire l'objet de mesures appropriées.

12.3.3. Évaluations de la sécurité des barrages et audits connexes

Les évaluations de la sécurité des barrages et les vérifications associées doivent être menées à bien régulièrement, à une fréquence qui tiendra compte du classement du barrage en fonction du niveau des conséquences d'une rupture. Une ISR doit normalement faire l'objet d'une inspection de sécurité annuelle par l'ID ou un ingénieur indépendant spécialisé dans les barrages. L'ouvrage doit de plus faire l'objet d'un examen détaillé de la sécurité par une équipe de spécialistes au moins une fois tous les cinq ans, plus fréquemment lorsqu'il s'agit d'un barrage classé « élevé », « très élevé » ou « extrême » pour ce qui est du niveau des conséquences d'une rupture.

Inspection and monitoring of the dam by trained staff should be carried out on a frequency commensurate with the complexity of the operations, the dam classification of the dam, and in accordance with the EOR's requirements. The items that need to be monitored and the relevant associated instrumentation should be designated by the EOR to enable a suitable coverage of the aspects that affect the ongoing safety and operational performance of the facility.

Ongoing recording of inspection findings, monitoring instrument readings, and recording any incidents is essential for TSFs. Attention is drawn to ICOLD Bulletin 104 "Monitoring on Tailings Dams",1996 which deals with the monitoring of tailings dams during construction and operation.

Records covering the following should be kept in an accessible, secure repository and in an organized form:

- Groundwater monitoring with special emphasis on the environmental impacts of the tailings dam on groundwater (e.g., geochemical processes).
- Surface drainage and seepage monitoring; both visual observations, seepage flow measurement and water quality are typically required
- Capacity monitoring (tailings, process water, water recovery, evaporation).
- Tailings discharge monitoring (e.g., beach development, drainage, density, desiccation).
- Decant pond extent and location.
- Monitoring of instrumentation and instrumentation readings.
- Water balance inputs and outputs.
- Monitoring of equipment and pipework.
- Monitoring of dam movements, stresses, cracking and seepage.
- Inspection reports (i.e., times, dates, observations).
- Incident reports (i.e., time, date, nature, actions).
- Change management records.

The monitoring reports must be reviewed by the EOR, or their designate, who should provide written confirmation that the facility is operating within the design intent. Unusual or unexpected monitoring data must be immediately shared with the EOR and appropriate actions implemented.

12.3.3. Dam safety assessments and audits

Dam safety assessments and audits should be carried out routinely, with timing taking consideration of the consequence classification of the dam. It would be normal for a TSF to undergo an annual safety inspection by the EOR or an independent specialist dam engineer, with a detailed dam safety review (DSR) by a specialist team at least every 5 years or more frequently for High, Very High and Extreme consequence classification dams.

L'examen de la sécurité du barrage doit comprendre un examen et une évaluation systématiques de tous les aspects de la conception, de la construction, de l'exploitation, de la maintenance, de la surveillance et d'autres activités et systèmes liés au barrage afin d'évaluer la pertinence des critères de sa conception par rapport aux normes en vigueur, ses performances réelles en fonction des objectifs de sa conception ainsi que sa stabilité et sa fonctionnalité. L'exercice permet également d'identifier les mesures de correction à prendre en cas de besoin (MAC, 2019).

12.3.4. Maintenance

Une maintenance appropriée doit être effectuée pour assurer la sécurité continue du barrage. Cette maintenance doit notamment s'appliquer à l'instrumentation ainsi qu'aux équipements mécaniques et électriques. Le niveau de fiabilité visé doit être sélectionné avec soin en fonction de la nature et la criticité du contrôle que ces équipements offrent. Le niveau standard de maintenance (selon les normes du pays, ISO, Eurocode, etc.) doit être appliqué par des techniciens possédant les qualifications requises.

En plus de la maintenance normale du site minier et de l'équipement, il peut s'avérer nécessaire d'entretenir la structure du barrage de stériles, notamment en colmatant les fissures et les rigoles créées par l'érosion, en nivelant les voies d'accès et en assurant divers autres travaux. La priorisation des activités de maintenance doit s'effectuer en s'occupant en premier lieu de tous les éléments susceptibles d'affecter l'intégrité structurale de l'ouvrage, puis de ceux qui pourraient avoir un impact sur l'environnement et enfin des tâches de maintenance conventionnelles.

The DSR should comprise a systematic review and evaluation of all aspects of design, construction, operation, maintenance, and surveillance, and other relevant processes and systems affecting a dam, to evaluate the design criteria with current standards, operational compliance with design intent, stability and functionality of the dam, and to identify appropriate remedial measures if necessary (MAC 2019).

12.3.4. Maintenance

Appropriate maintenance must be carried out to ensure ongoing dam safety. This should include appropriate maintenance of instrumentation, mechanical, and electrical items. The desirable level of reliability needs to be carefully selected based on the nature and criticality of control they provide. Accepted standards of maintenance (e.g., country standards, ISO, Eurocode etc.) should be applied by suitably qualified individuals.

In addition to normal maintenance of plant and equipment, it may be necessary to maintain the structure of the tailings dam with repair of cracks and/or erosion rills, grading of roads, and various other matters. The principle in determining maintenance priorities is to attend to all items that affect the structural integrity first, followed by environmental items and then by conventional maintenance.

13. RÉFÉRENCES

Chapitre 1 – Introduction

Références citées à l'intérieur du chapitre

Global Tailings Review, 2020. "Global Industry Standard on Tailings Management" (GISTM), August 2020, https://globaltailingsreview.org/

UNECE, 2014 "Safety Guidelines and Good Practices for Tailings Management Facilities", https://unece.org/fileadmin/DAM/env/documents/2014/TEIA/Publications/1326665_ECE_TMF_Publication.pdf

Documents de référence supplémentaires

Health, Safety and Reclamation Code for Mines in British Columbia (gov.bc.ca), 2017 « Part 10 Permitting, Reclamation and Closure »

UNECE, 2016 Methodology for Tailings Management Facilities, https://unece.org/info/Environment-Policy/Industrial-accidents/pub/369164

Chapitre 2 – Gouvernance des installations de stockage des résidus

Références citées à l'intérieur du chapitre

ANCOLD (Australian National Committee on Large Dams). 2003. "Guidelines on Risk Assessment", Hobart, Tasmania, Australia: ANCOLD.

ANCOLD (Australian National Committee on Large Dams). 2019. "Guidelines on Tailings Dams: Planning, Design, Construction, Operation and Closure, revision 1". Hobart, Tasmania, Australia: ANCOLD.

Association canadienne des barrages (ACB), 2016. « Application des recommandations de sécurité des barrages aux barrages miniers », Bulletin technique de l'ACB. Markham (Ontario), Canada.

Association canadienne des barrages (ACB), 2019. Application des recommandations de sécurité des barrages aux barrages miniers. Bulletin technique de l'ACB. Markham (Ontario), Canada.

International Council on Mining and Metals (ICMM) 2016. "Position Statement on Preventing Catastrophic Failure of Tailings Storage Facilities" https://www.icmm.com/

International Council on Mining and Metals (ICMM) 2021. "Tailings Management: Good Practice Guide" ICMM - Tailings Management: Good Practice Guide

CIGB, 2013, Gestion de la sécurité des barrages en exploitation, Commission Internationale Des Grands Barrages, Paris.

CIGB, 1989, Bulletin 72, « Choix des paramètres sismiques pour grands barrages – Recommandations », Commission Internationale Des Grands Barrages, Paris.

Mining Association of Canada (MAC), 2019, "Towards Sustainable Mining - Tailings Management Protocol" Mining Association of Canada, February 2019. https://mining.ca/towards-sustainable-mining/

MAC, 2021. "A Guide to the Management of Tailings Facilities Version 3.2" March 2021, Mining Association of Canada, March 30, 2021.

Chapitre 3 – Fermeture

CIGB, 2011, Bulletin 153 - Conception durable et performances après-fermeture des barrages de stériles, Commission Internationale Des Grands Barrages.

ICMM: "Integrated Mine Closure – Good Practice Guide, 2nd Edition" International Council of Mining and Metals, 2018.

World Bank & IFC (International Finance Corporation), 2002. "It's Not Over When It's Over: Mine Closure Around The World, Mining and Development Series". Washington, USA.

Tailings Management - One of a series of handbooks of the Leading Practice Sustainable Development Program for the Mining Industry, published September 2016 – Government of Australia.

13. REFERENCES

Section 1: **Introduction**

Citations in Section Text

Global Tailings Review, 2020. "Global Industry Standard on Tailings Management" (GISTM), August 2020, https://globaltailingsreview.org/

UNECE, 2014 "Safety Guidelines and Good Practices for Tailings Management Facilities", https://unece.org/fileadmin/DAM/env/documents/2014/TEIA/Publications/1326665_ECE_TMF_Publication.pdf

Additional References

Health, Safety and Reclamation Code for Mines in British Columbia (gov.bc.ca), 2017 « Part 10 Permitting, Reclamation and Closure »

UNECE, 2016 Methodology for Tailings Management Facilities, https://unece.org/info/Environment-Policy/Industrial-accidents/pub/369164

Section 2: **Tailings Storage Facility Governance**

Citations in Section Text

ANCOLD (Australian National Committee on Large Dams). 2003. "Guidelines on Risk Assessment", Hobart, Tasmania, Australia: ANCOLD.

ANCOLD (Australian National Committee on Large Dams). 2019. "Guidelines on Tailings Dams: Planning, Design, Construction, Operation and Closure, revision 1". Hobart, Tasmania, Australia: ANCOLD.

Canadian Dam Association (CDA), 2016. "Application of Dam Safety Guidelines to Mining Dams" CDA Technical Bulletin. Markham, Ontario, Canada: CDA.

Canadian Dam Association (CDA), 2019. Application of the Dam Safety Guidelines to Mining Dams. CDA Technical Bulletin. Markham, Ontario, Canada: CDA.

International Council on Mining and Metals (ICMM) 2016. "Position Statement on Preventing Catastrophic Failure of Tailings Storage Facilities" https://www.icmm.com/

International Council on Mining and Metals (ICMM) 2021. "Tailings Management: Good Practice Guide" ICMM - Tailings Management: Good Practice Guide

ICOLD, 2013, Dam Safety Management: Operational phase of the dam life cycle, International Commission on Large Dams, Paris, 2013.

Mining Association of Canada (MAC), 2019, "Towards Sustainable Mining - Tailings Management Protocol" Mining Association of Canada, February 2019. https://mining.ca/towards-sustainable-mining/

MAC, 2021. "A Guide to the Management of Tailings Facilities Version 3.2" March 2021, Mining Association of Canada, March 30, 2021.

Section 3 **Closure**

ICMM: "Integrated Mine Closure – Good Practice Guide, 2nd Edition" International Council of Mining and Metals, 2018.

ICOLD Bulletin 153, "Sustainable Design and Post-Closure Performance of Tailings Dams", International Commission of Large Dams, 2011.

World Bank & IFC (International Finance Corporation), 2002. "It's Not Over When It's Over: Mine Closure Around The World, Mining and Development Series". Washington, USA.

Tailings Management - One of a series of handbooks of the Leading Practice Sustainable Development Program for the Mining Industry, published September 2016 – Government of Australia.

Chapitre 5 – Caractérisation des sites

EGBC (Engineers Geoscientists of British Columbia), 2016. "Site Characterization of Dam Foundations in BC", APEG BC Professional Practice Guidelines V1.0, 2016.

Atkinson, G.M. 2004. "An Overview of Developments in Seismic Hazard Analysis." 13th World Conference on Earthquake Engineer, Vancouver, BC, Paper No. 5001, August.

Australian National Committee on Large Dams, 2019. "Guidelines for Design of Dams and Appurtenant Structures for Earthquake," July.

Baker, J. W., 2015. "Introduction to Probabilistic Seismic Hazard Analysis." White paper by Dr. Jack W. Baker, Stanford University.

Baker, J., Bradley, B., and Stafford, P., 2022. "Seismic Hazard and Risk Analysis", Cambridge University Press, Cambridge, UK. ISBN 9781108425056.

Bommer, J., 2002. "Deterministic vs. Probabilistic Seismic Hazard Assessment: An Exaggerated and Obstructive Dichotomy." Journal of Earthquake Engineering, Vol 6, Special Issue 1, pp. 43-73.

Bommer, J., Abrahamson, N., Strasser, F., Pecker, A., Bard, P-Y., Bungum, H., Cotton, F., Faeh, D., Sabetta, F., Scherbaum, F., and Studer, J. (2004). "The challenge of defining the upper limits on earthquake ground motions," Seismological Research Letters. 70 (1).

Bommer, J., and N. Abrahamson, 2007. "Why Do Modern Probabilistic Seismic Hazard Analyses Often Lead to Increased Hazard Estimates." Bulletin of the Seismological Society of America, Vol. 96, No. 6, pp. 1987-1977, December.

Federal Energy Regulatory Commission (FERC), 2018. "Engineering Guidelines for the Evaluation of Hydropower Projects".

CIGB, 2016, Bulletin 148, « Choix des paramètres sismiques pour grands barrages – Recommandations », Commission Internationale Des Grands Barrages, Paris.

CIGB, 2021, Bulletin 181, « Conception des Barrages de Stériles – Mise à jour des technologies », Commission Internationale Des Grands Barrages, Paris, France, https://www.icold-cigb.org/FR/publications/bulletins.asp. ISBN 9780367770464.

Federal Energy Regulatory Commission (FERC), 2018. "Engineering Guidelines for the Evaluation of Hydropower Projects".

New Zealand Society on Large Dams (NZSOLD), 2015. "New Zealand Dam Safety Guidelines." ISBN 978-0-908960-65-1.

U.S. Committee on Large Dams (USCOLD), 1999. "Updated Guidelines for Selecting Seismic Parameters for Dam Projects," White Paper prepared by the USCOLD Committee for Earthquakes, US Committee on Large Dams (now U.S. Society on Dams), Denver, Colorado, April.

U.S. Society on Dams (USSD), 2022. "Updated Guidelines for Selecting Seismic Parameters for Dam Projects," White Paper prepared by the USSD Committee for Earthquakes, U.S. Society on Dams, Denver, Colorado, in progress.

U.S. Nuclear Regulatory Commission, 2018. "Updated Implementation Guidelines for SSHAC Hazard Studies". NUREG 2213.

World Meteorological Organisation, 2009 "Manual on Estimating Probable Maximum Precipitation (PMP)", WMO-No, 1045).

Recent handbooks provided by the Australian Federal Government including "Tailings Management" (DITR, 2016a)", "Preventing Acid and Metalliferous Drainage" (DITR, 2016b), and "Mine Closure" (DITR, 2016c) expand on the issue of managing the geochemical stability of the sulfidic wastes within a physically stable dam, or within tailings released during a dam failure. The GARD Guide (http://www.gardguide.com) produced by the International Network for Acid Prevention (INAP), also provides leading practice guidance on the geochemical management of sulfidic mine wastes, including tailings.

Klohn Crippen Berger. 2017. Mine Environment Neutral Drainage (MEND) Project. "Study of Tailings Management Technologies: MEND Report 2.50.1," in 24th Annual BC MEND Metal Leaching / Acid Rock Drainage Workshop on November 29, 2017, Vancouver, B.C. Ottawa, ON: MEND (Mine Environment Neutral Drainage); MAC (Mineralogical Association Of Canada). Accessed October 31, 2017. http://mend-nedem.org/wp-content/uploads/2.50.1Tailings_Management_TechnologiesL.pdf

Section 5 **Site Characterization**

EGBC (Engineers Geoscientists of British Columbia), 2016. "Site Characterization of Dam Foundations in BC", APEG BC Professional Practice Guidelines V1.0, 2016.

Atkinson, G.M. 2004. "An Overview of Developments in Seismic Hazard Analysis." 13th World Conference on Earthquake Engineer, Vancouver, BC, Paper No. 5001, August.

Australian National Committee on Large Dams, 2019. "Guidelines for Design of Dams and Appurtenant Structures for Earthquake," July.

Baker, J. W., 2015. "Introduction to Probabilistic Seismic Hazard Analysis." White paper by Dr. Jack W. Baker, Stanford University.

Baker, J., Bradley, B., and Stafford, P., 2022. "Seismic Hazard and Risk Analysis", Cambridge University Press, Cambridge, UK. ISBN 9781108425056.

Bommer, J., 2002. "Deterministic vs. Probabilistic Seismic Hazard Assessment: An Exaggerated and Obstructive Dichotomy." Journal of Earthquake Engineering, Vol 6, Special Issue 1, pp. 43-73.

Bommer, J., Abrahamson, N., Strasser, F., Pecker, A., Bard, P-Y., Bungum, H., Cotton, F., Faeh, D., Sabetta, F., Scherbaum, F., and Studer, J. (2004). "The challenge of defining the upper limits on earthquake ground motions," Seismological Research Letters. 70 (1).

Bommer, J., and N. Abrahamson, 2007. "Why Do Modern Probabilistic Seismic Hazard Analyses Often Lead to Increased Hazard Estimates." Bulletin of the Seismological Society of America, Vol. 96, No. 6, pp. 1987-1977, December.

Federal Energy Regulatory Commission (FERC), 2018. "Engineering Guidelines for the Evaluation of Hydropower Projects".

ICOLD, 2016, Bulletin 148, "Selecting Seismic Parameters for Large Dams — Guidelines", International Commission on Large Dams, Paris, 2016.

ICOLD, 2021, Bulletin 181, "Tailings Dam Design - Technology Update". International Commission on Large Dams, Paris France, http://www.icold-cigb.org./. ISBN 9780367770464.

Federal Energy Regulatory Commission (FERC), 2018. "Engineering Guidelines for the Evaluation of Hydropower Projects".

New Zealand Society on Large Dams (NZSOLD), 2015. "New Zealand Dam Safety Guidelines." ISBN 978-0-908960-65-1.

U.S. Committee on Large Dams (USCOLD), 1999. "Updated Guidelines for Selecting Seismic Parameters for Dam Projects," White Paper prepared by the USCOLD Committee for Earthquakes, US Committee on Large Dams (now U.S. Society on Dams), Denver, Colorado, April.

U.S. Society on Dams (USSD), 2022. "Updated Guidelines for Selecting Seismic Parameters for Dam Projects," White Paper prepared by the USSD Committee for Earthquakes, U.S. Society on Dams, Denver, Colorado, in progress.

U.S. Nuclear Regulatory Commission, 2018. "Updated Implementation Guidelines for SSHAC Hazard Studies". NUREG 2213.

World Meteorological Organisation, 2009 "Manual on Estimating Probable Maximum Precipitation (PMP)", WMO-No, 1045).

Recent handbooks provided by the Australian Federal Government including "Tailings Management" (DITR, 2016a)", "Preventing Acid and Metalliferous Drainage" (DITR, 2016b), and "Mine Closure" (DITR, 2016c) expand on the issue of managing the geochemical stability of the sulfidic wastes within a physically stable dam, or within tailings released during a dam failure. The GARD Guide (http://www.gardguide.com) produced by the International Network for Acid Prevention (INAP), also provides leading practice guidance on the geochemical management of sulfidic mine wastes, including tailings.

Klohn Crippen Berger. 2017. Mine Environment Neutral Drainage (MEND) Project. "Study of Tailings Management Technologies: MEND Report 2.50.1," in 24th Annual BC MEND Metal Leaching / Acid Rock Drainage Workshop on November 29, 2017, Vancouver, B.C. Ottawa, ON: MEND (Mine Environment Neutral Drainage); MAC (Mineralogical Association Of Canada). Accessed October 31, 2017. http://mend-nedem.org/wp-content/uploads/2.50.1Tailings_Management_TechnologiesL.pdf

Chapitre 7 – Conception

Références citées à l'intérieur du chapitre

Alonso, E.E., Gens, A. 2006, « Aznócollar dam failure. Part 1 Field observations and material properties ». Geotechnique 56, No. 3, 165-183.

Association canadienne des barrages (ACB), 2013. « Les Directives pour la sécurité des barrages 2007; Édition 2013 », Edmonton, Alberta, Canada.

Bray, J., and Travasarou, T. (2007). "Simplified procedure for estimating earthquake-induced deviatoric slope displacements." Journal of Geotechnical and Geoenvironmental Engineering, Vol 133, No. 4, American Society of Civil Engineers, pp. 381–392.

Bray, J.D., Macedo J., and Travasarou, T. (2017). "Simplified Procedure for Estimating Seismic Slope Displacements for Subduction Zone Earthquakes". Journal of Geotechnical and Geoenvironmental Engineering, 144(3), 04017124-1—04017124-13.

CIGB, 2013, Bulletin 155 « – Du bon usage des modèles numériques dans l'ingénierie des barrages, Commission Internationale des Grands Barrages, Paris, 204 pp.

CIGB, 2016, Bulletin 148, « Choix des paramètres sismiques pour grands barrages – Recommandations », Commission Internationale Des Grands Barrages, Paris, 75pp.

Dawson, E.M., Roth, W.H., and Drescher, A. (1999) "Slope Stability Analysis by Strength Reduction." Geotechnique 49, No. 6, pp. 835-840.

Duncan, J.M., & Wright, S.G. (2005). "Soil Strength and Slope Stability". John Wiley & Sons, Hoboken, N.J, USA.

Fourie, A.B., Blight, G. E., Papageorgiou, G. 2001, 'Static liquefaction as a possible explanation for the Merriespruit tailings dam failure '. Canadian Geotechnical Journal, Vol 38(4), pp. 707-719.

Hazen A. (1918). "A Study of the Slip in the Calaveras Dam." Engineering News Record, 81(26), 1158-1164.

Jefferies, M., and Been, K. (2016). "Soil Liquefaction: A Critical State Approach, Second Edition". CRC Press.

Jeffries, M., Morgenstern, N. R., Van Zyl, D., Wates, J.,2019 « Report on NTSF Embankment Failure, Cadia Valley Operation for Ashust Australia, Newcrest », News Release 30 April 2019.

Ladd, C. C. (1991). "Stability Evaluation during Staged Construction". Journal of Geotechnical Engineering, 117(4), 540–615. https://doi.org/10.1061/(asce)0733-9410(1991)117:4(540).

Morgenstern, N.R., 2018. "Geotechnical Risk, Regulation and Public Policy." The Sixth Victor de Mello Lecture, presented at the 9th Portuguese-Brazilian Geotechnical Congress, Salvador, Bahia, Brasil, August 2018. Published in Soils and Rocks, Volume 41, No. 2, pp. 107-129, Associacao Brasileira de Mecanica dos solos e Engenharia Geotecnica.

Morgenstern, N.R., Vick, S.G., Fiotti, C.B., Watts, B.D.; 2016 "Fundao Tailings Dam Review Panel: Report on Immediate Causes of the Failure of the Fundao Dam".

Mount Polley Independent Expert Investigation and Review Report, 2015 (mountpolleyreviewpanel.ca)

Nathan, R and Weinmann, E, 2019," Estimation of Very Rare to Extreme Floods, Book 8 in Australian Rainfall and Runoff - A Guide to Flood Estimation", Commonwealth of Australia.

Pells, S. and Fell, R. (2002)." Damage and cracking of embankment dams by earthquakes, and the implications for internal erosion and piping". UNICIV Report R 406, The University of New South Wales, ISBN 85841 3752.

Pells, S. and Fell, R. (2003)."Damage and cracking of embankment dams by earthquake and the implications for internal erosion and piping". Proceedings 21st International Congress on Large Dams, Montreal. ICOLD, Paris Q83–R17, International Commission on Large Dams, Paris.

Robertson, P.K. 2010. "Evaluation of flow liquefaction and liquefied strength using the cone penetration test." Journal of Geotechnical and Geoenvironmental Engineering, ASCE, 136(6): 842–853.

Robertson, P.K., de Melo, L., Williams, D.J., Wilson, G.W., 2019, "Report of the Expert Panel on the Technical Causes of the Failure of Feijão Dam 1" IR_Feijao-Dam.pdf (damfailures.org).

Citations in Section Text

Alonso, E.E., Gens, A. 2006, « Aznócollar dam failure. Part 1 Field observations and material properties ». Geotechnique 56, No. 3, 165-183

Bray, J., and Travasarou, T. (2007). "Simplified procedure for estimating earthquake-induced deviatoric slope displacements." Journal of Geotechnical and Geoenvironmental Engineering, Vol 133, No. 4, American Society of Civil Engineers, pp. 381–392.

Bray, J.D., Macedo J., and Travasarou, T. (2017). "Simplified Procedure for Estimating Seismic Slope Displacements for Subduction Zone Earthquakes". Journal of Geotechnical and Geoenvironmental Engineering, 144(3), 04017124-1—04017124-13.

Canadian Dam Association (CDA), 2013. "2007 Dam Safety Guidelines, 2013 Edition" Canadian Dam Association, Edmonton, Alberta, Canada.

Dawson, E.M., Roth, W.H., and Drescher, A. (1999) "Slope Stability Analysis by Strength Reduction." Geotechnique 49, No. 6, pp. 835-840.

Duncan, J.M., & Wright, S.G. (2005). "Soil Strength and Slope Stability". John Wiley & Sons, Hoboken, N.J, USA.

Fourie, A.B., Blight, G. E., Papageorgiou, G. 2001, 'Static liquefaction as a possible explanation for the Merriespruit tailings dam failure '. Canadian Geotechnical Journal, Vol 38(4), pp. 707-719

Hazen A. (1918). "A Study of the Slip in the Calaveras Dam." Engineering News Record, 81(26), 1158-1164.

ICOLD (2013). Bulletin 155: "Guidelines for Use of Numerical Models in Dam Engineering". Commission Internationale des Grands Barrages/International Commission on Large Dams (ICOLD), Paris, 204 pp.

ICOLD (2016). Bulletin 148: "Selecting Seismic Parameters for Large Dams Guidelines" Commission Internationale des Grands Barrages/International Commission on Large Dams, Paris, 75 pp.

Jefferies, M., and Been, K. (2016). "Soil Liquefaction: A Critical State Approach, Second Edition". CRC Press.

Jeffries, M., Morgenstern, N. R., Van Zyl, D., Wates, J.,2019 « Report on NTSF Embankment Failure, Cadia Valley Operation for Ashust Australia, Newcrest », News Release 30 April 2019

Ladd, C. C. (1991). "Stability Evaluation during Staged Construction". Journal of Geotechnical Engineering, 117(4), 540–615. https://doi.org/10.1061/(asce)0733-9410(1991)117:4(540)

Morgenstern, N.R., 2018. "Geotechnical Risk, Regulation and Public Policy." The Sixth Victor de Mello Lecture, presented at the 9th Portuguese-Brazilian Geotechnical Congress, Salvador, Bahia, Brasil, August 2018. Published in Soils and Rocks, Volume 41, No. 2, pp. 107-129, Associacao Brasileira de Mecanica dos solos e Engenharia Geotecnica.

Morgenstern, N.R., Vick, S.G., Fiotti, C.B., Watts, B.D.; 2016 "Fundao Tailings Dam Review Panel: Report on Immediate Causes of the Failure of the Fundao Dam".

Mount Polley Independent Expert Investigation and Review Report, 2015 (mountpolleyreviewpanel. ca)

Nathan, R and Weinmann, E, 2019," Estimation of Very Rare to Extreme Floods, Book 8 in Australian Rainfall and Runoff - A Guide to Flood Estimation", Commonwealth of Australia

Pells, S. and Fell, R. (2002)." Damage and cracking of embankment dams by earthquakes, and the implications for internal erosion and piping". UNICIV Report R 406, The University of New South Wales, ISBN 85841 3752.

Pells, S. and Fell, R. (2003)."Damage and cracking of embankment dams by earthquake and the implications for internal erosion and piping". Proceedings 21st International Congress on Large Dams, Montreal. ICOLD, Paris Q83–R17, International Commission on Large Dams, Paris.

Robertson, P.K. 2010. "Evaluation of flow liquefaction and liquefied strength using the cone penetration test." Journal of Geotechnical and Geoenvironmental Engineering, ASCE, 136(6): 842–853.

Robertson, P.K., de Melo, L., Williams, D.J., Wilson, G.W., 2019, "Report of the Expert Panel on the Technical Causes of the Failure of Feijão Dam 1" IR_Feijao-Dam.pdf (damfailures.org)

Swaisgood, J. (2003). “Embankment dam deformations caused by earthquakes,” Proc., 2003 Pacific Conference on Earthquake Eng., Christchurch, New Zealand.

Swaisgood, J. R. (2014). “Behavior of embankment dams during earthquake,” Journal of Dam Safety, ASDSO, Vol. 12 No. 2, pp 35-44.

National Academies of Science, Engineering and Medicine (NASEM), 2021. “State of the Art and Practice in the Assessment of Earthquake-Induced Soil Liquefaction and its Consequences.” The National Academies Press, Washington DC.

Vick, Steven G. 1996, “Failure of the Omai Tailings Dam”, Geotechnical News September 1996.

Documents de référence supplémentaires

Chen, W. F. (1975). “Limit analysis and soil plasticity”, Elsevier Scientific, Amsterdam, Netherlands.

Christian, J. T., Ladd, C. C., and Baecher, G. B. (1994). “Reliability applied to slope stability analysis.” Journal of Geotechnical Engineering, Vol 20, No. 12, pp 2180–2207, December.

Duncan, J. M., (2000). “Factors of Safety and Reliability in Geotechnical Engineering.” Journal of Geotechnical and Geoenvironmental Engineering, Vol. 126, No. 4, American Society of Civil Engineers, pp. 307 – 316, April.

Hynes-Griffin, M.E., & Franklin, A.G. (1984). “Rationalizing the Seismic Coefficient Method” Department of the Army, Waterways Experiment Station, Vicksburg, MS, USA, July.

Leshchinsky, B., & Ambauen, S. (2015). “Limit Equilibrium and Limit Analysis: Comparison of Benchmark Slope Stability Problems. Journal of Geotechnical and Geoenvironmental Engineering, 141(10), 04015043–1-04015043–8. https://doi.org/10.1061/(asce)gt.1943-5606.0001347.

Youd, T.L., I. M. Idriss, R. D. Andrus, I. Arango, G. Castro, J. T. Christian, R. Dobry, W. D. L. Finn, L. F. Harder, Jr., M. E. Hynes, K. Ishihara, J. P. Koester, S. S. C. Liao, W. F. Marcuson III, G. R. Martin, J. K. Mitchell, Y. Moriwaki, M. S. Power, P. K. Robertson, R. B. Seed, and K. H. Stokoe II. (2001). “Liquefaction Resistance of Soils: Summary Report from the 1996 NCEER and 1998 NCEER/ NSF Workshops on Evaluation of Liquefaction Resistance of Soils.” Journal of Geotechnical and Geoenvironmental Engineering, Vol. 124 No. 10., October, pp. 817-833.

Rowe, R.K., P. Joshi, R.W.I. Brachman and H. McLeod. (2017). “Leakage through Holes in Geomembranes below Saturated Tailings.” Journal of Geotechnical and Geoenvironmental Engineering. 143(2).

Chapitre 8 – Gestion des risques

ICMM, 2015, “Critical Control Management, Implementation Guide”, International Council on Mining and Metals.

CIGB, 2018, Bulletin 158 « Guide de la surveillance des barrages », Commission Internationale des Grands Barrages.

Chapitre 9 – Analyse des défaillances et des ruptures de barrage

Association canadienne des barrages (ACB), 2021, « Bulletin technique -Analyse de bris de digues à résidus miniers », ISBN 978-1-989760-02-04.

Jeyapalan, J.K., Duncan, M, Seed, H.B. (1983), “Investigation of Flow Failures of Tailings Dams”, Journal of Geotechnical Engineering. 1983, 109 (2): 172-189.

Lucia P.C, Duncan J.M. and Seed H.B, 1983 “Summary of research on case histories of Flow failure of mine Tailings impoundments”. Mine Waste Disposal Technology, Proceedings of the Bureau of Mines Technology Transfer Workshop, Denver, Colorado, 46-53.

Chapitre 10 – Préparation aux mesures d’urgence et planification des interventions

MAC, 2021, “A Guide to the Management of Tailings Facilities Version 3.2”, March 2021, Mining Association of Canada, March 30, 2021.

Swaisgood, J. (2003). “Embankment dam deformations caused by earthquakes,” Proc., 2003 Pacific Conference on Earthquake Eng., Christchurch, New Zealand.

Swaisgood, J. R. (2014). “Behavior of embankment dams during earthquake,” Journal of Dam Safety, ASDSO, Vol. 12 No. 2, pp 35-44.

National Academies of Science, Engineering and Medicine (NASEM), 2021. “State of the Art and Practice in the Assessment of Earthquake-Induced Soil Liquefaction and its Consequences.” The National Academies Press, Washington DC.

Vick, Steven G. 1996, “Failure of the Omai Tailings Dam”, Geotechnical News September 1996.

Additional References

Chen, W. F. (1975). “Limit analysis and soil plasticity”, Elsevier Scientific, Amsterdam, Netherlands.

Christian, J. T., Ladd, C. C., and Baecher, G. B. (1994). “Reliability applied to slope stability analysis.” Journal of Geotechnical Engineering, Vol 20, No. 12, pp 2180–2207, December.

Duncan, J. M., (2000). “Factors of Safety and Reliability in Geotechnical Engineering.” Journal of Geotechnical and Geoenvironmental Engineering, Vol. 126, No. 4, American Society of Civil Engineers, pp. 307 – 316, April.

Hynes-Griffin, M.E., & Franklin, A.G. (1984). “Rationalizing the Seismic Coefficient Method” Department of the Army, Waterways Experiment Station, Vicksburg, MS, USA, July.

Leshchinsky, B., & Ambauen, S. (2015). “Limit Equilibrium and Limit Analysis: Comparison of Benchmark Slope Stability Problems. Journal of Geotechnical and Geoenvironmental Engineering, 141(10), 04015043–1-04015043–8. https://doi.org/10.1061/(asce)gt.1943-5606.0001347.

Youd, T.L., I. M. Idriss, R. D. Andrus, I. Arango, G. Castro, J. T. Christian, R. Dobry, W. D. L. Finn, L. F. Harder, Jr., M. E. Hynes, K. Ishihara, J. P. Koester, S. S. C. Liao, W. F. Marcuson III, G. R. Martin, J. K. Mitchell, Y. Moriwaki, M. S. Power, P. K. Robertson, R. B. Seed, and K. H. Stokoe II. (2001). “Liquefaction Resistance of Soils: Summary Report from the 1996 NCEER and 1998 NCEER/NSF Workshops on Evaluation of Liquefaction Resistance of Soils.” Journal of Geotechnical and Geoenvironmental Engineering, Vol. 124 No. 10., October, pp. 817-833.

Rowe, R.K., P. Joshi, R.W.I. Brachman and H. McLeod. (2017). “Leakage through Holes in Geomembranes below Saturated Tailings.” Journal of Geotechnical and Geoenvironmental Engineering. 143(2).

Section 8 **Risk Management**

ICMM, 2015, “Critical Control Management, Implementation Guide”, International Council on Mining and Metals.

ICOLD Bulletin 158, 2018 International Commission on Large Dams, “Dam Surveillance Guide”.

Section 9 **Dam Failure/Breach Assessment**

CDA (Canadian Dam Association), 2021, “Technical Bulletin -Tailings Dam Breach Analysis”, ISBN 978-1-989760-02-04.

Jeyapalan, J.K., Duncan, M, Seed, H.B. (1983), “Investigation of Flow Failures of Tailings Dams”, Journal of Geotechnical Engineering. 1983, 109 (2): 172-189.

Lucia P.C, Duncan J.M. and Seed H.B, 1983 “Summary of research on case histories of Flow failure of mine Tailings impoundments”. Mine Waste Disposal Technology, Proceedings of the Bureau of Mines Technology Transfer Workshop, Denver, Colorado, 46-53.

Section 10 **Emergency Preparedness Activities**

MAC, 2021, “A Guide to the Management of Tailings Facilities Version 3.2”, March 2021, Mining Association of Canada, March 30, 2021.

Chapitre 11 – Construction

ISO 9000:2015. "Quality Management Systems—Fundamentals and Vocabulary". Geneva, Switzerland: International Organization for Standardization.

Chapitre 12 – Exploitation

MAC (Mining Association of Canada) 2021." Developing an Operation, Maintenance and Surveillance Manual, for Tailings and Water Management Facilities, Version 2.1", March 2021.

Section 11 **Construction**

ISO 9000:2015. “Quality Management Systems—Fundamentals and Vocabulary”. Geneva, Switzerland: International Organization for Standardization.

Section 12 **Operations**

MAC (Mining Association of Canada) 2021.” Developing an Operation, Maintenance and Surveillance Manual, for Tailings and Water Management Facilities, Version 2.1”, March 2021.

14. DÉFINITIONS

Analyse des modes de défaillance et de leurs effets (AMDE)

Méthodologie consistant à identifier les modes de défaillance possibles et leurs conséquences. Les risques de défaillance sont évalués en fonction de leur probabilité d'occurrence et de leurs conséquences. Un cadre de travail standardisé est typiquement utilisé pour la probabilité (habituellement divisée en 5 à 7 niveaux) et les conséquences (également réparties en 5 à 7 niveaux distincts) sur l'environnement, l'économie, la santé et la sécurité.

Analyse des problèmes potentiels (APP)

Une méthode systématique visant à faire l'inventaire des incidents possibles dans le cadre d'un projet en développement. Les causes des incidents identifiés sont associées à une probabilité d'occurrence et un à degré de gravité des conséquences potentielles.

Analyse déterministe de l'aléa sismique (DSHA en anglais, pour Deterministic seismic hazard analysis)

Une approche de l'analyse de l'aléa sismique qui consiste à utiliser les sources sismiques connues près du site ainsi que les données sismiques et géologiques historiques pour générer des événements ou des modèles à valeur unique de mouvements du sol sur le site.

Analyse multicritères et analyse des comptes multiples (ACM)

Les méthodes, techniques et outils qui tiennent compte explicitement de plusieurs objectifs et de plusieurs critères (ou attributs) dans le cadre des processus de prise de décision. Une méthode visant à atteindre un consensus parmi plusieurs intervenants, à tenir compte d'une vaste gamme d'options, à identifier des risques et à élaborer un plan prévoyant des mesures spécifiques.

Analyse probabiliste de l'aléa sismique (PSHA en anglais, pour Probabilistic Seismic Hazard Assessment)

Évaluation de l'amplitude du mouvement du sol qui sera excédée à une fréquence donnée ou avec une probabilité annuelle.

Approvisionnement axé sur le meilleur rapport qualité-prix

Un système d'approvisionnement qui, parallèlement au prix, tient aussi compte de facteurs tels que la qualité et l'expertise lors de la sélection des vendeurs ou des entrepreneurs.

Assurance de la qualité et contrôle de la qualité (AQ-CQ)

Processus visant à surveiller et à vérifier la qualité de la construction. L'assurance de la qualité désigne les procédés visant à mesurer la qualité de la construction à vérifier que la construction est conforme aux objectifs de conception. Le terme « contrôle de la qualité » désigne les mesures visant à faire en sorte que la construction du barrage reste conforme aux spécifications de la conception.

Aussi faible que possible dans la pratique (ALARP en anglais, pour As Low as Reasonably Practicable)

Il s'agit d'un principe de gestion selon lequel toutes les mesures raisonnables sont mises en œuvre pour réduire un certain risque afin qu'il reste en dessous d'un seuil de « tolérabilité » ou d'acceptabilité sociétale, des mesures supplémentaires étant considérées trop difficiles à mettre en œuvre ou entraînant des dépenses ou des impacts largement disproportionnés par rapport aux bénéficies obtenus. (adapté de la norme GISTM).

14. DEFINITIONS

Accountable Executive (AE)

One or more executives directly answerable to the CEO and who communicate(s) with the Board of Directors and is/are accountable for the safety of tailings facilities and minimizing the social and environmental consequences of a potential TSF failure. The AE may delegate responsibilities, but not accountability. (GISTM).

Acid and Metalliferous Drainage (AMD)

The outflow of metal affected water to the environment. May be acidic water, neutral and metalliferous (see below), or highly saline. AMD is exacerbated and accelerated with exposure of sulphidic tailings to oxygen and moisture. AMD is also known as acid mine drainage, or acid rock drainage (ARD).

Active Care Closure

A mine site phase of closure in which there is ongoing operation, maintenance, surveillance, inspection, and an ability to respond to emergencies at the tailings facility. The phase may be decades to hundreds of years long. The phase may involve wet closure covers and the management of ponds.

As Low as Reasonably Practicable (ALARP)

A principle of risk management which requires that all reasonable measures be taken to reduce the risk of a potential hazard to below the "tolerable" or societally acceptable risk limit until such actions are impracticable or until the cost and other impacts of additional risk reduction measures are "grossly disproportionate" to the benefit gained. (modified after GISTM).

Annual Exceedance Probability (AEP)

The probability that a particular event will be exceeded in any year. For example, a 1 in 1,000 AEP Storm is a storm event that produces a rainfall amount, occurring over a specific period of time, that has a 0.1% probability of being exceeded in any given year. Statistically, such an event is likely to be equalled or exceeded, on average, once in 1,000 years; however, it is a common misconception that such events occur only once in 1,000 years.

Best Value Procurement

A procurement system that looks at factors other than price, such as quality and expertise, when selecting vendors or contractors.

Change Management

The process of managing changes in projects during design, construction, and operation to reduce negative impacts to the quality and integrity of the TSF. The impact and consequences of changes vary according to how they are managed, among other things. Change management includes an evaluation of the change, a review and formal approval of the change, followed by detailed documentation, including drawings and, where required, changes to equipment, process, actions, flow, information, cost, schedule, or personnel.

Closure

A planned, final cessation of tailings disposal and the modification/engineering of the tailings dam with the objective of achieving long-term physical, chemical, ecological, and social stability, and a sustainable, environmentally appropriate after-use.

Barrage de stériles

Une barrière (barrage) construite pour retenir des résidus à l'intérieur d'un bassin. Ce barrage peut être construit à l'aide de n'importe quel type de matériau, le plus souvent à l'aide des stériles rocheux provenant de la mine.

Barrage ou remblai

Une barrière qui forme un réservoir ou un bassin capable de contenir de l'eau, des résidus ainsi que d'autres matériaux liquides et solides. Les barrages sont typiquement construits à l'aide d'enrochements, de terre, de stériles, en combinant accessoirement ces matériaux.

Bassin de décantation

Un bassin aménagé sur le site d'un barrage de stériles pour recueillir et décanter les eaux de pluie et les eaux de résidus libérées durant le tassement et la consolidation des résidus. Un tel bassin peut également être appelé bassin de récupération, bassin surnageant ou autres termes similaires.

Cadre supérieur responsable (CSR)

Sous la supervision directe du PDG, le ou les cadres supérieurs communiquent avec le conseil d'administration et sont responsables de sécuriser les installations de stockage des résidus et de minimiser les conséquences sociales et environnementales en cas de défaillance de l'une ou plusieurs de ces installations. Un CSR peut déléguer ses responsabilités, mais pas son obligation de rendre compte. (norme GISTM).

Compagnie de l'ingénieur désigné (compagnie de l'ID)

Une compagnie d'ingénierie agréée qui fournit sous contrat avec le propriétaire une prestation de services assurée par un ingénieur désigné. Le propriétaire doit au préalable examiner le dossier et approuver la personne proposée par la compagnie pour assumer ces fonctions.

Comportement contractant

Réduction du volume des matériaux soumis à un cisaillement. Si les matériaux cisaillés sont saturés ou très riches en eau, leur contraction s'accompagne d'une augmentation des pressions interstitielles dans la zone de cisaillement.

Comportement dilatant

Comportement de matériaux dont le volume augmente sous l'effet d'une contrainte de cisaillement. Si les matériaux cisaillés sont saturés ou très riches en eau, leur dilatation s'accompagne d'une augmentation des pressions interstitielles dans la zone de cisaillement.

Concepteur désigné

Personne possédant les qualifications et l'expérience nécessaires pour assumer la responsabilité de la conception de l'ISR. La même personne occupe habituellement le poste de concepteur désigné et d'ingénieur désigné.

Contrôles critiques

Contrôles préventifs qui, s'ils ne sont pas mis en œuvre, peuvent aboutir à la défaillance du barrage. Les contrôles critiques peuvent également permettre d'atténuer les conséquences des événements non désirés. Le défaut de mise en œuvre ou la mise en œuvre défectueuse d'un contrôle critique se traduit par une augmentation disproportionnée du risque malgré l'existence d'autres contrôles.

Comprehensive Dam Safety Review (DSR)

A review that includes an assessment of site conditions, dam stability, TSF operations, etc. The framework of the review should align with the Canadian Dam Association Guideline (CDA, 2013, or latest revision). A DSR is carried out by an independent engineer.

Contractive behaviour

Reduction of soil volume during shearing. If the sheared materials are saturated or have a high moisture content, the material contraction is accompanied by an increase of pore water pressures in the shear zone.

Critical Controls

Preventative controls, which if not implemented, could potentially lead to failure of the dam. Critical Controls can also mitigate the consequences of an undesirable event. The absence or failure of a critical control disproportionately increases the risk, despite the existence of other controls.

Dam or Embankment

A barrier, which forms a reservoir or impoundment and constructed to contain water, tailings, other liquid or solid materials. Dams are typically constructed of rockfill, earth, or tailings, or a combination of materials.

Dam Breach Assessment (DBA)

An assessment of the potential consequences of failure of the dam, including considerations of water transported tailings release and the potential for additional liquefied tailings release.

Decant pond

A pond within a tailings dam that allows collection and clarification of stormwater and tailings water that is released during settling and consolidation of tailings. May also be referred to as reclaim pond, supernatant pond, or similar term.

Design Basis Report (DBR) or Design Basis Document (DCD)

A comprehensive document(s) that provides the basis for the design, operation, construction, monitoring, and risk management of the TSF. Typically includes site conditions, geotechnical properties, design criteria, water management and environmental components. The DBR should be undated throughout the life phases of the TSF. The DBR is a record of the important design-related parameters for the TSF.

Designer of record

Person with appropriate qualifications and experience responsible for the design of a component of the TSF. Usually, the designer of record and the Engineer of Record are one and the same.

Deterministic seismic hazard analysis (DSHA)

An approach to seismic hazard analysis using the known seismic sources near the site as well as historical seismic and geological data to generate discrete, single-valued events or models of ground motion at the site.

Contrôles d'atténuation

Mesures de contrôle de la conception et de l'exploitation contribuant à réduire les conséquences d'une éventuelle rupture du barrage. Ces mesures peuvent aussi inclure des contrôles actifs effectués à l'aide de certains équipements ou des équipes d'intervention en cas d'urgence.

Contrôles préventifs

Mesures de contrôles de la conception et de l'exploitation visant à prévenir une défaillance du barrage ou la survenue d'un événement indésirable.

Crue de projet environnementale (CPE)

La crue maximale pouvant survenir avant que le déversement d'eaux non traitées dans l'environnement soit alors jugé acceptable.

Crue maximale probable (CMP)

La crue maximale susceptible de se produire. Habituellement estimée à partir de la hauteur de pluie maximale probable et, le cas échéant, de la fonte des neiges couplée aux pires conditions hydrographiques lors d'une crue.

Drainage acide et métallifère (DAM)

L'écoulement dans l'environnement d'eaux contaminées par des métaux. Il peut s'agir d'eaux acides, mais elles peuvent aussi être neutres tout en étant métallifères (voir ci-dessous) ou fortement salines. Le DAM est exacerbé et accéléré dans le cas d'une exposition de résidus sulfuriques à de l'oxygène ou à l'eau. Le DAM est aussi appelé « drainage minier acide » ou « drainage rocheux acide ».

Écoulement de boue de haute densité

Écoulement de boue de résidus à haute teneur en solides (poids des solides / (poids des solides + poids de l'eau)). La teneur typique en solides de ces boues est de l'ordre de 70 % en poids pour les résidus ayant une densité de 2,75.

Évaluation de la rupture du barrage

Une évaluation des conséquences potentielles qu'aurait la rupture du barrage. Cette analyse tient notamment compte de la possibilité de déversement de résidus entraînés par des écoulements et de déversement de résidus liquéfiés.

Fermeture

La fin planifiée de l'entreposage des résidus dans le barrage de stériles et la modification ou reconfiguration de celui-ci dans l'objectif d'assurer sa stabilité physique, chimique, écologique et sociale à long terme ainsi qu'une utilisation durable et écologiquement appropriée du site après sa fermeture.

Fermeture à long terme

La période qui fait suite à la fin des travaux de fermeture de la mine et de réhabilitation, lorsque le barrage de stériles entre dans une phase de surveillance visant à vérifier que sa sécurité sera maintenue sur le long terme. L'installation doit présenter un risque faible d'incident pouvant avoir des conséquences catastrophiques.

Dilative behaviour

A behaviour in which soil volume increases during shearing. If the sheared materials are saturated or have a high moisture content, the material dilation is accompanied by a reduction of pore water pressures in the shear zone.

Engineer of Record (EOR)

A qualified engineer responsible for providing assurance to the Owner that the TSF is designed, constructed, and performing in alignment with the current state of practice and in accordance with applicable regulations, statutes, guidelines, codes and standards. The EOR provides support during operation to advise the Owner whether the operation and performance of the facility is consistent with the design intent and according to recommended practice.

Engineer of Record Company (EOR Company)

A qualified engineering firm that contracts with an Owner to be responsible for providing EOR services. The EOR Company will appoint an individual as the EOR, subject to the review and acceptance of the Owner.

Emergency Preparedness and Response Plans (EPRP)

A plan documenting the potential failure modes of the dam and the preparedness and response plans required to address various levels of severity. Communication plans are developed for each level of severity. May be called Emergency Response Plan (ERP), Emergency Management Plan (EMP) or Dam Safety Emergency Plan (DSEP).

Environmental Design Flood (EDF)

The maximum flood inflow that can occur before release to the environment of untreated water has been determined to be acceptable.

Failure Modes and Effects Analysis (FMEA)

A methodology for identifying potential failure modes and consequences. The risks are assessed with respect to the likelihood of occurrence and the consequences. A standardized framework is typically used for likelihood (usually divided into 5 to 7 levels) and consequences (also commonly divided into 5 to 7 distinct levels) with respect to environment, finance, health and safety.

Global Industry Standard on Tailings Management (GISTM)

A set of safety, design, and governance standards, developed by the Global Tailings Review and directed at operators. The GISTM applies to existing and to-be built tailings facilities.

High Density Slurry Flow

Tailings slurry flow that has a high percent solids concentration (weight of solids /(weight of solids + weight of water)). Typical solids concentrations would be on the order of 70% by weight for tailings with a specific gravity of 2.75.

Hypothetical

Based on a suggested theory or idea (i.e., a hypothesis), which may or may not be true. In risk assessment, all hypothetical (i.e., theoretical) failure modes and failure scenarios are identified. Then, each hypothetical mode is evaluated through either statistical analysis, expert solicitation, a combination of both, or some other logical process, to identify whether each identified failure mode/ scenario is possible, as well as the likelihood of it occurring.

Fermeture de la mine

Les travaux mis en œuvre à partir de la fin des opérations d'exploitation minière et le démantèlement final ou la réhabilitation complète du site. La fermeture peut être seulement temporaire ou peut mener à une période d'entretien et de maintenance.

Fermeture avec entretien actif

Une des phases de la fermeture d'un site mettant encore en jeu des activités d'exploitation, de maintenance, de surveillance et d'inspection et une capacité d'intervention sur l'installation de stockage des résidus en cas d'urgence. Cette phase peut durer des décennies, voire des centaines d'années. Elle peut s'accompagner de la couverture aqueuse des bassins de résidus et de leur gestion.

Fermeture avec entretien passif

Correspond à la phase de fermeture durant laquelle les services de maintenance se réduisent à ceux nécessaires à l'utilisation prévue pour la zone à long terme. Aucun personnel n'est alors requis à temps plein sur le site. Le barrage peut toujours être inspecté, mais de manière moins fréquente. Les sites faisant l'objet d'un entretien passif peuvent être transférés à un autre propriétaire et leur bail de location annulé. À ce stade, la topographie du barrage de stériles peut être assimilée à une forme de « relief » possédant des caractéristiques semblables à celles d'autres éléments naturels.

Gestion des changements

Il s'agit de la gestion des changements qui surviennent au cours d'un projet, durant les phases de conception, de construction et d'exploitation, l'objectif étant de réduire les impacts négatifs de ces changements sur la qualité et l'intégrité de l'ISR. L'impact et les conséquences des changements dépendent entre autres de la manière dont ils sont gérés. La gestion des changements comprend leur évaluation, un examen conduisant à leur éventuelle approbation officielle, une documentation détaillée incluant des plans et, le cas échéant, les modifications à apporter aux équipements, aux processus, aux actions, aux flux, à l'information, aux coûts, aux calendriers et au personnel.

Gestion des incidents

Système permettant de documenter les incidents survenant sur le site de l'ISR, de définir les mesures correctives et de les mener à bien.

Global Industry Standard on Tailings Management (GISTM – Norme industrielle internationale pour la gestion des résidus miniers)

Un ensemble de normes concernant la sécurité, la conception et la gouvernance, élaborées par Global Tailings Review à l'attention des exploitants. Les normes GISTM s'appliquent aussi bien aux installations existantes qu'aux installations en projet.

Hypothétique

Basé sur une théorie ou une idée proposée (c.-à-d., une hypothèse), qui peut être ou non correcte. Dans le cadre de l'évaluation des risques, on identifie tous les modes et scénarios de défaillances hypothétiques (théoriques). Chacun de ces modes hypothétiques est ensuite évalué en le soumettant à une analyse statistique, à une évaluation par des experts, à une combinaison des deux, ou à d'autres processus visant à déterminer si son occurrence est possible et dans l'affirmative, quelle probabilité on peut lui associer.

Impoundment

The area containing the tailings and decant water that is confined by the tailings dam and natural barriers.

Incident Management

A system to document incidents at the TSF, with corrective actions identified and completed.

Long term Closure

The period after Mine Closure and rehabilitation works are completed and the tailings dam enters a period of long-term monitoring to confirm it is likely to perform safely into the long-term. The facility should have a low risk of a catastrophic consequence.

Leading International Practice

Practice that "has consistently shown results superior to those achieved with other means, and that is used as a benchmark". Note that "leading international practice" evolves as improvements are developed, which is particularly relevant for tailings dams where understanding and technologies continue to develop.

Liquefaction

A phenomenon whereby a saturated or partially saturated soil substantially loses strength and stiffness in response to an applied stress, usually earthquake shaking or other sudden change in stress condition, causing it to behave like a liquid (Hazen, 1918).

Liquefied Shear Strength

See residual undrained shear strength.

Maximum Credible Earthquake (MCE)

The largest reasonably conceivable earthquake that is considered possible along a recognised fault or within a geographically defined tectonic province, under the presently known or presumed tectonic framework. The most severe ground motion affecting a tailings dam site due to an MCE scenario is referred to as the MCE ground motion.

Mine Closure

The work process between when the operating stage of a mine is ending or has ended, and the final decommissioning or rehabilitation is completed. Closure may only be temporary or may lead to a period of care and maintenance.

Mitigating Controls

Design and operational controls that reduce the consequence of a dam failure. These may also include active controls with equipment and emergency response teams.

Multi Criteria Analysis (MCA) - Multiple Accounts Analysis (MAA)

Methods, techniques, and tools that explicitly consider multiple objectives and criteria (or attributes) in decision-making processes. A method to build consensus among stakeholders, consider a wide range of options, identify potential risks, and develop a plan with specific actions.

Ingénieur désigné (ID)

Un ingénieur qualifié responsable de démontrer au propriétaire que l'ISR est conçue, construite et exploitée conformément aux pratiques en vigueur et aux règlements, lois, lignes directrices, codes et normes applicables. L'ID offre également un soutien durant l'exploitation afin d'informer le propriétaire du degré de conformité des performances de l'installation aux objectifs de conception et aux pratiques recommandées.

Installation de stockage des résidus (ISR)

Une installation conçue pour le stockage des résidus et la gestion des eaux afférentes. L'ISR inclut les barrages ainsi que les systèmes de déposition des résidus, mais aussi les systèmes de récupération, de gestion et de traitement des eaux ainsi que les ouvrages techniques et les structures associés. Les bassins peuvent ainsi contenir de l'eau, des résidus de traitement des minerais filtrés ou bruts ainsi que des sédiments.

Liquéfaction

Le phénomène par lequel un sol saturé ou partiellement saturé perd une fraction importante de sa résistance et de sa rigidité sous l'action d'une contrainte, habituellement une secousse sismique ou toute autre modification soudaine des contraintes, et se comporte alors comme un liquide (Hazen, 1918).

Liquéfaction statique

La liquéfaction est causée par une augmentation rapide de la pression interstitielle dans des sols contractants soumis à un cisaillement monotonique non drainé. Le terme est généralement synonyme d'« écoulement par liquéfaction ».

Manuel d'exploitation, de maintenance et de surveillance (EMS)

Document contenant des plans, des procédures et des procédés axés sur l'exploitation, la maintenance et la surveillance d'une ISR. Aussi appelé plan de gestion ou plan d'exploitation, le manuel EMS vise à faciliter la gestion des risques et à améliorer les performances de l'ISR. Le manuel EMS contient également une définition et une description des rôles, des responsabilités et des différents niveaux d'autorité.

Meilleures pratiques internationales

Pratiques réputées conduire de manière manifeste aux résultats les plus satisfaisants et souvent utilisées comme référence. Ces pratiques évoluent avec le temps, en particulier pour ce qui est de la gestion des barrages de stériles qui bénéficie continuellement de l'amélioration des technologies et des connaissances.

Plan d'action en cas d'élément déclencheur (en anglais « TARP » pour Trigger Action Response Plan)

Un outil permettant de gérer les mesures de contrôle des risques, y compris les contrôles critiques. Un plan d'action en cas d'élément déclencheur (l'acronyme anglais TARP est parfois utilisé) a notamment pour objectif d'identifier les différents niveaux de déclenchement en fonction des objectifs de performance et du plan de gestion des risques élaboré pour l'installation de stockage des résidus. Il offre une description des mesures à mettre en œuvre si ces niveaux sont excédés.

Plan de préparation et de réponse aux situations d'urgence

Plan qui documente les modes de défaillance possibles du barrage et les plans de préparation et d'intervention nécessaires pour faire face à divers niveaux de gravité. Des plans de communication sont élaborés pour chaque niveau de gravité. On parle également du plan d'intervention en cas

Operations, Maintenance and Surveillance (OMS) Manual

A document containing plans, procedures, and processes for the operation, maintenance, and surveillance of a TSF. Also called a Management Plan, Operations Plan, or an equivalent title, an OMS is intended to facilitate improved risk management and TSF performance. The OMS also defines and describes roles, responsibilities, and levels of authority.

Passive Care Closure

The closure phase where the maintenance requirements are reduced to a level consistent with the designated long-term land use. There is no full-time site presence, although the dams may still be inspected, but on a less frequent basis. Sites in passive care may be eligible for transfer of ownership and the leasehold relinquished. At this stage, the topography of the tailings dam could be described as a 'land-form' with similar characteristics as other natural features.

Post Liquefaction Strength

See Residual Undrained Shear Strength.

Potential Problem Analysis (PPA)

A systematic method for determining what could go wrong in a plan under development. The problem causes are rated according to their likelihood of occurrence and the severity of their consequences.

Preventative Controls

Design and operational controls that are in place to prevent a dam failure or unwanted event.

Probable Maximum Precipitation (PMP)

The greatest depth of precipitation for a given duration, meteorologically possible for a given size storm area at a particular time of year, with no allowance made for long-term climatic trends.

Probable Maximum Flood (PMF)

The largest flood that could conceivably occur. Usually estimated from probable maximum precipitation, and where applicable, snow melt, coupled with the worst flood-producing catchment conditions.

Probabilistic Seismic Hazard Assessment (PSHA)

An evaluation of the ground motion level that will be exceeded at a specific frequency or annual probability.

Quality Assurance and Quality Control (QA/QC)

Processes for monitoring and confirming the quality of construction. Quality Assurance refers to the processes that measure the quality of construction and that construction meets the design intent. Quality Control refers to the processes that ensure dam construction meets the specifications for design.

Residual Shear Strength

In the context of this Bulletin, as is a common practice in the technical literature of some regions of the world, the term "residual shear strength" applies to a minimum value of soil strength after the soil has reached and exceeded a yield (i.e., peak) strength and has deformed to such an extent as no further reduction in shear strength occurs. This condition may be caused by cyclic liquefaction, static (flow) liquefaction, or historical deformations. In some regions of the world, the term is strictly

d'urgence, du plan de gestion des situations d'urgence ou du plan d'intervention d'urgence pour la sécurité du barrage.

Pluie maximale probable (PMP)

La plus importante hauteur de pluie possible, d'un point de vue météorologique, pour une durée donnée ou une surface donnée, à un moment donné de l'année, sans tenir compte de l'évolution du climat.

Probabilité annuelle de dépassement (PAD)

La probabilité qu'un événement dépasse une certaine cote au cours d'une année quelconque. Par exemple, une tempête associée à une PAD de 1/1000 est une tempête accompagnée d'une hauteur de précipitation, sur une durée donnée, dont la probabilité de dépassement sur une année quelconque est de 0,1 %. Statistiquement, un événement entraînant des précipitations d'un niveau égal ou supérieur surviendra en moyenne une fois tous les mille ans; une idée fausse largement répandue associe une PAD de 1/1000 à une fréquence de 1 tous les mille ans.

Processus de gestion des risques

Le processus consistant à appliquer systématiquement des politiques, des procédures et des pratiques de gestion pour identifier, analyser, évaluer, traiter, surveiller et examiner les risques.

Raisonnablement faisable

Cette expression qualifie la mise en œuvre de précautions pouvant être mises en œuvre dans les limites du raisonnable en matière de gestion de la sécurité. Un des aspects clés de ce concept est qu'il n'existe pas de seuil minimal de risque en deçà duquel tout risque sera considéré automatiquement comme étant tolérable. Un risque est en effet considéré comme étant « tolérable » si et seulement si aucune mesure supplémentaire d'atténuation, réalisable dans la pratique, ne peut être en mise en œuvre. (https://r4risk.com.au/wp/webinar/sfairp-what-is-it-and-how-to-get-there/ [en anglais]). La différence entre un risque « aussi faible que possible dans la pratique » et des mesures d'atténuation « raisonnablement faisables » est relativement obscure et relève généralement de documents ou de mesures juridiques.

Réponse non drainée

Conditions dans lesquelles la pression d'eau interstitielle change (en augmentant ou en diminuant) à l'intérieur d'une masse de matériaux à la suite d'une modification de la contrainte ou de déformations.

Résidus

Les matériaux résiduels produits par un procédé métallurgique ou d'extraction à partir d'un minerai. Les résidus sont typiquement formés de particules de sable, de limon et d'argile.

Résistance au cisaillement après liquéfaction

Voir résistance au cisaillement non drainé résiduelle.

Résistance au cisaillement non drainé résiduelle.

Dans ce bulletin, l'expression « résistance au cisaillement non drainé résiduelle » désigne la valeur minimale que la résistance au cisaillement atteint après être passée par un maximum et alors que le matériau en question a subi un écrouissage négatif, un comportement qui résulte typiquement de la liquéfaction ou de contraintes importantes. Dans le présent bulletin, l'expression « résistance au cisaillement non drainé résiduelle » est synonyme de termes tels que « résistance à l'état liquéfié » (ou « résistance liquéfiée »), « résistance post-liquéfaction », « résistance à l'état d'écoulement permanent », « résistance à l'état critique » et « résistance à grande déformation ».

applied to clays that have undergone complete particle reorientation due to extensive deformation. In this Bulletin, the term "residual undrained shear strength" is applied to a special case of residual strength that arises from an undrained shearing failure, as further defined below.

Residual Undrained Shear Strength

In this Bulletin, the term "residual undrained shear strength" applies to the minimum value of shear strength that occurs after reaching a peak value and undergoing undrained strain-softening behavior, typically resulting from liquefaction or large strains. In this Bulletin, the term "residual undrained shear strength" is synonymous with terms such as liquefied strength, post-liquefaction strength, steady state strength, critical state strength, and large-strain strength.

Responsible Site Person (Responsible Tailings Facility Engineer)

A person appointed by the Operator to be responsible for the tailings facility. The person must be available during construction, operations, and closure and have qualifications and experience at a level matching the complexity of the TSF. The RSP is typically responsible for the scope of work and budget requirements for the TSF, including risk management. The Responsible Site Person may delegate tasks and responsibilities for aspects of tailings management, but not accountability. If the RSP is an engineer, they may be referred to as the Responsible Tailings Facility Engineer (RTFE).

Risk Management Process

A process of systematic application of management policies, procedures, and practices to identify, analyze, evaluate, treat, monitor, and review risk.

So Far As Is Reasonably Practical (SFAIRP)

A framework aiming to ensure that all "reasonably practicable" precautions are put in place to manage safety. A key aspect of SFAIRP is that there is no lower limit of risk that is automatically considered tolerable. Risk is considered tolerable if, and only if, there are no further practicable risk reduction measures available for implementation. (https://r4risk.com.au/wp/webinar/sfairp-what-is-it-and-how-to-get-there/). The differences between SFAIRP and ALARP in practice are relatively obscure and are generally determined in legal documents or by legal actions.

Static Liquefaction

Liquefaction is caused by a rapid increase of pore water pressures resulting from an undrained response of contractive soils subject to monotonic shearing. Generally synonymous with the term "flow liquefaction".

Tailings

Residue produced from ore or metallurgical processes. Tailings typically comprise sand/silt/clay particles.

Tailings Dam

A barrier (dam) constructed to contain tailings within an impoundment. The barrier (dam) may be constructed of any type of material — the term tailings dam does not imply a dam constructed out of tailings materials.

Tailings Storage Facility (TSF)

A facility that stores tailings and manages water related to the tailings. The TSF refers to the dams, tailings discharge and water reclaim systems, water management and treatment systems, and associated engineering works and structures. TSFs also include associated dams that may store water, process residues, sediment, or filtered tailings.

Résistance au cisaillement résiduelle

Dans le contexte de ce bulletin, comme dans celui des ouvrages techniques publiés dans certaines régions du monde, l'expression « résistance au cisaillement résiduelle » désigne la résistance du terrain après que celui-ci a atteint puis dépassé une résistance maximale avant de se déformer suffisamment pour atteindre une résistance résiduelle minimale stable. Cet état peut résulter d'une liquéfaction cyclique, d'une liquéfaction statique (écoulement) ou d'anciennes déformations. Dans certaines régions du monde, le terme ne s'applique qu'aux argiles dont les particules ont été complètement réorientées sous l'effet d'une importante déformation. Dans le cadre du présent bulletin, l'expression « résistance au cisaillement non drainé résiduelle » désigne un cas spécial de résistance résiduelle qui résulte d'une défaillance sous cisaillement non drainé, comme précisé ci-dessus.

Résistance post-liquéfaction

Voir résistance au cisaillement non drainé résiduelle.

Responsable de site (ingénieur responsable de l'installation de stockage des résidus miniers)

La personne désignée par l'exploitant pour assumer la responsabilité de la gestion de l'installation de stockage des résidus miniers. Cette personne doit être disponible durant la construction, l'exploitation et la fermeture de l'installation et posséder des qualifications et une expérience adéquates pour le niveau de complexité de l'ISR. Le responsable de site est habituellement responsable de la portée des travaux et des exigences budgétaires liées à l'ISR, notamment pour la gestion des risques. Le responsable de site peut déléguer certaines de ses tâches et responsabilités liées à la gestion des résidus, mais pas son obligation de rendre compte. Si le responsable de site est un ingénieur, son poste peut porter l'intitulé d'« ingénieur responsable de l'installation de stockage des résidus ».

Retenue

Le secteur contenant les résidus et l'eau de décantation, confiné par le barrage de stériles et des barrières naturelles.

Revue détaillée de la sécurité du barrage (RDSB)

Une revue qui comprend une évaluation des conditions qui prévalent sur le site, de la stabilité du barrage, des opérations d'exploitation de l'ISR, etc. Le cadre de travail de cette revue doit être conforme aux directives publiées par l'Association canadienne des barrages (ACB, 2013, ou version plus récente). La RDSB est réalisée par un ingénieur indépendant.Un document détaillé exposant les bases de la conception, de l'exploitation, de la construction, de la surveillance et de la gestion des risques pour une ISR.

Document énonçant les fondements de la conception.

Ce document décrit habituellement les conditions qui prévalent sur le site, ses propriétés géotechniques, les critères de conception, la gestion de l'eau et les composantes environnementales. Il doit être mis à jour tout au long du cycle de vie de l'ISR. Ce document est un registre des paramètres importants concernant la conception de l'ISR.

Séisme maximal probable (SMC)

Le séisme le plus intense raisonnablement envisageable, dont l'occurrence est jugée possible le long d'une faille reconnue ou à l'intérieur d'une province tectonique délimitée géographiquement, dans le contexte tectonique tel qu'il est aujourd'hui connu ou présumé. Le plus intense mouvement du sol affectant un barrage de stériles à la suite d'un SMC est qualifié de « secousse SMC ».

Trigger Action Response Plan (TARP)

A tool to manage risk controls, including Critical Controls. A TARP identifies trigger levels based on the performance objectives and risk management plan for the tailings facility and describes actions to be taken if the levels are exceeded.

Undrained Response

Condition under which pore water pressure changes (increases or decreases) in a mass of soil resulting from a change in stress or strain.

15. APPENDIX A: SHEAR STRENGTH AND DEFORMATION BEHAVIOUR

TABLE OF CONTENTS

A.1 INTRODUCTION

When evaluating the stability of a tailings dam, it is important to understand the underlying principles of soil mechanics and the specific behaviors of the materials that influence the stability of the dam. Although the precepts of shear strength and deformation behavior of soils (including tailings) have been known and published within the geotechnical engineering literature for many decades (some key aspects for more than a century), recent catastrophic failures have revealed a lack of understanding of the mechanical behavior of tailings among some tailings dam practitioners, especially when materials exhibiting "contractive" behavior are present.

This appendix describes the key principles of shear strength and deformation behavior, with an emphasis on tailings. It is expected that the reader has some background in science and engineering and a fundamental understanding of mechanics of materials, at a minimum. The concepts in this chapter must be understood by designers and technical personnel supporting the operation of tailings dams as a foundation to performing and applying slope stability evaluations. A full explanation of soil mechanics and shear strength behavior is beyond the scope of this bulletin, and the interested reader should refer to many textbooks, keynote lectures and papers published on the subject. Documents published by the International Society of Soil Mechanics and Geotechnical Engineering (ISSMGE) are freely available from the ISSMGE webpage.

While this appendix emphasizes tailings materials, the principles also apply to soils in the foundation and other structural zones of a tailings dam.

A.2 FUNDAMENTAL CONCEPTS OF SOIL BEHAVIOUR UNDER SHEARING

Shearing of a soil mass occurs when a change in the stress state is introduced either by changes in external loading, changes in pore water pressure, changes in the soil matrix, or a combination thereof. The response of the soil mass to the change in stress (i.e., the shear response) is a highly complex process that involves the interaction of particles, water, and sometimes air within the soil matrix. Soil particles, which are formed by a wide range of elemental materials (i.e., minerals) with vastly different intrinsic properties, interact during shearing by colliding, sliding, rotating, and otherwise moving in relation to other particles within the soil matrix, as the water and/or air in the surrounding void space redistributes in response to the ongoing particle rearrangement.

The shear strength of a soil is the amount of shearing resistance (or shear stress) mobilized at some defined criterion, usually corresponding to the peak, critical state, or residual condition (Mitchell and Soga, 2005). Shear resistance in soils is understood to be proportional to the normal effective stresses between particles within the matrix of the sheared soil, effective stress being the difference between the total stress and the pore water pressure (which may be either positive or negative with respect to atmospheric pressure). In reality, though, shearing resistance is a function of multiple variables, including effective stress, friction angle, cohesion, void ratio, soil composition, stress history, temperature, strain, strain rate, and structure. Chemical and mechanical bonding of particles and/or interlocking of the particles may also contribute to the shear resistance of soils in some cases. Because the soil mass is a collection or arrangement of particles and not a rigid body, changes in the effective stress are accompanied by deformation (strain) as the particles move in relation to each other. This stress-strain relationship is interactive: a change in stress results in strain (deformation), and strain results in a change in stress.

As a soil experiences shear strain, shear resistance is mobilised through engagement of particles in the stress-strain interactions. As shearing progresses, the position, orientation, and the number of engaged soil particles change, and is accompanied by volumetric changes of the soil mass (unless the volume change is prohibited by physical constraints). A soil experiencing reduction of volume (i.e., changing from loose to dense) during shearing is referred to as being ***contractive,*** and a soil that experiences increase in volume during shearing is referred to as being ***dilative***. The contraction and dilation phenomena of sheared soils are discussed further in Section A.2.2. A soil that is dilative at a particular stress state may become contractive at a different stress state, i.e., a soil is not necessarily always dilative (or contractive).

If the void spaces (i.e., pores) are filled with water, the changes in the particles' arrangement causes water to flow into or out of the changing pore spaces. If the flow of water into or out of the soil mass is prevented or impeded, the shear-induced rearrangement of particles results in a change in pore water pressure, since water is an incompressible fluid (for the purposes of soil mechanics). These pore pressure changes increase or decrease the effective stress between the particles, which correspondingly increases or decreases the shear resistance and the soil's ability to resist further rearrangements of soil particles. The greater the change of the pore water pressure during shearing, the greater impact it has on the soil's ability to resist further deformations.

If the soil has sufficient drainage capacity to concurrently dissipate the shear-induced changes of pore water pressures and drainage is not otherwise inhibited, the shearing is referred to as ***drained***. Under drained conditions, changes in effective stress are the result of changes in the applied load only, and there is no effect of pore pressure on the soil's shear resistance. However, if drainage from or to the sheared soil is prevented, or significantly inhibited, the shear condition is generally referred to as ***undrained.*** In this case, the effective stress is modified by both the shear-induced changes in pore water pressure and the changes in the applied stress. Since the prevention of drainage means that no volume change can occur, the undrained condition is also referred to as constant-volume shearing (which is not to be confused with the critical state, as described in Section A.2.2). In undrained shearing, the soil's resistance to deformation is affected by the change in effective stress brought about by the change in pore water pressure induced by shearing (also referred to as excess pore water pressures), as discussed further in Section A.2.1 and A.2.3.

The rearrangement of particles, and the resulting effects on volume change, excess pore pressure generation and dissipation, and potential change in shearing resistance, continue as the soil continues to deform until a terminal phase is reached. The acting stresses and the soil structure at the terminal stage reach an equilibrium, and the soil can be continuously sheared at the same shear stress without measurable changes of structure. This terminal state of constant-volume shearing is often referred to as the critical state. At the critical state, a soil will continue deforming at constant shear stress without experiencing further changes in volume or effective normal stress.

Understanding the continuous changes in the structure and effective stresses within the soil mass during shearing and the terminal stage is the essential basis of predicting how soil will behave under different loading scenarios. Four fundamental concepts that must be understood to predict the shear strength behavior of foundation soils and tailings materials as required for dam safety analysis are:

- drained versus undrained shearing;
- dilative versus contractive behavior;
- strain-softening versus strain-hardening; and
- brittle versus ductile behavior.

These concepts are described in Sections A.2.1 through A.2.4.

A.2.1 DRAINED VERSUS UNDRAINED SHEARING CONDITIONS

It is common in practice to refer to soil shear strength as either "drained shear strength" or "undrained shear strength" to recognize the dependence of soil behavior on the drainage conditions under which shearing occurs. However, these terms need to be clearly understood and carefully applied. In fact, these are short-hand versions of what would be more correctly presented as, for example, "the shear strength occurring under fully drained conditions".

The division into two opposing conditions of drained versus undrained is an oversimplification that sometimes leads to misunderstanding of soil behavior. Perfectly drained or undrained conditions are typically achievable only in laboratory conditions where a soil sample can be isolated and the drainage conditions and applied stresses and/or strain rate can be controlled.

In the triaxial test, a specimen of the soil is encased in an impermeable membrane and water flowing into and out of the soil is controlled by a valve. When the valve is closed, drainage is prevented, and undrained conditions are forced to occur (so long as the specimen is fully saturated). When the sample drain valve is left open during shearing, drained conditions are *allowed* but not necessarily *achieved* where the soil shearing physically occurs. To maintain the drained conditions within the soil sample, the rate of strain must be slow enough such that all excess pore pressures are allowed to dissipate as shearing takes place. This type of test is called a strain-controlled test and is the most common in practice. Although strain-controlled tests are useful to understand the stress-strain behavior of the tested soil, they do not strictly represent what occurs in real-world settings where the rate of strain is not controlled.

Stress-controlled tests, in which shearing occurs under predefined stress levels, do not limit the rates at which the sample is strained, thus better represent in situ conditions. Stress-controlled triaxial tests completed on very loose samples of cohesionless soils have shown sudden dramatic failures even though the drainage valve was left open allowing for drained conditions. In these cases, even though drainage was allowed, the failure occurred in an undrained manner because the rate of pore pressure generation within the shear zone exceeded the rate of pore pressure dissipation. In other words, there was insufficient time for the water to flow out of the shearing zone to any significant degree during the failure. When the failure of the sample occurs in a such rapid manner, the rate of strain in a stress-controlled test cannot be reliably measured, making the test interpretation difficult.

As shear resistance of soils is directly proportional to the effective stresses in the soil matrix, shearing behavior of soils depends on the rate at which the effective stress changes. The rate of change in effective stress is not necessarily the rate at which external load is applied to the soil mass. The true rate of concern is the rate of pore pressure generation, which may be almost instantaneous, especially in loose, brittle materials. Thus, the rate of pore pressure generation compared to the rate of excess pore pressure dissipation is the key differentiator between drained and undrained conditions in real-world settings.

The rate of pore pressure dissipation is related to the hydraulic conductivity of the soil and the length of the drainage path. It must be emphasized that drained conditions may not be sustainable (or achievable) in loose cohesionless soils or where weak particle-to-particle bonding is found. These soils may exhibit a sudden change from drained to undrained behavior, resulting in rapid excess pore pressure generation with associated dramatic reductions in effective stress and shear strength, even if the soils are of high hydraulic conductivity.

The so-called drained strength applies to dry soils, which cannot generate pore water pressures, and to saturated soils when the condition of full dissipation of excess pore pressures is met. When performing a limit equilibrium stability analysis, drained strength can also be correctly applied to saturated soils that are dense enough to dilate during shearing. In this case, dilation of the dense soil during undrained shearing will result in negative pore pressure generation, resulting in the drained strength being less than the undrained strength until the pore water pressures are dissipated.

The drained strength (S_d) is typically represented by a friction angle, f¢, and a cohesion value, c¢, which are referred to as “effective stress parameters”, following the effective shear strength theory introduced by Terzaghi in the 1920s, using the following equation (Mohr-Coulomb equation):

$$s_d = \tau_{ff} = \sigma'_{ff} \tan \phi' + c'$$

where τ_{ff} is the shear stress at failure on the failure plane and s'_{ff} is the normal effective stress on the failure plane. Most soils do not have a true cohesion, but because the failure line is usually curved at low effective stress, the cohesion intercept, c', is sometimes used to approximate the true strength at very low effective stress. As a reminder, there is no aspect of the drained strength that is affected by shear-induced excess pore pressure because excess pore pressure is — by definition — assumed to be zero for drained conditions. Drained strengths are unlikely to be relevant at all to a saturated, contractive material because of the rate aspects described earlier.

The term undrained shear strength applies to the soil behavior observed when the dissipation of excess (shear-induced) pore pressures is prevented or inhibited. If the pore water pressures generated during shearing can be measured or reliably calculated, the undrained shear resistance at any state can be expressed in terms of the effective strength parameters. For contractive soils, the excess pore pressures generated during shearing are positive (meaning they reduce the effective stress) and may be a significant component of the total pore pressure. However, given the difficulties in measuring or accurately predicting the true pore pressures along the shearing surface during undrained loading, the undrained strength is often formulated in terms of total stresses. The basic definition of undrained shear strength using total stresses is:

$$s_u = \frac{(\sigma_1 - \sigma_3)_f}{2}$$

i.e., half the difference between the major (σ_1) and minor (σ_3) principal stress at failure, or the radius of the largest Mohr circle.

The undrained shear strength is also often represented using a stress ratio ($S_u/\sigma'_{v,0}$) where $\sigma'_{v,0}$ represents the initial vertical effective stress prior to initiation of shearing. This latter formulation is particularly useful when determining the increase in undrained strength during staged loading.

For dilative soils, the pore pressures generated during shearing are predominantly negative, which increases the effective stress and thereby increases the shear resistance under undrained conditions. Therefore, for dilative materials subject to potential undrained shearing conditions, when carrying out a limit equilibrium analysis, it is appropriate to use effective stress parameters because the undrained shear strength of a dilative soil will temporarily be higher than the drained strength but cannot be sustained indefinitely (eventually the excess pore pressures will return to zero).

Note that an underlying assumption for both the drained and undrained conditions is that all voids between solid particles are filled with an incompressible fluid (water) that fully transmits pressure changes. However, soils that are less than 100% saturated can also exhibit undrained shearing behavior. See Section A.6.2 for further guidance.

A.2.2 DILATIVE VERSUS CONTRACTIVE BEHAVIOR

The concept of dilatancy as a foundational element of soil behavior was introduced by Reynolds (1885) and advanced by Taylor (1948) and Rowe (1962), among others. Dilatancy refers to the change in volume during shearing. The application of dilatancy (using terms like contractive and dilative) to undrained (constant volume) shearing may be confusing, because the undrained soil mass does not actually experience volumetric changes. The original meaning of dilatancy has been extended in common geotechnical practice to also describe the increase or decrease in pore water pressures during undrained shearing. Soils that exhibit increase of pore water pressure during undrained shearing are commonly referred to as being contractive, and soils exhibiting reduction of pore water pressure during shearing are referred to as being dilative. Dense dilative soils tend to contract slightly at small strains but dilate at larger strains. Hence, the terms dilative and contractive represent behavior at large strains.

The concept of dilatancy eventually led to critical state soil mechanics (CSSM), which presents a general framework of soil behavior highlighting the importance of changes in volume, pore water pressures and effective stress to understanding and modeling soil response. CSSM theory (Casagrande 1936, Roscoe et al., 1958; Schofield and Wroth, 1968; Jefferies and Been, 2016; and others) refers to the point of balance of the stress field and the structure at the critical state, where the material will not undergo any further volume change as it continues to deform (i.e., shear) under the application of a constant stress. The behaviour of a soil at this critical state is represented by the critical void ratio, e, which for the purpose of simplification is considered unique to each soil for a given effective stress condition. Using continuum mechanics, the stress field is simplified, when considering the results from triaxial tests, to the mean effective principal stress (p') and the deviator stress (q), which is defined as the difference between the major and minor principal stresses[1]. All the points of balance between the structure and stresses for a given soil (i.e., the critical states) can thus be reduced to a single surface in the plotted space of p', q, and e (void ratio), as illustrated in Figure A-1[2]. All stress paths of both drained and undrained shearing terminate at the Locus of Critical State (CSL), provided that sufficient shearing can occur to achieve the critical state. The CSL is shown in the three-dimensional p′–e–q space in Figure A-1 and is more commonly presented in two-dimensional space of e-log p′, as illustrated in Figure A-2.

---

1 There are two conventions used in plotting stress paths: the convention used by Massachusetts Institute of Technology (MIT) and a similar convention from Cambridge University. The MIT method considers q as $(s¢_1\text{-}s¢_3)/2$ and p¢ as $(s¢_1+s¢_3)/2$. The Cambridge method considers q as $s¢_1\text{-}s¢_3$ and p¢ as $(s¢_1+ s¢_2+ s¢_3)/3$, which for a triaxial test is equal to $(s¢_1+ 2s¢_3)/3$.

2 Note that the stress paths illustrated in Figure A-1 are represented of isotropically-consolidated undrained triaxial tests, where q is initially equal to zero, for simplicity of the illustration. In field conditions, the initial q is frequently non-zero.

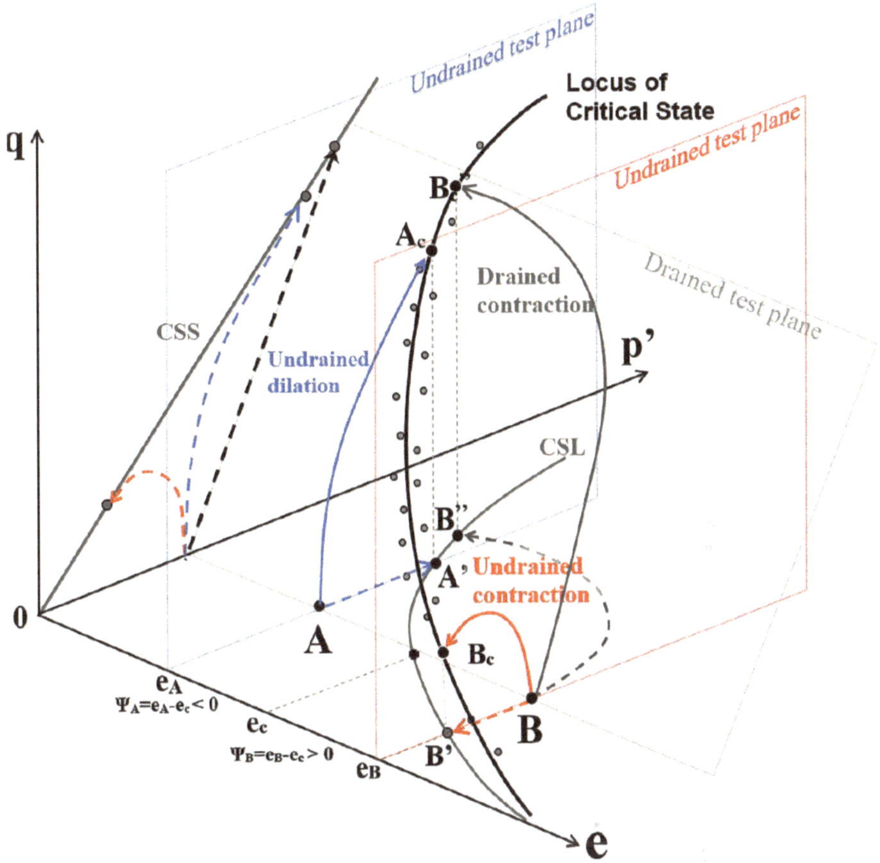

Figure A-1
Illustration of critical state locus and state parameter in e-p'-q space for isotopically consolidated triaxial compression tests

The CSL should be understood as a projection of the soil behavior into the p', q, e space and would be better represented by a band of potential critical state points (indicated by the small circles in Figure A-1) rather than a single line to capture the uncertainty associated with the adopted simplifications. Irrespective of the simplifications, the CSSM is a useful framework for explaining the basic principles of soil mechanics and the multivariable processes of soil shearing.

When a soil exists in a state where the void ratio is greater than the void ratio associated with the CSL at a given stress state, and a shear stress is applied (i.e., a change in the stress state occurs), the soil will contract until it reaches a critical void ratio on the CSL. The contraction toward the CSL will be accompanied by a reduction in void ratio, change of effective stress, or a combination of the two. If the soil exists in a state where the void ratio is less than the void ratio associated with the CSL and a load is applied, it will dilate toward the CSL through increasing its void ratio, changing the effective stresses or a combination thereof.

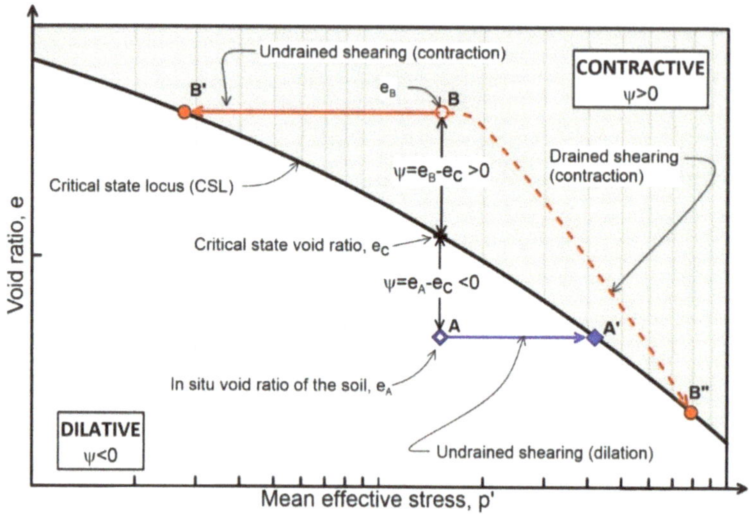

Figure A-2
Illustration of critical state locus and state parameter in e-log p' space

The difference between the initial void ratio and the critical void ratio (i.e., the CSL) at any value of mean effective stress is defined as the state parameter, ψ, as illustrated in Figure A-1 and Figure A-2. Negative values of the state parameter indicate a denser-than-critical (i.e., dilative) state and positive numbers indicate a looser-than-critical (i.e., contractive) state. So, a soil existing at any state above and to the right of the CSL in Figure A-2 is described as contractive and a soil at a state below and to the left is described as dilative.

If drainage is prevented, then the volume of the soil cannot change during shearing, and the pore water pressure will change instead. Two undrained (constant-volume) shearing paths are represented by red and blue lines in Figure A-1 and Figure A-2 to illustrate the pore pressure response in undrained shearing.

For a soil that is dense of critical state ($e_A < e_c$), represented by Point A, the dilation during undrained shearing is exhibited by an increase of the effective stress (p') and the deviator stress (q) at constant void ratio (e_A). This is shown by a horizontal stress path from point A to the right, ending at Point A' on the CSL in Figure A-2 and a planar stress path from point A to Ac in Figure A-1.

Conversely, for a soil that is loose of critical state ($e_B > e_c$), represented by Point B, soil contraction is exhibited by a reduction of the effective stress (due to increasing pore water pressure) at constant void ratio. The stress path is horizontal in the p'–e projection (Figure A-2) and leads from point B to point B' on the CSL. In the p'–e–q space the stress path is planar from point B to point B_c (Figure A-1).

Soils in a state near the CSL often exhibit initial contraction, which may explain why soils with characteristic Ψ value slightly dense of critical state may be subject to flow liquefaction. The magnitude of the initial contraction depends primarily on the soil type, type of shearing and the orientation of the shear plane.

Consideration of these concepts leads to the following important observations:

- The further the void ratio is from the CSL (i.e., the greater the absolute value of the state parameter), the greater the amount of volume change/pore pressure change that needs to occur to reach critical state.

- For contractive soils under undrained conditions, the further away the initial void ratio is from the CSL for a given value of mean effective stress, the greater will be the tendency for the material to contract during shearing and the greater will be the excess pore

water pressure generated during undrained shearing. This will result in a lower ultimate undrained shear strength when the stress path reaches the critical state line.

- For a given mean effective stress, the higher the initial void ratio, the greater the amount of excess pore pressure that will be generated in undrained shear. Thus, as the initial void ratio increases, the more likely that undrained strength loss (and potentially liquefaction) can occur.

Rapid strength loss in undrained shear is often referred to as flow or static liquefaction. Discussion regarding liquefaction is provided in section A.4.

When drainage is allowed during shearing, volume change will occur on the stress path from the initial stress state to critical state. So, for example, a soil at an initial state of B that is sheared in drained conditions, may follow a shearing path similar to B-B", as illustrated in Figure A-1 and Figure A-2. This stress paths represents a drained shearing of the soil with the initial void ratio of $e_B < e_C$. It starts at point B and, as the shearing progresses, the soil contracts (reduces in volume) and hardens under drained conditions, which is demonstrated by increasing p' and q values as shown in Figure A-1 and Figure A-2. The shape of drained stress paths depends on the ability of the soil to dissipate the shear-induced pore water pressures at the applied strain rate and other factors. Thus, it is more difficult to predict than undrained stress paths.

The difference between contractive and dilative behavior should also be understood in terms of a triaxial compression (TX-C) strength test. Figure A-3 presents the results of isotropically-consolidated undrained (ICU) TX-C tests performed on specimens of a clayey sand material prepared to 80%, 90% and 95% of the maximum dry density determined according to ASTM D 1557 (i.e., Modified Proctor compaction test). These will be referred to as "loose" (80%), "medium-dense" (90%) and "dense" (95%) test specimens. All three specimens were consolidated to the same initial confining pressure and sheared while preventing drainage and measuring pore water pressures. The lower right figure presents the stress path (p'-q diagram using the MIT notation), the lower left figure presents shear stress versus axial strain, and the upper left figure presents excess pore pressure versus axial strain. The diamonds represent the shear strength defined at the maximum principal stress ratio (i.e., s¢$_1$/s¢$_3$), and the triangles represent the shear strength defined at peak shear stress.

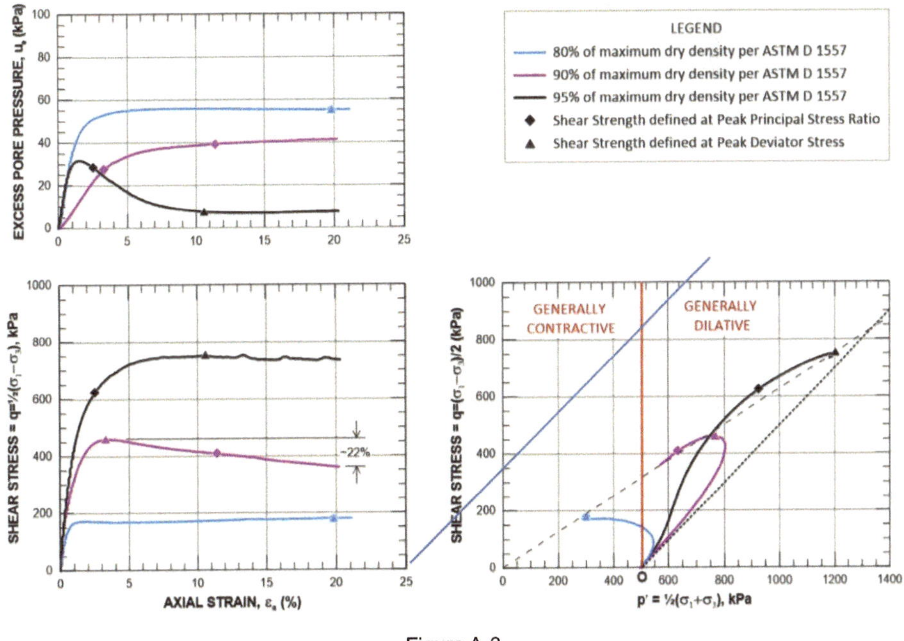

Figure A-3
Results of triaxial compression test on samples with varying void ratio
(provided courtesy of Knight Piésold).

As indicated in Figure A-3, the stress path of the loose specimen curves around to the left and reaches "failure" at a shear stress just less than 200 kPa. The stress path of the medium-dense specimen initially moves to the right on the diagram, reaches a peak value, then turns to the left, and the shear resistance steadily declines to the end of the test. The stress path of the dense specimen initially moves to the right and continues moving upward and to the right until the end of the test, with the peak value maintained approximately from about 10% axial strain until the test was terminated at about 20% axial strain. The stress path of the loose specimen ends to the left of the initial value of p' (for clarity, denoted by the vertical red line), and is said to be strongly contractive. The stress path of the dense specimen ends to the right of the origin and is said to be strongly dilative. The stress path of the medium-dense specimen indeed ends to the right of the origin and is considered to be overall slightly dilative up to about 20% axial strain, but the strength is still declining when the limiting strain is reached, and it appears that the specimen has not yet reached the critical state (due to the inherent strain limitations of the triaxial test). The post-peak strength loss at 20% axial strain is approximately 22%.

Dilation or contraction depends primarily on the initial void ratio, the effective confining stress, principal stress angle (orientation), and the initial static shear stress at which the soil exists prior to the application of a load (i.e., a change in effective stress). Soils that dilate at a given void ratio at low stresses may contract at higher effective stresses (e.g., as a tailings dam increases in height). For example, the cause of the Mount Polley tailings dam failure in 2015 was due, in part, to in situ stresses in an initially overconsolidated clay foundation soil, under the weight of the dam, exceeding the past consolidation stresses so that the behavior changed from dilative to contractive with resulting increase in pore pressures and undrained shearing. Due to the potential for changes in behavior, the shearing behavior must be characterized for the entire range of stresses and conditions over the life of the facility. There are many other complexities in understanding shear strength, some of which are described in further detail in the technical literature.

A.2.3 STRAIN-HARDENING VERSUS STRAIN-SOFTENING

The term ***strain hardening*** refers to material behavior where the shearing resistance (i.e., strength) increases with increasing strain. By contrast, ***strain softening*** (also called strain-weakening) refers to a deterioration of strength with increasing strain after an initial peak is reached.

Dilative cohesionless materials typically strain-harden in undrained shearing within the range of strains experienced in most laboratory strength tests, but they may strain-soften in some cases at very large strains. Strain hardening in undrained conditions is due to the shear-induced reduction of pore water pressures causing the soil to gain strength to large strain levels. In drained conditions, dilative materials typically reach a peak shear resistance (i.e., peak shear strength) before they strain-soften somewhat at higher strains due to an increase in void ratio (dilatancy) and possibly particle crushing effects.

The behavior of contractive cohesionless soils is more difficult to generalize, and these materials may exhibit a combination of strain-hardening and strain-softening behavior over the range of shear strains they undergo. When sheared under drained conditions, a contractive soil reduces its void ratio and strain hardens as the shear resistance increases due to the denser packing of the soil particles. In undrained conditions, contractive cohesionless materials often reach an initial peak shear resistance at a relatively low strain level and then either gradually or rapidly strain-soften. The medium dense specimen in Figure A-3 demonstrates an example where the material undergoes relatively gradual strain softening after reaching its peak value.

Clays with plate-like minerals (e.g., kaolinites, montmorillonites, etc.) can also undergo strain softening under both drained and undrained shearing conditions, but due mostly to other phenomena than occurs in cohesionless soils. Strain softening of such clays occurs as clay particles reorient during shearing creating "polished" surfaces along the shear surface. Bishop (1967) presented the results of drained shear tests on stiff clays to demonstrate the diminishing shear resistance of plastic clays caused by the development of continuous bands of strongly orientated particles, which resulted in the strain softening of the clays to what Bishop identified as the residual strength. In undrained conditions, the shear-induced pore water pressure plays the primary role in the shear resistance loss and the relative contribution of the structural changes depends on the clay minerals, strain rate, type of shearing and other variables.

A.2.4 BRITTLE VERSUS DUCTILE BEHAVIOR

For all soils that contract during shearing, caution must be applied in characterizing the undrained shear strength and using that characterization in slope stability evaluations. If strain softening is possible, there is a risk of progressive failure, and additional caution is needed. The highest level of caution is needed if the contractive soils have the potential to fail in a "brittle" manner, as demonstrated in the 2019 failure of the Feijão tailings dam at Brumadinho, Brazil (and other notable tailings dam failures). However, as described by Robertson (2017), "not all contractive soils are strain-softening and not all soils that strain soften have high brittleness". Recognizing the different behaviors and accounting for them in geotechnical characterization and modeling is critical to designing safe tailings dams.

Ductility is a term from materials science that describes a material's ability to undergo significant plastic deformation before it ruptures. ***Brittleness*** is the tendency of a material to suddenly lose strength without first undergoing significant plastic deformation, typically occurring at a relatively low degree of strain. This sudden loss of strength is the mechanism behind flow (static) liquefaction. Brittleness has historically been quantified in geotechnical engineering based on the ratio between peak strength and residual undrained strength. The brittleness index, I_B, first presented by Bishop (1967), is a normalized parameter ranging from 0 to 1 calculated as follows:

$$I_B = \frac{(\tau_p - \tau_r)}{\tau_p}$$

where τ_p is the peak (or yield) strength value and τ_r is the residual undrained strength value. A value of zero means no strength loss (i.e., no brittleness) and a value of 1 means the residual undrained strength is zero (i.e., total strength loss). Although this ratio represents one significant aspect of brittle behavior (i.e., the magnitude of the post-peak strength loss), it does not address the strain aspect (i.e., the rate of strength loss) and may be better described as a measure of sensitivity, typically defined as the ratio of peak undrained strength to residual undrained strength (i.e., $S = \tau_p/\tau_r$). ICOLD recognizes the different opinions within the geotechnical engineering profession on the application of Bishop's brittleness index, but has maintained use of the term brittleness index to be consistent with current usage in the technical literature.

While the mechanisms for brittle behavior in sands, silts, and clays are similar, different mechanisms may have greater contributions to brittleness based on soil type. In clays, the shear resistance loss, driven by the shear-induced pore water pressures, can be magnified by particle reorientation.

In cohesionless materials (sands and non-plastic silts), the rapid loss of strength seen in brittle materials is primarily due to the generation of excess pore pressures during shearing, although it can also be related to the collapse of the soil structure when cementation is present and particle reorientation may play a minor role. Regardless of the cause of brittle behavior, the brittleness index provides a useful measure of post-peak strength loss for all types of soils.

The Global Industry Standard on Tailings Management (GISTM) requires that brittle failure modes be identified and addressed with conservative criteria. However, the Standard does not define how to identify brittle behavior, and there is currently very little definitive guidance in the technical literature.

In general, stress-strain behavior based on laboratory testing has been the historical method to assess brittleness. Been (2016) recommended the use of triaxial tests to identify brittleness but did not provide specific guidance or criteria to define brittleness. Robertson (2017) suggested that a soil exhibiting post-peak strength loss greater than 40% (i.e., a value of I_B greater than 0.4) can be considered "highly brittle", based on analysis of high-quality case histories where flow failure (i.e., static liquefaction) occurred. Macedo and Vergaray (2021) suggested that flow liquefaction (full softening) may be indicated by I_B greater than 0.6. State parameter is also expected to be a good indicator of potential brittle failure and liquefaction potential, especially in cohesionless soils (e.g., Jefferies and Been, 2016).

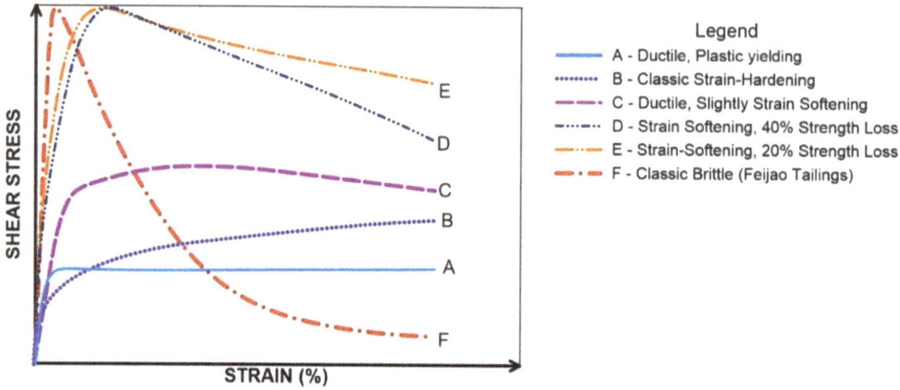

Figure A-4
Stress-Strain Curves of Ductile and Brittle Materials

Figure A-4 illustrates different types of brittle and ductile stress-strain behavior in CIU Triaxial tests on soils and tailings. Similar behavior can be observed using other kinds of tests, but the triaxial test is the most common test method in use. The different curves in Figure A-4 are described as follows:

- Curve A represents a classic ductile behavior with plastic yielding where the soil reaches a peak strength at about 2-3% axial strain and then continues to shear at constant stress. This soil appears to have reached critical state. The peak strength and the large-strain (residual) strength are equal.

- Curve B exhibits classic strain-hardening behavior, wherein the shear stress continually increases until the end of the test is reached at 20% axial strain.

- Curve C represents a ductile, slightly strain-softening material. This material is initially strain-hardening up to about 8% axial strain, then slowly loses about 5% of its strength after reaching the peak value.

- Curve D is a strain-softening material that loses approximately 40% of its strength after reaching a peak at approximately 3% axial strain. This material would have a Brittleness Index, I_B, greater than 0.4 (the slope of the curve at the end of the test indicates that further strength loss would occur at higher strain).

- Curve E is a strain-softening material that loses only about 20% of its strength after the peak. This material has a Brittleness Index greater than 0.2.

- Curve F demonstrates classic brittle behavior where the soil reaches a peak strength at a relatively low strain level (1% to 2% axial strain) and then suddenly and rapidly loses nearly all its strength. This idealized curve is modeled after one of the CIU TX-C tests carried out on a lightly bonded, contractive tailings sample for the Feijão No. 1 tailings dam (Robertson et al. 2019).

Although the triaxial, direct simple shear, and other laboratory test methods can be used to illustrate the potential for brittle behavior, the rate and amount of shear resistance loss in laboratory

tests has been shown to be very sensitive to the method of testing, sample preparation and even sample geometry. As a result, caution and judgment are required in interpreting behavior from laboratory tests. This sensitivity is understandable because the shear resistance loss is primarily attributed to the shear-induced pore water pressure development that cannot be measured easily within the shear zone in any laboratory apparatus. In addition, the development of shear-induced pore pressures is strain rate dependent, and different rates of shear resistance reduction (magnitude of brittleness) would be measured at different strain rates even though the residual shear strength value may be similar.

The level of strain that tailings may experience in upstream-raised tailings dams may be substantial, and these accumulated strains cannot be reliably measured. The accumulation of strain in contractive and saturated zones may bring the tailings state close to the peak shear resistance, and only a marginal movement is then required to trigger a flow failure.

The assessment of strain-based criteria for brittle behavior poses a significant challenge (likely explaining the relative lack of guidance in the literature), especially for cohesionless materials. Currently, empirical methods based on CPT are heavily relied upon for evaluation of undrained strength loss in cohesionless materials. However, these empirical methods are based on only a handful of case histories where flow failure has occurred. When laboratory testing is performed in conjunction with CPT, there is often only marginal agreement between the empirical (in situ) methods and laboratory-based procedures. ICOLD recommends using several shear test methods and high-quality laboratory equipment with trained and experienced laboratory staff for testing contractive, potentially brittle materials.

Recognizing that more research is needed for the characterization of brittle behavior in both field and laboratory applications, ICOLD recommends that a conservative approach be taken when evaluating brittleness due to the high potential consequence of flow failures when highly brittle materials are present in the structural zones of tailings dams. ICOLD therefore presents the following indicative criteria (based on testing at initial isotropic conditions) to be considered when assessing the potential for "highly brittle" soils in a tailings facility:

1. exhibits a Brittleness Index, I_B, greater than 0.4; or
2. exhibits I_B greater than 0.2; and
    a. reaches a peak shear strength at 3% strain or less; and
    b. loses more than 20% of the peak strength prior to reaching 10% strain.

These criteria are represented graphically in Figure A-5.

ICOLD cautions that these indicative or screening criteria must be applied with a high level of engineering judgment and scrutiny, especially when brittleness and the potential for flow (static) liquefaction are being ruled out. The measurement of brittleness index is reliant on estimation of the peak undrained strength and the residual undrained strength. Peak undrained strength is dependent on the type of loading and resulting stress path, and there is significant uncertainty in measuring both peak and residual undrained strengths. The measurement of strain is also extremely difficult and subject to significant uncertainty, as discussed further below. The assessment of brittleness should be based on the entire "body of evidence", including laboratory testing, in situ testing, case histories, and professional judgement with respect to applicability of the data and the potential loading scenarios. The need for caution cannot be overemphasized.

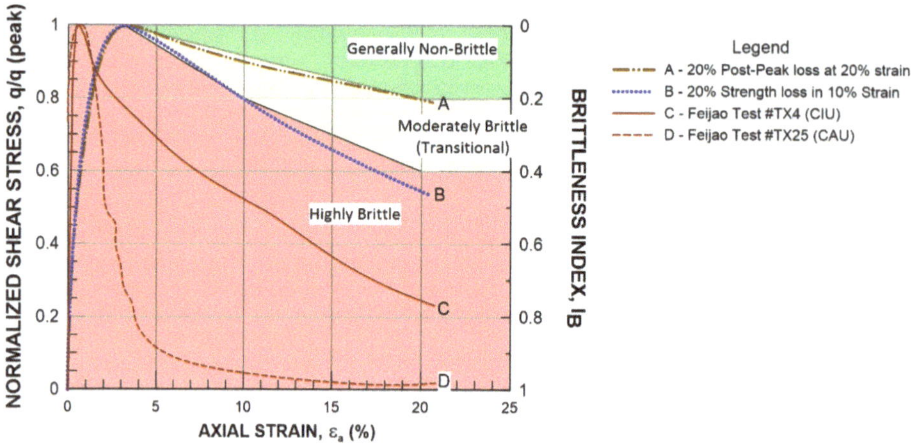

Figure A-5
Proposed Brittleness Criteria considering Brittleness Index (I_B) and Strain Rate

The measurement of strain in the laboratory is typically limited by the testing apparatus. In the triaxial test, the direction of principal stresses and strains remains fixed during a test. Although normal strains are measured, shear strains can only be estimated. In the direct simple shear apparatus (DSS), shear strains are measured and principal stress rotations can occur during a test but are indeterminate. The DSS test is useful in characterizing undrained behavior in plane strain conditions but is limited in other ways (an evaluation of the limitations of the various laboratory methods is outside the scope of this appendix).

Further research is needed to improve the methods for characterizing brittleness in both field and laboratory applications. In the interim, ICOLD recommends a conservative approach be taken when evaluating brittleness due to the high potential consequence of flow failures when highly brittle materials are present in the structural zones of tailings dams.

A.3 CPT-BASED MEASUREMENT OF IN SITU STATE AND SOIL PROPERTIES

Determination of the CSL is defined in the laboratory, as described by Jefferies and Been (2016) and Reid et al. (2020). For greenfield facilities, laboratory testing — potentially combined with numerical modeling — may be used to predict shearing behavior of future anticipated tailings deposits, provided that representative bench-scale or pilot-scale tailings samples are available and are considered in proper context. However, predicting how a soil deposit located in or beneath a tailings dam will behave under various loading conditions is dependent on the actual void ratio occurring in the field setting, which must be based on a measurement of the soil conditions *in situ*. This is not easily done for many soils. Field sampling techniques using relatively undisturbed, thin-walled tube samples (especially when soil freezing is properly employed) or hand-excavated block samples provide the most reliable method of directly measuring in situ void ratio, but may be extremely costly, physically impossible at the worst, and are often unreliable due to many reasons (e.g., disturbance during transport, transfer of the specimen from the sampling device into the testing apparatus, etc.).

The CPTu currently provides the most practical means to infer the in situ state of many soils, especially tailings. Correlations between laboratory tests and controlled CPT experiments have led to relationships to estimate the in situ state parameter, ψ, as described in Jefferies and Been (2016). Robertson (2016) describes similar methods and a classification system using normalized CPT parameters to divide soils into six soil behavior types, considering contractive versus dilative behavior and a differentiation based on clay-like, sand-like, and transitional material behavior, as shown in Figure A-6. Robertson (2016) and others have concluded that a value of $\psi > -0.05$ or greater inferred from the CPT can be used to reliably identify contractive soils. The combination of the CPTu with seismic sensors, such as geophones, for measuring seismic wave velocities (referred to as the seismic CPTu or SCPTu) is accepted practice. The SCPTu is useful for assessing the presence of microstructure and is also recommended by Jefferies and Been (2016). Jefferies and Been (2016) also recommend conducting self-boring pressuremeter tests, where appropriate, to assess the in situ horizontal stress coefficient, Ko, on large projects where the additional effort is justified.

For characterization of existing tailings deposits, as well as many foundation soils and some embankment materials, the use of Figure A-6 forms a basis for identifying whether the materials will behave in a contractive or dilative manner and whether the potential for strain-softening and/or brittle behavior is indicated. An example of a data plot from a series of CPTu probes for a typical hard rock tailings facility is shown on Figure A-6. The plot demonstrates the heterogeneous nature of the tailings deposit. In this example, most of the data points fall within the contractive zone, indicating that the material is anticipated to behave in a contractive manner upon shearing, as is typical for hydraulically deposited tailings. Most of the data plot as sand-like contractive and transitional-contractive, meaning they may be prone to strain-softening behavior and may fail in a brittle manner when sheared in undrained conditions. A small amount of the data plot in the clay-like contractive-sensitive zone, which indicates the materials are strain-softening, are likely to experience significant strength loss, and are potentially brittle. A small amount also lies within the clay-like contractive zone. These materials will not likely be brittle but may lose some strength during shearing. A significant number of the data points are transitional - contractive. These materials are potentially liquefiable and may be brittle and should be carefully characterized. Without positive indications of non-brittle behavior, they should be treated as liquefiable for design purposes.

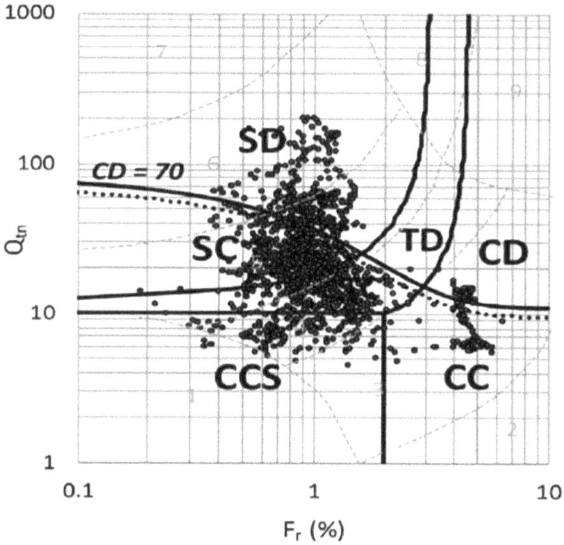

Note: Data points on the plot are from typical CPT investigation program in a "hard-rock tailings" deposit.

Soil Behaviour Type

CCS Clay-like - Contractive - Sensitive

CC Clay-like - Contractive

CD Clay-like - Dilative

TC Transitional - Contractive

TD Transitional - Dilative

SC Sand-like - Contractive

SD Sand-like - Dilative

Figure A-6
Example of typical soil behaviour type classification for example tailings material using the Robertson (2016) chart

A.4 LIQUEFACTION AND LIQUEFIED SHEAR STRENGTH

A.4.1 LIQUEFACTION

The concept of soil liquefaction has been written on extensively in the literature. Historically, much emphasis has been placed on seismically induced or "cyclic" liquefaction, which refers to a buildup of pore pressures induced by rapid (undrained) cyclic loading with shear stress reversal, and much of that effort has focused on level-ground conditions. The concept of "static" liquefaction, or preferably "flow" liquefaction, has been lesser understood and less studied than liquefaction triggered by earthquake loading. Due to the large amount of information available in the literature, it is not necessary to elaborate the details of liquefaction in this Appendix. Rather, the authors believe it is important to note the following:

- Flow (static) liquefaction is a result of rapid and significant strength loss of highly contractive materials sheared in undrained conditions. A possible resulting flow failure is then a result of the substantial reduction of (and in some cases the elimination of) effective confining stress, and corresponding shear resistance, within the soil mass.

- Cyclic liquefaction is the result of pore pressure generation due to earthquake or similar rapid cyclic loading that can result in a loss of effective confining stress during the cyclic loading. This loss of effective confining stress results in a decrease in stiffness with associated large deformations during shaking. Cyclic liquefaction applies primarily to level or gently sloping ground where shear stress reversal occurs during an earthquake. For contractive materials with a static bias (i.e., sloping ground), cyclic loading can also initiate (or trigger) flow liquefaction. Hence, flow liquefaction can be initiated by either static or cyclic loading.

- Jefferies and Been (2016) provide an exhaustive treatment of the principles of liquefaction. Robertson (2010, 2017, 2021) provides a summary of liquefaction and its relation to brittleness, which also provide great value to the reader. There are some differences in the approaches taken by these two authors in the application to stability assessments, as briefly touched on below and elaborated more thoroughly in the technical literature.

- If flow liquefaction (i.e., severe undrained strength loss) is indicated, regardless of whether it is initiated by cyclic or static loading, the post-liquefaction (i.e., residual or liquefied) strength is the most important characteristic of the material.

- Assessing the potential for flow liquefaction is not a simple evaluation and must be undertaken under the direction of qualified geotechnical engineers with a comprehensive understanding of advanced soil mechanics.

A.4.2 POST-PEAK SHEAR BEHAVIOR

The selection of an appropriate shear strength at relatively large strains (generally defined as greater than approximately 10%), after the occurrence of a peak or yielding value, is critical for tailings and other soils that exhibit strain-softening behavior. The term "post-peak" refers to any shear resistance value after the peak, which includes, but isn't limited to, the lowest strength value occurring after the peak (yield) strength has been passed. Several different terms have been used in the literature to describe the minimum value of shear resistance at large strains, including critical-state, steady-state, post-liquefaction, post-peak, liquefied, residual, and perhaps others. (The term "remolded undrained shear strength" refers to the strength of a clay after the soil fabric has been

largely destroyed and may or may not represent the same concept as the residual strength). ICOLD has adopted the term "residual undrained strength" for most applications of large-strain strength in strain-softening materials, consistent with most recent publications. The term "post-liquefaction" is also commonly used when referring to cyclic liquefaction) but may create some confusion for cases of flow liquefaction. For sands and silty sands, the term "liquefied strength" is preferred by some authors. For clarity, the term "residual strength" will be used as a general term herein to refer to the minimum value of shear strength occurring after a peak value has been reached and strain softening has occurred, regardless of the drainage conditions and regardless of the mechanism by which strength loss occurs. However, it must be understood that the so-called "residual" strength of a cohesionless material differs substantially from the residual strength of a clay, which is the basis of why some practitioners object to applying the term "residual strength" to sands and silty sands. The residual undrained strength of a cohesionless material may be understood to represent the mobilized shear resistance at which a mass of liquefied material begins to flow. During flow, the mobilized shearing resistance may increase or decrease depending on the effects of drainage and pore pressures redistribution; soil/water mixing and/or void redistribution; and/or hydroplaning on bodies of water within the shearing zone. After the mass comes to rest, excess pore pressures will dissipate, and the shear strength will correspond to its drained condition (which will generally be different than its pre-failure condition). For a clay, in contrast, the residual strength is essentially a permanent value that does not revert to a pre-failure condition.

Residual undrained shear strengths typically develop after a soil undergoes large strains, although brittle cohesionless materials, such as very loose tailings with low plasticity, can reach residual values with limited shear deformation. The mechanisms causing brittleness in clays are different than in cohesionless soils. For a clay, the residual strength is the ultimate strength after the clay particles have reoriented (note that excess pore pressure generation also contributes to the reduction in strength). For very loose, non-plastic sands and tailings, the loss of shearing resistance after the peak value (instability condition) is reached is the result of excess pore pressure generation. Over time, the strength of a liquefied cohesionless soil will typically increase from the residual undrained strength value as the excess pore pressures dissipate.

Clays or other plastic soils in the foundation of a tailings dam may exist at a residual strength condition after having undergone shearing prior to dam construction as a result of geologic processes, such as glacial ice thrusting. In this case, the residual shear strength in these natural soils is not caused by deformations of the dam. The foundation zone(s) existing at residual shear strength need to be appropriately accounted for in the design of the dam.

Residual shear strength of contractive materials is based on soil behaviour, mineralogy, particle shape, plasticity, state (i.e., the relationship between the in situ void ratio and the critical state void ratio), initial effective stress, stress history, principal stresses orientation, etc. The amount of deformation required to achieve the residual undrained strength varies depending on gradation, angularity, plasticity, and density, as well as possible microstructure, such as light bonding. For clays, the shear strain required to reach the residual condition is typically more than for sands and silts, unless there is light bonding. However, an exception would be "quick clays", denoted as clay-like contractive — sensitive materials on the soil behavior type chart shown above. Most "quick clays" have some microstructure that enables a significant strength loss at small strains. These materials can behave in a brittle manner, losing their strength rapidly.

Olson and Stark (2002), Idriss and Boulanger (2008), Robertson (2010, 2021), Sadrekarimi (2014), and others have developed empirical CPT-based correlations to estimate residual undrained strength of sands and silty sands. Of these, Robertson (2010, 2021) has gained the most widespread application in tailings dam design and assessment. The Robertson (2021) correlation between undrained strength and the clean-sand equivalent cone resistance ($Q_{tn,cs}$) is illustrated in Figure A-8. It is important to note that all the empirical correlations for sand-like and transitional materials are based on a limited dataset of back-calculated strengths associated with flow failure case histories, and there is significant variability in that dataset. Flow liquefaction failures are relatively rare, so there is limited data available from which to correlate residual undrained strengths. As such, there is significant uncertainty associated with the correlations and their applicability to a wide range of material types. Jefferies and Been (2016) have expressed some reservation about the Robertson

(2010) and other related empirical correlations and present an alternative approach based on the state parameter (described briefly later in this section).

At the standard penetration rate of 20m/s, the CPT penetration process in sandy soils with relatively high hydraulic conductivity is typically drained and $Q_{tn,cs}$ can be taken as a proxy for the soil's state parameter. In clayey soils, the CPT penetration process is typically undrained, and the residual undrained strength can be estimated from the CPT sleeve resistance (f_S), although caution and judgment must be used in its application. Because the sleeve friction is a measure of the interaction between the soil and the probe surface rather than a soil property, it is important that the residual shear strength estimate is confirmed by other methods, such as shear vane testing. Full-flow (ball) penetrometers provide a suitable alternative to CPT probing in soft soils where the estimate of the residual shear resistance is a crucial parameter for the tailings dam stability and safety.

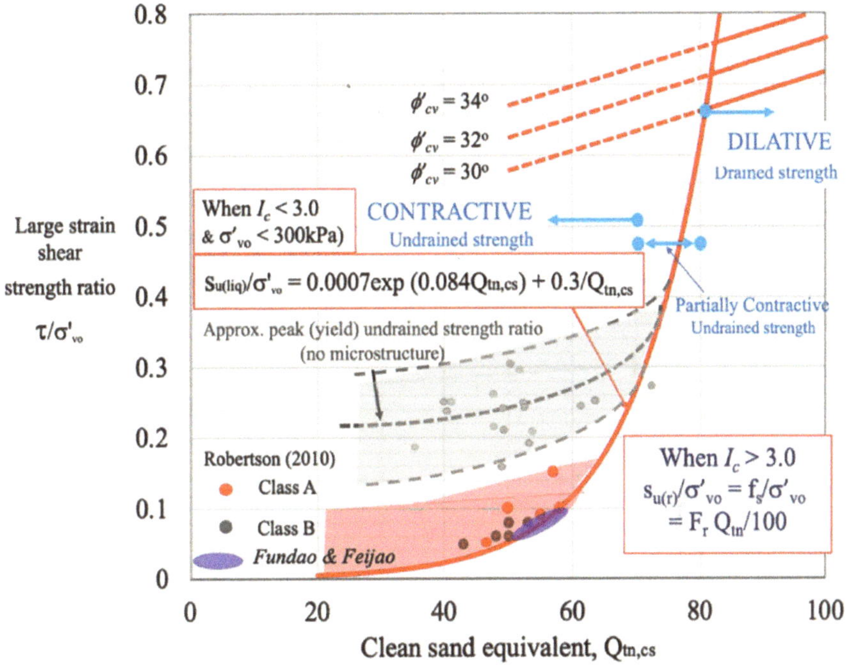

Figure A-8
Residual Undrained Strength from CPT (from Robertson, 2021)

Laboratory determination of residual undrained shear strength of tailings is challenged by the difficulties in collecting representative undisturbed samples and/or remolding samples at representative densities. Therefore, the field testing remains as the primary assessment tool for evaluation of residual undrained strength of soft materials, and tailings in particular. A promising approach emerging in practice that involves using a combination of laboratory testing and in situ testing to evaluate expected field shearing behavior, including peak and residual undrained shear strengths and stress-strain behavior, is described by Jefferies and Been (2016). This method utilizes a series of shear strength tests conducted on remolded samples prepared at various initial void ratios and effective stresses to develop a critical state locus representing a generalized framework of shearing behavior based on CSSM. CPT can be used to evaluate the distribution of state parameter and material types in the field, which can be used with the laboratory-based behavioral framework to predict expected field behavior. The Jefferies and Been (2016) approach is theoretically based and incorporates an empirical adjustment to match the case history observations, although it should

be noted that the residual strength values indicated by the case histories cannot be derived directly from the CSSM theory upon which the Jefferies and Been method is based. Proper application of the Jefferies and Been approach involves considerable effort, which often is justified for tailings dams, especially those with High consequence or greater. The use of empirical approaches such as Robertson (2010) and others provide an important screening-level evaluation at a minimum, and may be sufficient for evaluation and design, especially if applied with an appropriate level of conservatism. ICOLD encourages that both empirical and theoretical methods be used and compared whenever practical to do so.

A.5 SELECTION OF APPROPRIATE SHEAR STRENGTH PARAMETERS FOR DESIGN AND ANALYSIS

The selection of appropriate strength parameters, especially for contractive and brittle materials, for use in analysis and design of a tailings facility requires significant experience and engineering judgment. The degree of conservatism applied in selection of strength parameters needs to reflect the amount of variability in the in situ material(s); the amount and perceived quality of data available; the degree of uncertainty associated with the parameters of concern (i.e., the shear strength and stress-strain behavior); the uncertainties associated with deriving a design parameter from the available, inherently imperfect, data set; and the severity of the consequences. The parameters selected for design must be supported by objectively measured data and defensible, well-reasoned interpretation techniques. The parameters should also be compared with values from relevant published case histories (as illustrated in Figure A-8). Silva et al., (2008) provide useful guidance on the selection of appropriate factors of safety based on the degree of uncertainty within a risk-informed decision-making framework. The failure to properly recognize and address the uncertainty in material parameters and stress conditions may be a common root cause of many past tailings dam failures.

The parameters used in stability assessments (e.g., friction angle, undrained shear strength, porewater pressure) are not truly represented by a single value; rather, there is a distribution of possible values that vary spatially within the dam and/or foundation. For each of these parameters, a characteristic (or representative) value should be selected such that there is an appropriately low probability that areas of lower strength (or higher porewater pressure) exist at a scale that could affect the stability of the structure. The average value is typically not an appropriate representative parameter for use in stability analyses, unless the scale at which the parameter varies is small compared to the scale of a potential shear surface so that the full distribution would be encountered along the shear surface. Often a sensitivity analysis is helpful to evaluate the uncertainty in calculated factor of safety over the range of expected shear strength values.

When selecting a representative parameter, the designer should also consider the size and comprehensiveness of the data set. For small data sets, the statistical parameters for the sample set (e.g., mean and standard deviation) may be significantly different than those of the underlying population (that is, the mean and standard deviation that would be calculated if a much larger test program were performed). Therefore, for small data sets even an apparently conservative parameter choice, such as the mean minus one standard deviation for undrained strength, may not actually be conservative. Although there may not always be enough data to undertake a rigorous statistical analysis, statistical thinking should always underpin the selection of the parameters.

Selecting strength parameters for dilative materials is well understood and detailed in literature, and using effective (drained) shear strength parameters with zero excess pore pressures is typically considered appropriate. However, selection of soil strength properties for contractive materials is comparatively more complicated and insufficient guidance is currently provided in published literature.

Ideally, a combination of field and laboratory testing should be used to assess undrained shearing behavior. Field testing should include SCPTu and possibly other methods, such as a vane shear or the self-boring pressuremeter. Laboratory testing should include triaxial compression (TX-C) and direct simple shear (DSS), and may also include ring shear or other methods of assessing large-strain strength. If the results of TX-C and/or DSS tests on representative specimens appear to reach a critical-state strength within the range of shear strain normally considered for these tests (i.e., approximately 18-20% for TX-C and approximately 25-30% for DSS), then the assessment may be relatively straightforward. If shear resistance is still decreasing at the end of the TX-C and/or DSS test, then the potential for further strength loss at higher strain levels must be considered.

Laboratory shear strength testing of tailings is frequently performed using strain-controlled methods and isotropically-consolidated undrained (CIU) conditions. Ladd (1991) and Carrier (1991) advised that CIU tests may overestimate undrained shear strength. Ladd (1991) recommended performing anisotropically-consolidated undrained (CAU) strength tests initially consolidated to the

approximate in situ stress ratio (Ko). Furthermore, caution must be used in using strain-controlled tests to eliminate brittle behavior. Stress-controlled tests may better represent actual triggering conditions, especially with very loose, cohesionless materials, although they provide limited evidence of the post-peak material behaviour.

For new facilities, which frequently do not have meaningful data to predict tailings properties, designs should be based on conservative assumptions —based on published data and the professional experience of the Engineer of Record and the supporting team — that consider contractive behavior of the tailings, unless specific design measures are included. (Measures such as compaction or other means to ensure dilative behaviors.) Most hydraulically-deposited tailings exhibit contractive behavior, and the likelihood of brittle failure modes is high in hydraulically-deposited tailings. Unless proven otherwise, designs should be based on the assumption that tailings are contractive. It is possible to design conditions where tailings could be dilative and non-liquefiable, but the method of placement must be controlled sufficiently to ensure that contractive conditions are prevented in all loading scenarios before the potential for contractive behavior is eliminated.

A.6 SPECIAL CONSIDERATIONS

A.6.1 STRESS-DEPENDENT BEHAVIOR

As described above, strength and deformation behavior of soils is dependent on effective confining stress. Therefore, the full range of stresses that currently exist or may exist in the future over the life of the facility must be considered. For example, a clay present in the foundation of a tailings dam may initially be overconsolidated and typically dilative during shearing. However, as the dam is raised over time, and the effective stress increases, the overconsolidation ratio (OCR) decreases. Once the OCR decreases to a value of less than approximately 3-4, the soil becomes increasingly contractive and the undrained strength is smaller than the drained strength, i.e., those initially dilative materials will become contractive during shearing. The undrained strength ratio will continue to decrease until the effective stress reaches the pre-consolidation pressure, at which point the material becomes normally consolidated. This phenomenon was a key factor in the failure of the Mount Polley tailings storage facility (BCMEM, 2015a, 2015b). The SHANSEP method (Ladd and Foott, 1974) considers the effect of overconsolidation on the undrained strength of clay.

Shearing behavior of non-plastic materials like sands and silty sands is also stress dependent. As confining stress increases, tailings may become more contractive than the same material at a lower confining stress, especially if particle crushing occurs. On the other hand, the potential for brittle failure may be reduced at sufficiently high confining stresses. Robertson (2017) noted that contractive sand-like soils become progressively more ductile with increasing stress.

A.6.2 PARTIAL SATURATION

Caution must be exercised in considering partially saturated soils. Particulate materials (soils or tailings) in which the pore space is partly filled with liquid (usually water) and partly with gas (usually air) are said to be in an unsaturated/partly saturated state. Although any material with a degree of saturation below 1.0 will fall into this category, the term is usually associated with situations where the gas phase is continuous. In unsaturated soils, the pore pressure is negative with respect to atmospheric pressure. The behavior of such materials differs from that of their fully saturated counterparts in several important ways, of which the increase in strength due to the occurrence of matric suction (matric suction is the difference between the pressure of gas and the pressure of fluid in the pores) can increase stability. Although this increase in matric suction will result in a higher undrained strength, reliance on this additional strength is discouraged, due to the potential for loss of suction from possible future water infiltration. When assessing the stability of tailings dams, it is often advisable to treat materials as being either dry above the phreatic surface (i.e., assume that the pore water pressure is zero and ignore any effect of suction) or fully saturated below the phreatic surface (i.e., assume positive pore water pressures), recognizing that the shearing behavior of partially saturated soils is quite complex. For most soils with a saturation of greater than about 85%, the air in the void spaces is non-continuous. As a general rule-of-thumb, soils with a degree of saturation greater than about 85% should be considered as saturated, although soils with degrees of saturation between 70% and 85% should be carefully evaluated.

A.6.3 PROGRESSIVE FAILURE

Progressive failure can occur when a mass of soil displaying a softening stress strain behavior is loaded non-uniformly. In this case, some parts of the mass can fail first and failure can propagate along a rupture plane. The post-peak strains within the failure zone will increase and strength will reduce from peak to residual. Final rupture of the soil mass can occur before a failure surface at residual strength has fully developed. At failure, a part of the final failure surface has reached residual undrained strength,

whereas another part has not lost strength beyond the peak value. Therefore, the average strength of the mass at failure will be less than peak and greater than the residual undrained strength of the soil.

Designers should assess the potential for progressive failure when evaluating the stability of tailings dams, as the effect of progressive failure is strain-dependent and cannot be predicted from conventional limit equilibrium stability analyses.

A.6.4 STRAIN INCOMPATIBILITY

Strain incompatibility occurs when the potential failure surface passes through materials, in which shear resistance is mobilized at significantly different strains due to differences with initial stiffness. Under these circumstances, the application of peak shear strength values for all materials would overestimate the stability because the materials will not contribute equally to the overall slope stability resistance. Such situations can occur where softer, more ductile materials (clay-like) are interlayered with zones of stiffer more sand-like materials.

When strain incompatibility is identified, an appropriate analytical method that considers the stress-strain dependency of the various materials can be used to assess the slope stability under both the static and seismic loading conditions.

A.6.5 OTHER STRAIN-RELATED CONSIDERATIONS.

The reader should be aware that the strains measured in a triaxial test specimen are axial strains, whereas the true interest lies in the shear strains that occur on the failure plane. Shear strains can be estimated from triaxial tests, but it requires special procedures that must be planned for in advance. The direct simple shear test imposes simple shear conditions, so that the strains measured are truly shear strains, but direct measurement of the principal stresses is not possible (so calculation of the mean effective stress is complicated). In real-world applications, shear strains may be concentrated on narrow shear zones, especially if thin, contractive strain softening layers are present.

A.6.6 COMMENTS ON UNDRAINED STRENGTH RATIO

The shear strength of saturated contractive materials is often expressed as a ratio between the undrained shear strength (S_u) and the initial effective vertical stress (s¢$_{v,0}$) within the soil mass, i.e., S_u/s¢$_{v,0}$. For clays, this ratio can also be modified to consider stress history, using the SHANSEP approach presented in Ladd and Foott (1974). The SHANSEP approach can be represented by the following equation (modified after Ladd, 1991):

$$s_u = \left(\frac{s_u}{\sigma'_{v,0}} \right) \times OCR^m \times \sigma'_v$$

for normally consolidated clays and most sands and silts, the OCR value is one (1), and the undrained shear strength is calculated simply as:

$$s_u = \frac{s_u}{\sigma'_{v,0}} \times \sigma'_v$$

Some fine sands, silts, and silty sands — including tailings — may exhibit shearing behavior consistent with overconsolidation, in which case the SHANSEP method may be used (Chen and Olson, 2021).

It is important to emphasize that the initial effective vertical stress is to be used to correctly calculate the $S_u/\sigma'_{v,0}$ value for use in analysis. The subscript "v" indicates vertical and the "0" indicates initial conditions. This ratio is sometimes expressed with a simplified version of S_u/p', which sometimes leads to confusion with the mean principal stress in a p′-q plot, which can in turn lead to an incorrect and non-conservative interpretation of the undrained strength ratio. The mean principal stress (p′) is equal to the initial vertical effective stress ($\sigma'_{v,0}$) prior to shearing in an isotropically-consolidated triaxial test, but that is the only time when that equality applies in the interpretation of the test results. In the actual L-E slope stability analysis, a correctly programmed computer program will use the vertical effective stress (σ'_v) to calculate S_u for the FOS computation. It should also be considered that an isotropically-consolidated triaxial test may over estimate the strength ratio of tailings that are anisotropically-consolidated in situ. The value of $S_u/\sigma'_{v,0}$ from an isotropic test can be one-third greater than in situ when Ko = 0.5. Furthermore, the S_u/σ'_v in direct simple shear is even less than that indicated by anisotropically-consolidated triaxial compression.

REFERENCES

Been, K. (2016). "Characterizing Mine Tailings For Geotechnical Design." Geotechnical and Geophysical Site Characterisation 5, Australian Geomechanics Society, Sydney, Australia, ISBN 978-0-9946261-1-0.

Bishop, A.W. 1967. Progressive failure – with special reference to the mechanism causing it. Proc. Geotechnical Conf., Oslo, Vol.2:142–150.

Bishop, A.W. 1973. The Stability of Tips and Spoil Heaps. Quarterly Journal of Engineering Geology, Vol. 6, pp. 335-376.

Brown, B. and Gillani, I. (2016). "Common errors in the slope stability analyses of tailings dams," in PM Dight (ed.), Proceedings of the First Asia Pacific Slope Stability in Mining Conference, Australian Centre for Geomechanics, Perth, pp. 545-556.

British Columbia Ministry of Energy and Mines, BCMEM (2015a). "Report on Mount Polley Tailings Storage Facility Breach, report of the Independent Expert Engineering Investigation and Review Panel", January 30.

BCMEM (2015b). "Investigation Report of the Chief Inspector of Mines, Mount Polley Mine Tailings Storage Facility Breach, August 4, 2014". November 30.

Carrera, A., Coop, M., & Lancellotta, R. (2011). Influence of grading on the mechanical behaviour of Stava tailings. Géotechnique, 61(11), 935-946. doi:10.1680/geot.9.p.009

Carrier, W. David III (1991). Stability of tailings dams. XV Ciclo di Conferenze di Geotecnica di Torino, Italy, November.

Casagrande, A. (1936). "Characteristics of Cohesionless Soils Affecting the Stability of Slopes and Earth Fills." Journal of the Boston Society of Civil Engineers, January.

Chandler, R. J. & Tosatti, G. (1995). "The Stava tailings dams failure, Italy," July 1985. Proc. Instn Civ. Engrs, Geotech. Engng 113, No. 2, 67–79.

Chen, J.C., and Olson, S.M. (2021). "SHANSEP-Based Interpretation of Overconsolidation Effect on Monotonic Shearing Resistance of Contractive Nonplastic Soils," Journal of Geotechnical and Geoenvironmental Engineering, 147(12), pp. 04021155-1 through 04021155-14, April, American Society of Civil Engineers.

Idriss, I. M., and Boulanger, R.W. (2008). "Soil Liquefaction During Earthquakes", Monograph No. MNO-12, Earthquake Engineering Research Institute, Oakland, CA.

Jefferies, M., and Been, K. (2016). Soil Liquefaction: A critical state approach, second edition. CRC Press, Boca Raton, Florida, USA.

Ladd, C. C. (1991). "Stability Evaluation During Staged Construction," Journal of Geotechnical Engineering, ASCE, Vol. 117, No. 4, April 1991, pp. 540-615.

Ladd, C. C. and Foott, R. (1974). "New Design Procedure for Stability of Soft Clays," Journal of the Geotechnical Engineering Division, ASCE, Vol 117, No. 4, pp. 540-615.

Lunne, T., Robertson, P. and Powell, J. (1997). "Cone Penetration Testing in Geotechnical Practice." CRC Press, ISBN 13 No. 9780419237501, 352 pp.

Macedo J., and Vergeray, L. (2021). "Properties of Mine Tailings for Static Liquefaction Assessment." Canadian Geotechnical Journal, 30 July, https://doi.org/10.1139/cgj-2020-0600.

Mitchell, J. K., & Soga, K. (2005). Fundamentals of soil behavior, 3rd ed. Wiley.

Olson, S.M. and Stark, T.D., 2002. "Liquefied strength ratio from liquefaction flow failure case histories." Canadian Geotechnical Journal, Vol. 39, No. 3, May, pp. 629-647.

Reid, D. (2017). "A New Load Controlled DSS at UWA". Online article posted at https://www.linkedin.com/pulse/new-load-controlled-dss-uwa-david-reid/. Accessed on January 9, 2021.

Reid, D., Fourie, A., Ayala, J. L., Dickinson, S., Ochoa-Cornejo, F., Fanni, R., Garfias, J, Da Fonseca, A., Ghafghazi, M., Ovalles, C., Riemer, M., Rismanchian, A, Olivera, R., and Suazo, G. (2020). Results of a critical state line testing round robin programme. Géotechnique, 1-15. doi:10.1680/jgeot.19.p.373.

Reynolds, O. (1885) "On The Dilatancy of Media Composed of Rigid Particles in Contact, With Experimental Illustrations" Philosophical Magazine. 20, 469-481.

Robertson, P.K. 2010. "Evaluation of flow liquefaction and liquefied strength using the cone penetration test." Journal of Geotechnical and Geoenvironmental Engineering, ASCE, 136(6): 842–853.

Robertson, P.K. 2016. "Cone penetration test (CPT)-based soil behaviour type (SBT) classification system — an update." Canadian Geotechnical Journal, Vol. 53, No. 12.

Robertson, P.K. 2017. "Evaluation of Flow Liquefaction: influence of high stresses." Proceedings of the 3rd International Conference on Performance-Based Design in Geotechnical Engineering, International Society for Soil Mechanics and Geotechnical Engineering, Vancouver, B.C., Canada, July.

Robertson, P. K., De Melo, L., Williams, D., & Wilson, W. G. (2019). Report of the Expert Panel on the Technical Causes of the Failure of Feijão Dam 1". Retrieved November 30, 2020, from https://bdrb1investigationstacc.z15.web.core.windows.net/assets/Feijao-Dam-I-Expert-Panel-Report-ENG.pdf

Robertson, P.K. (2021). Evaluation of Flow Liquefaction and Liquefied Strength Using the Cone Penetration Test: an update. Canadian Geotechnical Journal, 18 June, https://doi.org/10.1139/cgj-2020-0657.

Roscoe, K. H., Schofield, A. N., & Wroth, C. P. (1958). On The Yielding of Soils. Géotechnique, 8(1), 22–53.

Rowe, P.W. (1962). "The Stress Dilatancy Relation for Static Equilibrium of an Assembly of Particles in Contact" Proceedings of the Royal Society of London A, 269, 500-527.

Sadrekarimi, A. (2014). "Effect of the Mode of Shear on Static Liquefaction Analysis." Journal of Geotechnical and Geoenvironmental Engineering, ASCE, 140(12), pp. 04014069-1-04014069.

Schofield, A. N., & Wroth, P. (1968). Critical state soil mechanics. McGraw-Hill.

Skempton, A. W. (1954). "The Pore Pressure Coefficients A and B." Géotechnique, 4(4), 143–147. https://doi.org/10.1680/geot.1954.4.4.143

Taylor, D. W. (1948). Fundamentals of Soil Mechanics. John Wiley, New York.

APPENDIX B: STABILITY ANALYSIS FRAMEWORK FOR TAILINGS DAMS WITH CONTRACTIVE SOILS

TABLE OF CONTENTS

B.1 INTRODUCTION

This Appendix provides a framework and process (illustrated in Figure B-1) for selection of appropriate analysis techniques and factors of safety for stability analysis of existing tailings dams when contractive materials are present in the structural zones of the dam and foundation. The intent of this appendix is not to provide a prescriptive requirement. Instead, the primary objective is to provide practical guidance for designers, regulatory personnel, and mine owners in making important decisions regarding existing facilities, and to aid them in recognizing different types of stress-strain behavior exhibited by contractive soils, identify appropriate actions to take in the stability evaluations, and prioritize mitigation efforts when existing tailings facilities do not meet target minimum factors of safety. This guidance applies whenever natural soils or tailings are located within the structural zones of a tailings containment facility, such that they control the structural integrity of the dam (e.g., foundation soils or embankment fills) or when any portion of the dam or its raises are supported by impounded tailings.

For new facilities, the use of contractive soils in structural zones should be avoided whenever possible. Whenever practical, contractive soils in the foundation of new tailings facilities should either be removed and replaced or modified in situ to prevent possible contractive failure modes. However, it is not always practical or possible to eliminate contractive materials, and it is possible to design for these soils with appropriate techniques. Thus, the approach described herein could be applied to the design of new facilities where the elimination of contractive materials in the structural zones is not feasible.

Section 7 of this ICOLD Bulletin provides target minimum factors of safety (FOS) values for two primary loading conditions, which are provided in Table 7.4. Section 7 allows for lower FOS values to be considered when the targets are not met. This Appendix provides guidance that may be applied in those situations where revised targets may be deemed acceptable based on site-specific conditions, including recognition of whether the soils will be contractive or dilative during shearing, if the soils could be brittle or ductile, and other considerations.

The flow chart presented as Figure B-1 provides a framework for selecting the appropriate analysis techniques, especially when the targets specified in Table 7.4 are not met. Note that the flowchart in Figure B-1 addresses many, but not all, of the stability cases that can be encountered. It is intended to illustrate a rational process for establishing revised targets for the FOS with the process being extended to apply to other cases that are not described herein.

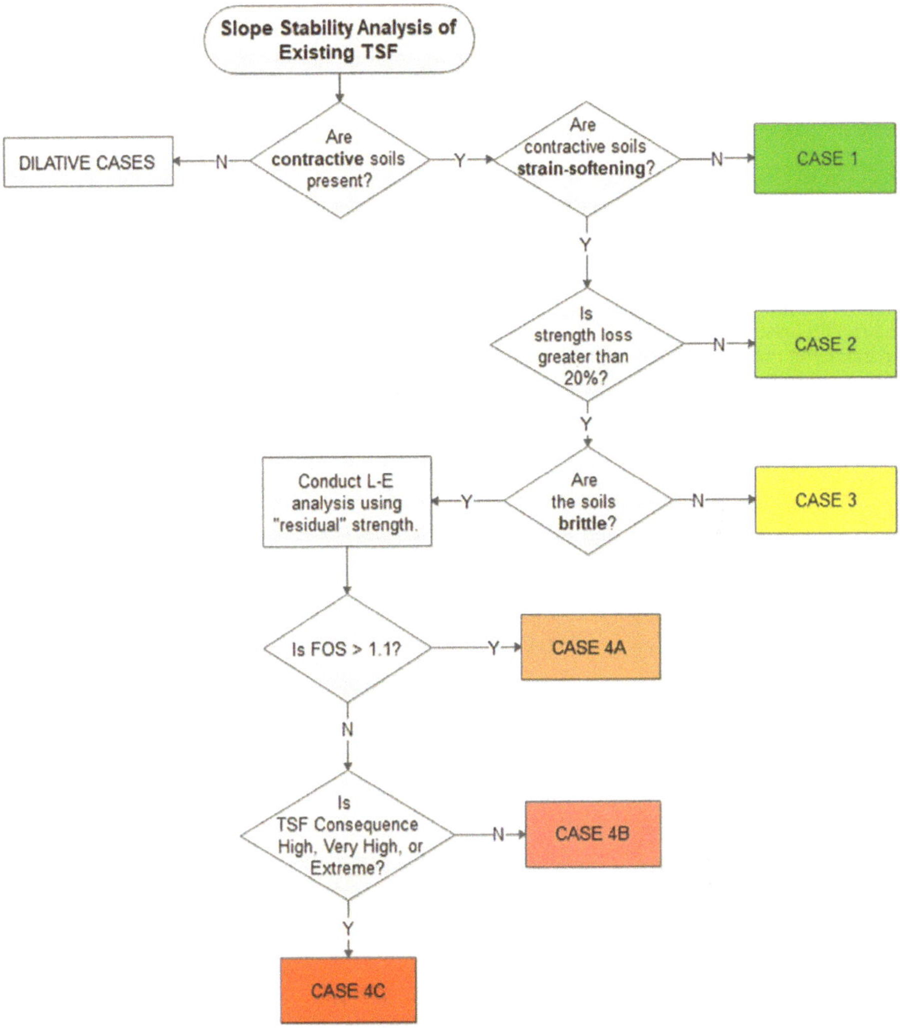

Figure B-1
Flowchart for Slope Stability Analyses

The flow chart in Figure B-1 first differentiates between soils that dilate or contract during undrained shearing across the range of expected loading and phreatic conditions. The treatment of dilative soils is addressed in Appendix A and many geotechnical engineering texts. The reader must have a complete understanding of the essential concepts of geotechnical engineering presented in Appendix A before applying the approach described herein.

For existing tailings dams, identifying soils that exhibit highly brittle behavior is an essential element of the presented approach. Methods to identify highly brittle behavior are described in Appendix A. The flowchart and descriptions below consider the definition of brittleness as described in Appendix A.

The use of highly brittle materials in the structural zones of new dams must be avoided. Brittle materials in the foundation should be avoided, but if this cannot be done, then these materials need

to be considered appropriately in the analysis and the design advanced to contain these materials to prevent uncontrolled release of the contents of the tailings facility. When highly brittle materials are present in existing facilities, extreme caution is required due to the possibility for flow (static) liquefaction to occur. Furthermore, any strain-softening soil is potentially subject to progressive failure, and the likelihood and severity of a progressive failure increases with increasing Brittleness Index (i.e., with increasing brittleness).

In all cases involving strain-softening soils, but especially when brittle materials are present, a key determination is the factor of safety (FOS) calculated using the residual undrained strength indicated for the soil. The flowchart uses a FS value of 1.1 as a screening value; however, the reader should be cautious to not misinterpret this screening value as a determinate value of acceptability. If the FOS calculated using an appropriately conservative residual undrained strength is greater than 1.1, then the likelihood of facility failure is generally considered to be low if there is an initiating event for strength loss. However, it may be prudent to target a value higher than 1.1 if there is significant uncertainty in the strength characterization or other factors (such as potential variations in the pore pressure conditions).

Conversely, if the calculated FOS using a reasonably conservative residual undrained strength is less than 1.1, then the likelihood of instability is generally considered to be relatively high. In general, the lower the calculated FOS, the higher the likelihood of flow failure. If highly brittle materials are present and the FOS using residual undrained strength is less than 1.0, then risk management methods are required to either stabilize the dam or mitigate the consequences of failure. This may include evacuation of people and critical infrastructure in the downstream inundation zone until the hazard has been adequately addressed. It is important to note that instrumentation and monitoring are not an acceptable solution in a case where highly brittle materials are present and the FOS using residual-strength is less than 1.0, because a flow failure can occur suddenly and without warning.

The application of FOS of 1.1 for screening (or any alternative considered in practice) must use carefully selected material parameters that represent an appropriate degree of conservatism, considering the inherent variability and uncertainty in natural soils and tailings, and the level of understanding of all materials available to the practitioners performing the evaluation. Section A.45 in Appendix A provides guidance on the selection of material properties. Silva et al. (2008) provides further guidance on the selection of factors of safety and the assessment of uncertainty in slope stability analyses.

The process represented by the flowchart in Figure B-1 is based in part on FOS values calculated using limit equilibrium methods. The following sections provide guidance on the use of numerical modeling methods (non-linear deformation analysis, or NDA) for the various stability cases. While NDA methods inherently allow for more advanced representation of the complex nature of shearing and deformation behavior of soils, they are not necessarily superior to the more simplified limit-equilibrium method. Caution and engineering judgment are required when implementing both types of analyses. Section 7.9 of the Bulletin provides additional discussion of the differences in the two methods.

B.2 STABILITY ANALYSIS CASES

This screening process identifies four possible "cases" for contractive materials (including three variations of the fourth case):

- Case 1 – Not Strain Softening
- Case 2 – Limited Strain Softening
- Case 3 – Moderate to High Strain Softening
- Case 4 – Highly Brittle
  - Case 4A – FOS using residual shear strengths >1.1.
  - Case 4B – FOS using residual shear strengths < 1.1, Consequence Classification is Low or Significant.
  - Case 4C – FOS using residual shear strengths < 1.1, Consequence Classification is High to Extreme

The guidance presented herein:

- describes the analysis methods that are appropriate for each case;
- provides guidance on selection of an appropriate FOS for each case;
- describes the selection of appropriate parameters for all cases; and
- provides guidance for special considerations for certain soil types and loading conditions.

B.2.1 CASE 1: NOT STRAIN SOFTENING

Case 1 applies to a facility where contractive soils are present, but these soils do not exhibit strain softening behavior (see Appendix A for explanation). For this case, the undrained slope stability can be evaluated using a limit equilibrium (L-E) analysis with a peak undrained strength ratio inferred from CPT and/or laboratory testing. If no contractive, strain softening materials are identified within structural zones of the dam and foundation, a minimum FOS of 1.3 for undrained shearing can be adopted, provided that the parameters selected are appropriately characterized and reasonably conservative, as described in Appendix A. The reason that a FOS of 1.3 may be appropriate is because there is no loss of strength, meaning that the peak undrained strength and the residual undrained strength are equal.

Seismic triggering of cyclic liquefaction should be evaluated as described in Appendix A. As noted in the main text, if there is no cyclic liquefaction due to seismic loading, then the performance of the dam during earthquake shaking can be assessed using simplified deformation analyses using methods by Bray et al. (2017) or similar. Non-linear deformation analyses (NDA) are frequently required if seismic triggering of cyclic liquefaction is indicated and may also be appropriate for high- to extreme-consequence structures even if cyclic triggering is not indicated.

B.2.2 CASE 2: LIMITED STRAIN SOFTENING

Case 2 applies to a scenario where contractive soils are present and some limited strain-softening is expected, but there is sufficient evidence to support that the large-strain (residual)

strength is no more than 20% less than the peak undrained shear strength (i.e., I_B less than 0.20). This case corresponds to the green-shaded (generally non-brittle) area in Figure A-5. Assessing post-peak behavior can be somewhat complicated and some judgment is often required to select an appropriate large-strain strength if the shear resistance is still decreasing within the limits of the testing method used.

The evaluation of seismic triggering of cyclic liquefaction may be performed, but the residual (post-liquefaction) strength indicated for the material should be adopted regardless of the outcome of cyclic liquefaction triggering analyses.

If the amount of post-peak strength loss can be demonstrated with reasonable certainty to be less than 20%, then the stability can be evaluated using L-E analysis for the following two conditions:

- Condition 2A: static analysis using appropriate large strain residual undrained strength, with a target minimum FOS of 1.1.
  - If the calculated FOS is less than 1.1, then mitigation measures are expected to be required to raise the FOS to an acceptable level. If this is not readily achievable, then an NDA could be used to assess performance of the facility under gravity loading. See comments below for guidance on applying an NDA.
  - A calculated FOS greater than 1.1 for this case is considered acceptable for most facilities.
- Condition 2B: static analysis using an appropriate peak undrained strength. Selection of the minimum FOS should be carefully assessed based on the level of confidence in the shear strength characterization. For well-characterized materials, a reasonably conservative strength relationship, and well-understood pore pressure conditions, a minimum factor of safety of 1.3 may be acceptable so long as the FOS for the residual undrained strength case is greater than the target minimum. If there is greater uncertainty in the strength characterization and/or pore pressure conditions, then a higher minimum FOS should be used that is appropriate to the level of uncertainty.
  - If the calculated FOS is less than 1.3, then mitigation measures to raise the FOS to an acceptable level need to be implemented. If a minimum value greater than 1.3 is selected, then the same requirement for mitigation applies.

For facilities located in areas with low seismicity, or for low- and significant-consequence facilities with moderate to high seismicity, the analyses for Condition 2A above will typically suffice for evaluating earthquake loading, since the residual undrained strength is the same whether "triggered" by cyclic or monotonic loading.

For facilities located in areas of significant seismicity, additional analyses should be performed to evaluate earthquake-induced deformations. The Bray et al. (2017) and other simplified methods assume no significant strength loss during shaking. If the amount of post-peak strength loss is less than about 5-10%, then Bray et al. may be appropriate. However, an NDA will frequently be required to evaluate performance of the tailings dam during the design earthquake when the facility is in an area of high seismicity. The NDA model must use a constitutive model that can appropriately simulate the strain softening behavior during shaking.

B.2.3 CASE 3: MODERATE TO HIGH STRAIN SOFTENING

Case 3 applies to a facility where one or more contractive soils are present that are strain-softening and are expected to exhibit more than 20% loss of shear resistance (i.e., $I_B > 0.2$) but no more than 40% post-peak strength loss (i.e., $I_B < 0.4$) and do not exhibit highly brittle behavior, according to the criteria for highly brittle behavior described in Appendix A. Case 3 corresponds to the yellow shaded (slightly brittle) area in Figure A-5 in Appendix A. In this case, the soil will typically exhibit a residual undrained strength at large strain, but a flow liquefaction failure is not indicated.

The approach to L-E analysis is similar to Case 2, but with a higher minimum factor of safety for peak undrained conditions, as follows:

- Condition 3A: static analysis using appropriate large-strain residual undrained strength, with a target minimum FOS of 1.1.
    - If the calculated FOS is less than 1.1, then mitigation measures are required to raise the FOS to an acceptable level. If this is not readily achievable, then an NDA could be used to assess performance of the facility under gravity loading. See comments below for guidance on applying an NDA.
    - A calculated FOS greater than 1.1 for this case is considered acceptable for most facilities.
- Condition 3B: static analysis using an appropriate peak undrained strength. For Case 3, the minimum FOS should be no less than 1.5.

As with Case 2, triggering analyses for cyclic liquefaction may be performed, but the residual (post-liquefaction) strength indicated for the material should be adopted regardless of the outcome of cyclic liquefaction triggering analyses.

For facilities located in areas with low seismicity, or for low- and significant-consequence facilities with moderate to high seismicity, the analyses for Condition 2A above will typically suffice for evaluating earthquake loading, since the residual undrained strength is the same whether "triggered" by cyclic or monotonic loading.

For facilities located in areas of significant seismicity, additional analyses will be required to evaluate earthquake-induced deformations. The Bray et al. (2017) and other simplified methods are not valid for Case 3 because of the underlying assumption of no significant strength loss during shaking. An NDA will be required to consider the site response, estimate pore pressure response, and evaluate deformations due to inertial forces associated with earthquake shaking. The NDA model must use a constitutive model that can appropriately simulate the strain softening behavior during and after shaking. Most cyclic liquefaction constitutive models, such as UBCSand and PM4Sand, do not fully capture the potential for post-earthquake failure associated with the large amounts of strength loss. One method used to evaluate the potential for this type of failure mechanism uses a post-earthquake deformation analysis wherein fully softened, residual undrained strengths are assigned to the materials that are expected to be strain softening, gravity is turned on, and the model deforms until static equilibrium is reached (if static equilibrium is not reached, it indicates flow failure). Another method is to solve the model statically, then apply a code (e.g. in FLAC) that loops through the zone you apply liquefaction to, takes the vertical effective stress, multiplies it by the liquefied strength ratio provided, and applies that to the zone as a cohesion value (while also switching friction angles to zero). These analyses are applicable to Condition 3A above.

B.2.4 CASE 4: HIGHLY BRITTLE BEHAVIOR EXPECTED

Undrained Case 4 applies to facilities where one or more contractive soils are present where these materials are expected to fail in a brittle manner. Case 4 corresponds to the red-shaded zone in Figure A-5. Case 4 generally corresponds to an increased likelihood of sudden loss of shear resistance and flow liquefaction. This case has been further subdivided into 3 subcategories based on the calculated FOS using residual undrained strength and the downstream consequence classification, as follows:

- Case 4A – FOS using residual shear strengths >1.1.
- Case 4B – FOS using residual shear strengths < 1.1, Consequence Classification is Low or Significant.
- Case 4C – FOS using residual shear strengths < 1.1, Consequence Classification is High to Extreme.

The first step in evaluating a facility that classifies as Case 4 is to perform an L-E analysis using appropriate residual undrained strengths. The residual undrained strength(s) should be carefully evaluated and should initially be lower-bound (or near-lower-bound) values. If the calculated FOS is greater than 1.1, then Undrained Case 4A applies, and the potential for a flow failure with uncontrolled release of the impoundment contents is not indicated by the analyses. The next steps for a Case 4A facility are described below.

If the calculated FOS using an appropriate residual undrained strengths is less than 1.1, then the potential for instability is high — the lower the FOS, the higher the likelihood of a flow failure with uncontrolled release. The next steps depend on the downstream consequences. If the Consequence Classification is Low or Significant (i.e., no potential loss of life), then Case 4B applies. If the consequence classification is High, Very High, or Extreme (i.e., there is a potential loss of life), then Case 4C applies, and the facility is considered to represent a very high risk. The recommended approaches to Case 4B and 4C are also described below.

Case 4A: FOS using residual undrained strength > 1.1

- For most facilities, a static L-E analysis should be performed using peak undrained strengths. The minimum FOS for this case will typically need to be greater than 1.5, but it may be appropriate to target a FOS higher than 1.5 due to the potential consequences of exceeding the peak undrained strength and triggering movements. A residual FOS greater than 1.1 may still result in deformations of the dam depending on the deformation characteristics of the soil and other factors such as seismic loading. The possibility of secondary effects that result from the deformations need to be accounted for in the design. For example, if there is a significant pond of water in the facility and the deformation causes loss of freeboard, then the pond could cause a secondary effect by flowing into the breached area and result in uncontrolled release of tailings and water, similar to the Mount Polley failure. Thus, the FOS based on either peak and residual undrained strengths needs to be carefully considered and the potential effects of experiencing an undrained failure need to be evaluated and mitigated to the extent possible. Performance of an NDA may be recommended as part of this evaluation.

For facilities located in areas with low seismicity, or for low- and significant-consequence facilities with moderate to high seismicity, the residual undrained strength analyses for Case 4 will typically suffice for evaluating earthquake loading, since the residual undrained strength is the same whether "triggered" by cyclic or monotonic loading. The undrained residual undrained strength analysis in this case is equivalent to a post-earthquake analysis that is commonly performed in earthquake analysis of water dams.

For facilities located in areas of significant seismicity, an NDA will typically be required to evaluate deformations due to inertial forces associated with earthquake shaking. Earthquake loading may increase the lateral extent and severity of the deformation indicated by static liquefaction. The considerations described previously for Case 3, pertaining to non-linear deformation analysis, also apply to Case 4A.

Risk assessment, including the evaluation of likelihood of potential triggers for liquefaction, may be appropriate for Case 4A facilities.

Case 4B: FOS using residual undrained strength < 1.1, Low to Significant Consequence Classification

Case 4B applies to a TSF with a Consequence Classification of Low or Significant, where there is minimal likelihood of fatalities in the downstream impacted zone. In this case, there may be justification to perform a risk assessment to assess the likelihood of triggering an undrained loading condition. If the overall risk is deemed reasonably low, then the behavior under static and dynamic loading conditions may be performed to evaluate whether uncontrolled release of tailings is likely and/or to design mitigations to prevent such failure. If the risk is deemed to be unacceptably high, then

the facility should be treated as Undrained Case 4C. It is important to recognize that triggering of undrained conditions in contractive materials is difficult to evaluate. When designing tailings facilities for closure, it can be difficult to ensure that a suitable triggering event will not occur at some time in the life of the structure.

Generally, the analysis of peak undrained stability and seismic stability follows the recommendations for Case 4A.

Case 4C: FOS using residual undrained strength < 1.1, High, Very High, or Extreme Consequence Classification

Undrained Case 4C applies when the FOS with residual undrained strength is less than 1.1 and the dam consequence rating is High, Very High, or Extreme. This case requires a high level of scrutiny and mitigation measures should be prioritized. If the consequence rating is driven by potential loss of life, then difficult decisions will typically need to be made by the Owner, with consultation from the Engineer of Record and the Independent Technical Review Board (ITRB), on interaction with the downstream community and the implementation of risk management steps that should include mitigation measures. In some cases, immediate mitigations to protect people in the downstream impacted zone may be required. Regardless of whether any immediate measures are needed, the TSF must either be reinforced to achieve acceptable factors of safety for all loading conditions, or the facility should be decommissioned to remove the hazard or measures taken to minimize the consequences.

B.3 CLOSING COMMENTS

It must be noted that the framework in this Appendix is based on the use of conservative assumptions, such as an appropriate (potentially a lower-bound or near-lower-bound) residual undrained strength and the assumption that undrained strength loss will be triggered. The true likelihood of a failure occurring may, in fact, be low. A calculated FOS using L-E methods and a lower-bound residual undrained strength near unity (1.0) may be unnecessarily conservative, especially if there is a high degree of certainty surrounding the characterization of material properties and loading conditions, and if appropriate controls are in place to adequately manage risk. Generally, however, the lower the calculated factor of safety, the higher the severity of the problem, the greater the risk, and the less likely that the L-E is overly conservative. The full nature of the risk needs to be understood in making decisions on how to respond to a Case 4C situation.

The term "lower-bound" means the minimum value that can reasonably be conceived for the parameter. In the absence of sufficiently reliable data, it may be selected using a lowest conceivable value (LCV), as described in Duncan (2000), or a similar method. To be clear, a lower-bound value is not represented by the mean minus one standard deviation in a normally distributed data set. The term "near lower bound" is a subjective term that requires significant engineering judgment and oversight to select, but also considers a value much less than the mean minus one standard deviation. For initial screening analyses, it may be appropriate to select a value on the order of a 10th percentile value (or potentially lower) from a set of applicable data to assess the severity of a problem or potential problem. It must be noted that the use of a true lower bound value is often associated with the application of a factor of safety of unity, whereas a near-lower-bound value is associated with the application of a factor of safety of nominally 1.1 in a limit-equilibrium analysis.

As more rigorous characterization and analysis, higher levels of confidence in the variability of the controlling parameters in the stability analysis, and the relative conservatism of parameters other than the residual strength (e.g., pore pressure conditions) reduce the uncertainty associated with the analysis improve, a near-lower-bound value may be unnecessarily conservative, especially if the potential downstream consequences of a potential failure are reduced through mitigation efforts and/or the use of contingencies to prevent the uncontrolled release of tailings into the downstream environment.

In many cases, especially if the calculated factor of safety is near 1.0, an NDA may be justified for Case 4C conditions, often using more advanced field and laboratory testing than required for facilities with lower risk. However, it should be noted that there are significant challenges to performing numerical analyses for Case 4C conditions, and an NDA may not, in fact, produce a definitive, technically supported outcome. Additional levels of oversight and scrutiny are required in these cases, and the usual ITRB may need to be supplemented with specialized expertise.

Triggering analysis and risk assessment may be helpful in understanding urgency and the need for immediate actions, as well as in communicating the risk to regulators and the affected communities. Triggering analyses should be applied with extreme caution in Case 4C situations and in no case should be used to justify eliminating mitigation efforts. However, the emphasis for Case 4C facilities must be on the reduction of consequences rather than on refining the estimation of likelihood in a risk assessment.

B.4 REFERENCES

Bray, J., and Travasarou, T. (2007). "Simplified procedure for estimating earthquake-induced deviatoric slope displacements." Journal of Geotechnical and Geoenvironmental Engineering, Vol 133, No. 4, American Society of Civil Engineers, pp. 381–392.

Bray, J.D., Macedo J., and Travasarou, T. (2017). Simplified Procedure for Estimating Seismic Slope Displacements for Subduction Zone Earthquakes. Journal of Geotechnical and Geoenvironmental Engineering, 144(3), 04017124-1—04017124-13.

Duncan, J. M., (2000). "Factors of Safety and Reliability in Geotechnical Engineering." Journal of Geotechnical and Geoenvironmental Engineering, Vol. 126, No. 4, American Society of Civil Engineers, pp. 307 – 316, April.

Silva, F.S., T.W. Lambe, and W.A. Marr, 2008. "Probability and Risk of Slope Failure," Journal of Geotechnical and Geoenvironmental Engineering, Vol. 134, No. 12, December 1, American Society of Civil Engineers, pp. 1691-1699.